中国页岩气勘探开发技术丛书

页岩气勘探开发概论

马新华　陈更生　陆家亮　雍　锐　杨洪志　等编著

石油工业出版社

内容提要

本书在简述中国页岩气勘探开发历程基础上，系统阐述了中国页岩气地质特征，页岩气综合地质评价技术、开发技术、钻完井技术、体积压裂技术、地面工程技术、清洁生产与环境风险控制技术等进展，总结了页岩气开发典型案例与认识，并结合勘探开发现状预判了开发潜力与前景。

本书可供从事页岩气勘探开发的科研人员、技术人员和管理人员参考阅读。

图书在版编目（CIP）数据

页岩气勘探开发概论 / 马新华等编著 .—北京：石油工业出版社，2021.7

（中国页岩气勘探开发技术丛书）

ISBN 978-7-5183-4457-4

Ⅰ . ① 页… Ⅱ . ① 马… Ⅲ . ① 油页岩 – 油气勘探 – 概论 ② 油页岩 – 油田开发 – 概论 Ⅳ . ① P618.130.8

中国版本图书馆 CIP 数据核字（2020）第 267374 号

审图号：GS（2021）287 号

出版发行：石油工业出版社

（北京安定门外安华里 2 区 1 号　100011）

网　址：www.petropub.com

编辑部：（010）64523541　　图书营销中心：（010）64523633

经　销：全国新华书店

印　刷：北京中石油彩色印刷有限责任公司

2021 年 7 月第 1 版　2021 年 7 月第 1 次印刷

787×1092 毫米　开本：1/16　印张：14.5

字数：300 千字

定价：120.00 元

（如出现印装质量问题，我社图书营销中心负责调换）

《中国页岩气勘探开发技术丛书》

《页岩气勘探开发概论》

编写组

组　长：马新华

副组长：陈更生　陆家亮　雍　锐　杨洪志

成　员：（按姓氏笔画排序）

于劲磊　王玉满　王红岩　王星皓　王鸿捷
方　圆　计维安　闪从新　朱逸青　刘　军
刘胜军　刘德勋　孙莎莎　李武广　李宝全
李　静　杨依超　杨　雪　杨　静　吴　伟
吴鹏程　邱　振　何益萍　沈　骋　宋　毅
张　琴　张磊夫　张德良　陈天欣　季春海
周小金　周天琪　周发钊　郑马嘉　赵志恒
赵　群　胡金燕　钟成旭　黄浩勇　常　程
曾　波　蔚远江　管全中　黎丁源

序

FOREWORD

美国前国务卿基辛格曾说：“谁控制了石油，谁就控制了所有国家。”这从侧面反映了抓住能源命脉的重要性。始于 20 世纪 90 年代末的美国页岩气革命，经过多年的发展，使美国一跃成为世界油气出口国，在很大程度上改写了世界能源的格局。

中国的页岩气储量极其丰富。根据自然资源部 2019 年底全国“十三五”油气资源评价成果，中国页岩气地质资源量超过 100 万亿立方米，潜力超过常规天然气，具备形成千亿立方米的资源基础。

中国页岩气地质条件和北美存在较大差异，在地质条件方面，经历多期构造运动，断层发育，保存条件和含气性总体较差，储层地质年代老，成熟度高，不产油，有机碳、孔隙度、含气量等储层关键评价参数较北美差；在工程条件方面，中国页岩气埋藏深、构造复杂，地层可钻性差、纵向压力系统多、地应力复杂，钻井和压裂难度大；在地面条件方面，山高坡陡，人口稠密，人均耕地少，环境容量有限。因此，综合地质条件、技术需求和社会环境等因素来看，照搬美国页岩气勘探开发技术和发展的路子行不通。为此，中国页岩气必须坚定地走自己的路，走引进消化再创新和协同创新之路。

中国实施“四个革命，一个合作”能源安全新战略以来，大力提升油气勘探开发力度和加快天然气产供销体系建设取得明显成效，与此同时，中国页岩气革命也悄然兴起。2009 年，中美签署《中美关于在页岩气领域开展合作的谅解备忘录》；2011 年，国务院批准页岩气为新的独立矿种；2012—2013 年，陆续设立四个国家级页岩气示范区等。国家层面加大页岩气领域科技投入，在“大型油气田及煤层气开发”国家科技重大专项中设立“页岩气勘探开发关键技术”研究项目，在“973”计划中设立“南方古生界页岩气赋存富集机理和资源潜力评价”和“南方海相页岩气高效开发的基础研究”等项目，设立了国家能源页岩气研发（实验）中心。以中国石油、中国石化为核心的国有骨干企业也加强各层次联合攻关和技术创新。国家“能源革命”的战略驱动和政策的推动扶持，推动了页岩气勘探开发关键理论技术的突破和重大工程项目的实施，加快了海相、海陆过渡相、陆相页岩气资源的评价，加速了页岩气对常规天然气主动接替的进程。

中国页岩气革命率先在四川盆地海相页岩气中取得了突破，实现了规模有效开发。纵观中国石油、中国石化等企业的页岩气勘探开发历程，大致可划分为四个阶段。2006—2009 年为评层选区阶段，从无到有建立了本土化的页岩气资源评价方法和评层选区技术体系，优选了有利区层，奠定了页岩气发展的基础；2009—2013 年为先导试验阶段，掌握了平台水平井钻完井及压裂主体工艺技术，建立了“工厂化”作业模式，突破了单井出气关、技术关和商业开发关，填补了国内空白，坚定了开发页岩气的信心；2014—2016 年为示范区建设阶段，在涪陵、长宁—威远、昭通建成了三个国家级页岩气示范区，初步实现了规模效益开发，完善了主体技术，进一步落实了资源，初步完成了体系建设，奠定了加快发展的基础；2017 年至今为工业化开采阶段，中国石油和中国石化持续加大页岩气产能建设工作，2019 年中国页岩气产量达到了 153 亿立方米，居全球页岩气产量第二名，2020 年中国页岩气产量将达到 200 亿立方米。历时十余年的探索与攻关，中国页岩气勘探开发人员勠力同心、锐意进取，创新形成了适应于中国地质条件的页岩气勘探开发理论、技术和方法，实现了中国页岩气产业的跨越式发展。

为了总结和推广这些研究成果，进一步促进我国页岩气事业的发展，中国石油组织相关院士、专家编写出版《中国页岩气勘探开发技术丛书》，包括《页岩气勘探开发概论》《页岩气地质综合评价技术》《页岩气开发优化技术》《页岩气水平井钻井技术》《页岩气水平井压裂技术》《页岩气地面工程技术》《页岩气清洁生产技术》共 7 个分册。

本套丛书是中国第一套成系列的有关页岩气勘探开发技术与实践的丛书，是中国页岩气革命创新实践的成果总结和凝练，是中国页岩气勘探开发历程的印记和见证，是有关专家和一线科技人员辛勤耕耘的智慧和结晶。本套丛书入选了“十三五”国家重点图书出版规划和国家出版基金项目。

我们很高兴地看到这套丛书的问世！

中国工程院院士 胡文瑞

前 言

PREFACE

随着国民经济的持续高速发展，我国对天然气的需求逐年增加，天然气消费量由2000年的$253\times10^8m^3$增加到2020年的$3259\times10^8m^3$，年均增速13.6%；按照力争实现“2030年碳达峰、2060年碳中和”承诺的要求，预计我国天然气需求量在2035年左右达峰，年需求量达到$6500\times10^8m^3$左右。国家对天然气的强劲需求将促使对外进口天然气和自产气的要求进一步提升。为了确保能源安全，降低天然气的对外依存度，必须加大自产气量，但是仅靠常规天然气的勘探开发已不能满足国民经济发展的需要，亟须加大对非常规天然气资源的开发。

美国通过页岩气革命实现了由天然气进口国向资源国的转变，实现了能源独立，并改变了全球能源格局。通过技术革命，美国页岩气日产量从2007年1月的$1.65\times10^8m^3$提高到2019年3月的$18.73\times10^8m^3$，美国页岩气产量占天然气总产量的比例也从2007年的10.4%提高到2020年的70%以上。美国页岩气革命的成功对国际天然气市场产生重大影响，证明了页岩气大规模开采的可行性，世界主要资源国都加大了页岩气的勘探开发力度，持续促进了页岩气行业的发展。我国页岩气资源丰富、资源潜力巨大，在我国能源对外依存度较高、页岩气禀赋较大的条件下，页岩气的持续发展有望弥补我国未来能源缺口，具有广阔发展前景。

据自然资源部评价（2015年），中国页岩气可采资源量$21.81\times10^{12}m^3$，主要赋存于海相页岩中，占59.6%，集中在南方龙马溪组与筇竹寺组。海相页岩主要为深水陆棚沉积，呈大面积连续成藏特征，具有在技术与效益突破条件下实现整装开发的优势。目前我国南方海相页岩气已建成长宁—威远、涪陵和昭通3个国家级页岩气示范区，在国家财政补贴情况下，初步实现了效益开发，示范效果明显。已初步形成综合地质评价、开发优化、水平井钻井、分段体积压裂、复杂山前水平井组工厂化作业和高效清洁开采等中深层海相页岩气资源勘探开发六大主体技术，为中国页岩气革命奠定了基础，大力发展页岩气前景可期。

《页岩气勘探开发概论》是《中国页岩气勘探开发技术丛书》的总纲，主要分为 6 章。第一章简述了页岩气的概念、资源分布特点、开发概况；第二章主要总结北美页岩气革命的历程、影响以及对我国的启示；第三章主要介绍中国页岩气资源分布、地质特征及其与北美的差异性；第四章系统总结了中国页岩气探索、突破、示范区建设及规模发展全过程；第五章重点介绍中国页岩气理论与技术发展成就；第六章分析了中国页岩气发展面临的机遇与挑战，研判了中国页岩气发展方向与发展前景。本书既可以满足中国页岩气勘探开发需求，也可以为相关技术人员提供学习和借鉴。

本书由马新华担任主编，陈更生、陆家亮、雍锐、杨洪志担任副主编，主持讨论确定了本书编写提纲及编写要求，经过多次审查、修改，最后进行了统稿和定稿。第一章由陆家亮、杨洪志、杨依超等编写，第二章由蔚远江、赵群、刘德勋、吴伟等编写，第三章由王红岩、邱振、孙莎莎、王玉满、张磊夫、管全中、张琴、周天琪等编写，第四章由朱逸青、常程、黎丁源、刘胜军、赵圣贤、伍帅等编写，第五章由吴伟、宋毅、张鉴、常程、吴鹏程、钟成旭、黄浩勇、曾波、王星皓、闪从新、周发钊、杨静、计维安、李静、胡金燕、于劲磊、陈天欣、何益萍、郑马嘉、李宝全、王鸿捷等编写，第六章由陆家亮、杨依超等编写。

由于作者水平有限，书中难免有疏漏乃至错误之处，敬请广大读者批评指正。

目 录

CONTENTS

第一章

绪　论

进入21世纪，中国经济由高速增长转向高质量发展阶段，正在构建绿色低碳循环产业体系，天然气作为低碳、高效、经济、安全的清洁能源，已成为促进经济增长、社会和环境可持续发展的重要组成部分，产供储销体系正在加快完善，主体能源地位和能源消费比重持续提升，天然气消费量由2000年$253\times10^8m^3$增加到2020年$3259\times10^8m^3$，年均增速13.6%，天然气产业进入黄金发展期。自2006年成为天然气净进口国以来，国产气供需缺口越来越大，对外依存度快速攀升，2020年达到42%。在世界大变局和国民经济内循环为主新形势下，为了确保国家能源安全，迫切需要快速提升自产气供应能力，降低对国外进口天然气的依赖。但是仅靠常规天然气勘探开发已不能满足国民经济发展的需要，亟须加大对非常规天然气资源的利用，页岩气将扮演更加重要的角色，必将迎来更快发展。

我国页岩气资源丰富、开发潜力巨大，早期主要借鉴北美地区页岩气开采经验，经过近10年的理论探索、技术攻关和勘探开发实践，我国页岩气开发的资源可获得性、技术可行性和经济可及性均得到了比较充分的证实。完成了从大区评价到早期的勘探开发试验和现在的规模化生产，储量从无到有、技术由无到精，特别是南方海相页岩气已实现规模效益开发，奠定了良好的发展基础，基本具备了大规模商业性开发的条件。已建成长宁—威远、涪陵和昭通等国家级页岩气示范区，示范效果显著，在国家财政补贴情况下，初步实现效益开发，2020年我国页岩气产量突破$200\times10^8m^3$，占全国天然气总产量的10.6%。随着适合地质环境条件、具备国际领先水平的自主勘探开发技术体系日渐成熟和产业链的逐步形成，中国页岩气必将步入全域勘探开发和大规模商业化利用阶段，对于提高中国能源安全保障能力，优化能源结构，改善生态环境，构建清洁低碳、安全高效的能源体系，具有重要的战略意义。

第一节　基本概念

页岩气是一种产自极低孔渗、富有机质页岩储集系统中的非常规天然气，为连续生成的生物化学成因气、热成因气或混合成因气，主要以吸附态和游离态赋存于富有机质泥岩、页岩及其夹层微米—纳米孔缝系统中，具有成因类型多、形成机理复杂等特点。与常规天然气相比，在组成成分、分布范围、主要特点等方面均有明显差异，对勘探开发技术和设备要求相对较高，但其可采储量和分布区域均远超常规天然气，开采潜力十分巨大。

一、页岩气定义

所谓页岩气就是从页岩层中开采出来的天然气，指赋存于富有机质泥页岩及其夹层中，以吸附和游离状态为主要存在方式的非常规天然气，成分以甲烷为主，甲烷含量一般在85%以上，最高达到99.8%，部分含有 C_{2+} 以上重烃组分和少量氮气和二氧化碳等非烃组分。

美国柯蒂斯教授最早提出页岩气概念，我国张金川等对页岩气的概念进行了完善[1，2]，判定天然气在特定页岩环境下的聚集形成了页岩气。页岩气藏赋存方式主要有游离气和吸附气两种，游离气主要存在于孔隙和裂缝中，吸附气主要吸附在有机质颗粒表面和微孔隙表面。

页岩气主要在“富有机质页岩”区带中被发现，页岩气区带是富含大量天然气的一套连续分布的、具有相似地质和地理特征的页岩地层。在页岩气勘探开发实践中，要注重页岩气三个方面的内涵：首先，页岩气是以游离态、吸附态为主，可以游离态存在于天然裂缝和孔隙中，以吸附态存在于干酪根、黏土颗粒表面，还有极少量以溶解状态储存于干酪根和沥青质中，游离气比例一般20%～85%，赋存于以富有机质页岩为主的储集岩系中，主体上为自生自储的、大面积连续型天然气聚集。在地层条件下，页岩基质渗透率一般小于或等于0.001mD，单井一般无自然产能，需要通过一定技术措施才能获得工业气流。其次，页岩不是字面上的含义，也不是单纯岩性上的定义。重点是基于富含有机质和主要成分的粒径而确定。页岩气藏中的页岩是粒径小于0.0625mm的细粒沉积岩，即以页岩为主的细粒沉积岩石组合，除页岩外，可以有或必然有少量其他岩类，是一个岩性组合。组成成分（无机矿物、有机质等）含量有明确界定，例如此页岩必须为黑色页岩、富含有机质、黏土矿物成分、页理发育等，以与纯粹的粉砂岩、灰质泥岩等岩性相区别。最后，必须为已证实的有效烃源岩，进入生气窗后的生气源岩。

作为天然气在自然界中存在的形式之一，页岩气丰富了天然气勘探开发的类型、拓展了勘探领域、扩大了勘探范围。

二、页岩气成因

黑色泥页岩的形成需要大量的有机质供给、快速的沉积速率和封闭性较好的还原环境。大量的有机质供给是烃类生成的物质基础；快速的沉积速率能够使大量富含有机质的页岩免受氧化侵蚀或减轻被氧化侵蚀的程度；封闭性较好的还原环境减小了微生物活动对有机质的破坏。页岩气主要有生物成因气、热成因气和混合成因气等成因类型[3]。

（1）生物成因气：在页岩气中有一部分是生物成因气，通过在埋藏阶段的早期成岩作用或近代富含细菌的大气降水的侵入作用中厌氧微生物的活动形成，占世界天然气资源总量的20%以上。通常形成在至少1000m的埋深下，但是可以储存在深达4500m以上的储层中。生物成因甲烷也可以在低于550m比较浅的埋深下，在成岩地质历史后期，由于氧化的地层水在岩层中循环形成。

（2）热成因气：随着埋深的增加，温度、压力增大，有机质在较高温度及持续加热期间经热降解作用和热裂解作用生成大量油气。页岩中热成因气的形成有以下三个明显的过程：① 干酪根分解成天然气和沥青；② 沥青分解为石油和天然气；③ 石油分解为天然气和富碳的焦炭或焦沥青残留物。其中前两个过程属于初次裂解，第三个过程属于二次裂解。

（3）混合成因气：是指生物成因气与热成因气二者的混合。

页岩气的形成和富集有着自身独特的特点，是连续生成的生物化学成因气、热成因气或二者的混合，往往分布在盆地内厚度较大、分布广的页岩烃源岩地层中。生烃源岩中一部分烃运移至背斜构造中形成常规天然气，尚未逸散出的烃则以吸附或游离状态留存在暗色泥页岩或高碳泥页岩中形成页岩气。与常规天然气相比，页岩气开发具有开采寿命长和生产周期长的优点，大部分产气页岩分布范围广、厚度大，且普遍含气，这使得页岩气井能够长期地以稳定的速率产气。

页岩气发育具有广泛的地质意义，存在于几乎所有的盆地中，只是由于埋藏深度、含气饱和度等差别较大，分别具有不同的工业价值。

三、页岩气藏主要特点

页岩气藏具有自生自储特点，页岩既是烃（气）源岩，又是储集岩，分布不完全受构造控制，无圈闭成藏特征也无清晰的气—水界面，埋藏深度范围广。与常规天然气藏相比，页岩气具有早期成藏、大规模连续分布、纳米储集空间为主和单井生产周期长等特点。

（1）早期“原地”成藏，无明显圈闭：富有机质泥页岩在一系列地质作用下生成大量烃类，聚集形成页岩气藏，其形成时间在所有类型的油气藏中是最早的。天然气边形成边赋存聚集，不需要构造背景，为隐蔽圈闭气藏；自生自储，泥页岩既是气源岩层，又是储气层，页岩气以多种方式赋存，使得泥页岩具有普遍的含气性；天然气运移距离较短，具有“原地”成藏的特征[4]。

（2）大规模连续分布，以吸附游离为主：富有机质页岩具有分布面积广、单层厚度大、横向连续的特点，页岩气对盖层条件要求没有常规天然气高，赋存方式及赋存空间多样，包括吸附方式、游离方式或溶解方式，其形成的页岩气田规模也相应非常大。

（3）以纳米级储集空间为主，水平井压裂实现商业开发：组成泥页岩的黏土矿物颗粒微小，其中的孔隙、裂缝就更小，为纳米级，导致孔隙、裂缝中的天然气不易开采。随着技术的进步，通过实施水平井及多井段压裂在泥页岩层中大规模制造人工裂缝，开采页岩气才具有商业价值。

（4）需要压裂等措施才能开采，开发初期产量高、递减快，单井生产周期长：储层孔隙度较低、孔隙半径小，裂缝发育程度不仅控制游离状页岩气的含量，而且影响页岩气的运移、聚集和单井产量。一般无自然产能或低产，需要大型水力压裂和水平井技术才能开采，生产初期产量高、递减快，中后期页岩气井日产量较低，但生产年限较长。由于页岩气层分布范围广、厚度大，且普遍含气，使页岩气井能够长期稳定地生产，一般开采寿命为30年到50年。如美国联邦地质调查局最新数据显示，美国福特沃斯（Fort Worth）盆地Barnett页岩气田开采寿命可达80～100年。

第二节 资源分布

页岩气资源禀赋决定了其在世界各大沉积盆地分布的广泛性，世界大型页岩气盆地主要分布于北美、亚洲和南美等地区的前陆盆地和克拉通盆地，其中美国与中国是全球页岩气资源最为丰富的国家。

一、全球页岩气资源现状

2013年，美国能源信息署（EIA）评价全球42个国家页岩气技术可采资源量$206.68\times10^{12}m^3$（表1–1），主要分布于北美、中亚、北非地区的美国、中国、阿根廷、阿尔及利亚、加拿大等国家，排名前10位的国家页岩气资源量总和达$163.21\times10^{12}m^3$，占全球页岩气总资源量的79%。美国能源信息署（EIA）和先进资源国际公司（ARI）评估美国页岩气技术可采资源量$18.83\times10^{12}m^3$和$32.88\times10^{12}m^3$，为美国页岩气大规模商业开发奠定了坚实的物质基础。从资源量大小看，中国页岩气技术可采资源量$31.57\times10^{12}m^3$，但由于中国复杂的地质与地面条件，资源品质差，与美国没有可比性，经过10多年的探索与评价，认为近期可以投入商业开发的资源相对有限，绝大部分资源仍然需要进一步评价。

表 1-1 全球主要国家页岩气可采资源量表（EIA，2013）

国家	技术可采资源量，$10^{12}m^3$
中国	31.57
阿根廷	22.71
阿尔及利亚	20.02
美国	18.83（32.88）
加拿大	16.23
墨西哥	15.43
澳大利亚	12.37
南非	11.04
俄罗斯	8.07
巴西	6.94
其他国家	43.47
全球合计	206.68（220.73）

注：括号中为 ARI 评估数据。

北美页岩气主要分布于前陆和克拉通盆地半深海—深海陆棚沉积环境[5]，包括前陆盆地、被动陆缘盆地、陆内坳陷盆地和陆缘坳陷盆地等。前陆盆地页岩气埋藏较深、地层压力高、成熟度高，页岩气为热成因气，具有高含气饱和度、高游离气含量［圣胡安（San Juan）盆地除外］、低孔隙度和渗透率、平缓等温吸附线和较高的开采成本等特点；克拉通盆地页岩气埋藏较浅、压力低和成熟度低，页岩气成因有生物成因、混合成因，具有高含气饱和度、高吸附气含量、高孔隙度和渗透率、陡峭等温吸附线、较低开采成本等特点。其中，美国页岩气资源主要分布于美国东部和南部各大盆地，其中页岩气主产区为福特沃斯（Fort Worth）盆地、海恩斯维尔 / 伯锡尔（Haynesville/Bossier）盆地、密执安（Michigan）盆地、亚巴拉契亚（Appalachia）盆地、费耶特维尔（Fayetteville）盆地、马赛拉斯（Marcellus）盆地及新奥尔巴尼（New Albany）盆地，主要发现于古生界—中生界（D—K）地层中，热成因气产自富含有机物、热成熟的页岩，生物成因气来自浅层、不成熟的页岩；加拿大页岩气资源主要分布在东部和西部，包括 Montney 页岩和 Utica 页岩等九大页岩气区块，可采资源量分别为 $0.9 \times 10^{12}m^3$ 和 $10.1 \times 10^{12}m^3$。

亚太地区页岩气资源主要分布于中国和澳大利亚各大沉积盆地，印度和印度尼西亚等均有页岩气资源分布，其中中国页岩气资源主要分布在四川盆地、鄂尔多斯盆地、渤海湾盆地、松辽盆地、江汉盆地、吐哈盆地、塔里木盆地和准噶尔盆地等含油气盆地。拉丁美洲页岩气资源主要集中在阿根廷、墨西哥和巴西等国。欧洲页岩气技术可采资源量相对较低，但分布广泛，主要集中在波兰、挪威、乌克兰和瑞典等国家。

二、中国页岩气资源分布特点

中国页岩气主要分布在四川盆地、鄂尔多斯盆地、渤海湾盆地、松辽盆地、江汉盆地、吐哈盆地、塔里木盆地和准噶尔盆地等含油气盆地，有利勘探面积 $43\times10^4km^2$。由于中国区域地质条件的特殊性，决定了中国页岩气分布特点与北美有较大差异。

（1）中国页岩气资源海相、海陆过渡相和陆相均有分布，且以海相为主。

我国陆上发育众多古生代、中生代和新生代沉积盆地，页岩地层在各地质历史时期发育，形成海相、陆相及海陆交互相多种类型富有机质页岩层系，均具有富含有机质页岩的地质条件。其中海相厚层富有机质页岩，沉积分布面积达 $300\times10^4km^2$，主要分布在我国南方，以扬子地区为主；海陆交互相地层中富有机质泥页岩，主要分布在北方的华北、西北和东北地区，沉积面积大于 $200\times10^4km^2$；陆相中厚层富有机质泥页岩，主要分布在大中型含油气盆地，以松辽盆地和鄂尔多斯盆地等为主，陆上海相沉积约 $280\times10^4km^2$。其中，南方海相页岩地层是页岩气的主要富集地区，松辽盆地、鄂尔多斯盆地、吐哈盆地和准噶尔盆地等陆相沉积盆地的页岩地层也有页岩气富集的基础和条件。

根据不同机构预测（表 1–2），中国页岩气技术可采资源量为 11.5×10^{12}～$36.1\times10^{12}m^3$。其中，2013 年美国能源信息署（EIA）预测中国页岩气技术可采资源量 $31.57\times10^{12}m^3$，其中海相 $23.12\times10^{12}m^3$、海陆过渡相 $6.54\times10^{12}m^3$、陆相 $1.91\times10^{12}m^3$，分别占总资源量的 73%，21% 和 6%。该结果是在盆地信息较少条件下对我国页岩气资源量的早期预测。2013—2015 年国土资源部油气战略中心根据 2010 年以来勘探开发成果和研究取得的认识，评价我国页岩气技术可采资源量为 $21.81\times10^{12}m^3$，其中海相 $8.19\times10^{12}m^3$、海陆过渡相 $5.09\times10^{12}m^3$、陆相 $3.73\times10^{12}m^3$，分别占总资源量的 60%，23% 和 17%，该成果是随着盆地信息不断丰富情况下对我国页岩气资源的动态评价。

2014 年，中国石油勘探开发研究院根据我国页岩气地质特征与勘探开发实践，确定页岩气资源评价方法体系与参数标准，依据页岩气数据信息丰富程度，对所有重点盆地（或地区）有利区以及长宁—威远、昭通和涪陵三个示范区，分别应用成因法、类比法、EUR 法、容积法、总含气量法和特尔菲法等，评价陆上埋深 500～4500m 页岩气资源，得到了每个盆地（或地区）最终较可信的资源量。该评价成果基本符合中国页岩气资源的实际情况，中国页岩气技术可采资源量 $12.85\times10^{12}m^3$，其中海相

$8.82\times10^{12}m^3$，占总可采资源量的69%，是近中期可以投入商业开发的主要页岩气资源；海陆过渡相$3.48\times10^{12}m^3$、陆相$0.55\times10^{12}m^3$，分别占可采资源量的27%和4%，其商业可及性仍需要进一步评价。

表1-2 不同机构不同时间对中国页岩气资源量评价结果

预测机构	评价时间	技术可采资源量，$10^{12}m^3$			
		海相	海陆过渡相	陆相	合计
美国能源信息署（EIA）	2013年	23.12	6.54	1.91	31.57
自然资源部	2012年	8.19	8.97	7.92	25.08
	2015年	13.00	5.09	3.73	21.81
中国工程院	2012年	8.80	2.20	0.50	11.50
中国石油勘探开发研究院	2014年	8.82	3.48	0.55	12.85
中国石化勘探开发研究院	2015年	—	—	—	18.60

（2）页岩气资源分布时代多、地域广，以华南地区最为富集。

我国各地质历史时期富有机质页岩均十分发育，页岩气资源主要分布在元古界的震旦系，下古生界的寒武系、奥陶系、志留系，上古生界的泥盆系、石炭系、二叠系，中生界的三叠系、侏罗系、白垩系和新生界的古近系。

不同时代页岩的发育和分布受塔里木、华北和华南三大板块影响，海相富有机质页岩主要分布在南方、华北、塔里木三大克拉通区块，海陆过渡相富有机质页岩主要分布在南方二叠系、华北石炭系—二叠系、河西走廊和新疆地区石炭系—二叠系，陆相富有机质页岩主要分布在松辽盆地、渤海湾盆地、鄂尔多斯盆地、准噶尔盆地、吐哈盆地和四川盆地等六大含油气盆地。页岩气资源主要分布于塔里木盆地、准噶尔盆地和松辽盆地等9个盆地，在南方古生界、华北地区下古生界、塔里木盆地寒武系—奥陶系广泛发育有海相页岩以及准噶尔盆地的中下侏罗统、吐哈盆地的中下侏罗统、鄂尔多斯盆地的上三叠统等发育有大量的陆相页岩。

大区地质资源量分布上，上扬子及滇黔桂区资源丰富，约占全国总资源量的60%，其次为中下扬子及东南区，约占全国总资源量的20%，华北及东北地区相对较低。从盆地（地区）分布看，四川盆地及周缘页岩气资源量最大，其地质与可采资源量均分别占全国的50%以上，是我国页岩气资源分布最为集中的地区，其次为南华北盆地，鄂尔多斯盆地相对较少。从层系分布看，页岩气资源主要分布在下古生界，地质与可采资源量均占全国总量的50%以上，其次为上古生界，地质与可采资源量约占全国总量的1/4。

（3）页岩气资源埋藏以中深层为主，地表条件复杂，有利区需要进一步评价。

页岩气资源埋深跨度大，且以中深层为主，气藏埋深500～4500m，其中1500～3000m地质与可采资源量占全国总量的30%以上，3000～4500m的资源量占全国总量的近50%；地表条件复杂，页岩气资源主要分布在丘陵、低山、中—低山以及平原地区，其次依次为黄土塬、高原、高山、戈壁和沙漠。上述地下与地表条件，均对页岩气开发有不利影响。

从资源分级评价结果看，页岩气富集概率较高，规模较大，有较好的经济可采性的资源，仅占全国总资源的1/5；页岩气富集概率高，但技术难度较大或资源规模较小，经济可采性有限，仍需要加强技术攻关或经济可开采性研究；或者区块页岩气富集概率一般，但具有适应的技术和可采条件，或具有较大的资源规模，仍需要加强地质条件研究的页岩气资源也仅占页岩气资源的1/4；页岩气潜力小或不具备经济价值，近期难以进行勘探开发的资源占页岩气资源的1/2以上，但从中长期看，还是具有一定潜力，随着理论技术的发展，通过进一步评价，有望成为页岩气开发的补充资源。

第三节　开发概况

全球页岩气勘探开发最早始于美国，随着水平井体积压裂改造和工厂化作业等关键技术突破，最终实现低成本大规模有效开发。至2020年，已有4个国家实现页岩气工业化开采，年产页岩气$7688\times10^8m^3$，其中美国$7330\times10^8m^3$、中国$200\times10^8m^3$、阿根廷$103\times10^8m^3$、加拿大$55\times10^8m^3$。此外，波兰、英国、乌克兰和澳大利亚等国也已开展前期评价与勘探工作。

一、国外页岩气勘探开发概况

国外页岩气商业开发的国家包括北美的美国、加拿大和拉丁美洲的阿根廷，其中美国通过页岩气革命，取得勘探开发关键技术突破，是成功实现页岩气大规模商业化开采的代表。

美国是最早开发和利用页岩气的国家，页岩气勘探开发经历了从1821年开始的页岩气发现阶段、到1975—2002年的技术探索阶段、2003—2006年关键技术突破与应用阶段、2007年以来的加快发展与全球推广阶段，页岩气产量由1975年前的不足$10\times10^8m^3$，增长到2020年的$7330\times10^8m^3$，引领了全球页岩气发展的浪潮。

美国早期页岩气勘探开发主要集中于东部Appalachia盆地等，以密西西比系和泥盆系黑色页岩为主要目的层，以生物成因气和热成因气为主。随着水平井多段压裂、大型水力压裂、多井工厂化开采等页岩气关键工程技术不断突破与应用，页岩气开发几乎遍布各大盆地，包含所有成因类型，投入规模开发的主要为Marcellus，Haynesville和Barnett等7套主力页岩气产层，主要有Barnett，Marcellus，

Fayetteville，Haynesville，Woodford，Lewis，Antrim，New Albany 和 Eagle Ford 页岩区块，主要层位为中上泥盆统、石炭系、侏罗系和白垩系，勘探开发正在向中西部地区的盆地扩展。

美国页岩气藏地质与开发条件优越，页岩气储层往往分布面积广，埋深适中（800～2600m），单层厚度大（30～50m，总厚度超过 500m），有机质丰度高（TOC>2%），成熟程度适中（R_o 介于 1.1%～2.5%），含气量较高（3～10m^3/t），页岩脆性好（硅质含量大于 35%），产水量较少，黏土含量中等（小于 40%）以及围岩条件有利于水力压裂控制。它们大多为含油气系统中主力烃源岩，尤以受上升洋流影响、倾油混合型干酪根为主的海进体系域黑色页岩为佳，且处于大量生气阶段或充注过程中，既保存了较高的残余有机质丰度，储集大量吸附气，又能新增一定孔隙度，容纳足够数量的游离气，有助于提高基质系统的渗透性，一般具有产量高且经济效益好的特点。

美国能够低成本、大规模地开发页岩气资源，除得益于配套设施、产权制度、市场机制和政策支持等一系列成熟配套条件外，其成功的关键在于掌握了迄今最先进的勘探开发技术及装备。页岩气开采的关键技术最初的实验研发始于 19 世纪，经过了几十年发展才最终取得突破，技术革新经历三代页岩气革命（表 1–3），水平井钻完井和大型水力压裂两大关键技术取得突破和规模推广应用，水平段长度由 1500m 提高到 3000～5000m，钻井周期由 30～40 天缩短到 5～10 天，单井 EUR 达到 3×10^8～$8.5\times10^8m^3$，不仅做到了大规模、低成本、多领域有效开发，更是达到了多层系立体开发，使页岩气商业开发实现了低成本和大产量。

预计 2050 年前，页岩气都将是美国天然气产量增长的主要领域，页岩气将为美国贡献约 3/4 的天然气产量。技术进步和作业运行的完善也将不断降低成本，同时提高单井最终产量，对未来页岩气产量增长具有重要影响。根据英国 BP 公司预测，2035 年前，美国页岩气将是全球天然气供应增长的主要来源。

表 1–3 北美页岩气三代革新主要技术指标

指标	第一代	第二代	第三代
形成时间	2002—2013 年	2014—2015 年	2016—2019 年
水平段长，m	1500	2000～2500	3000～5000
钻井周期，d	30～40	15～20	5～10
压裂数（段 / 长度），ft（m）	8～16/300（90）	20～26/250（75）	50～80/200（60）
每段簇数	1～3	6～9	12～15，15 簇以上
支撑剂，lb/ft	1000～1500 （20/40 目）	2000 （40/70 目）	3000+ （100 目压裂砂）

续表

指标	第一代	第二代	第三代
液体性质 / 液量	混杂流体压裂液	滑溜水压裂液	滑溜水压裂液
压裂效率，段 /d	2～4	6～8	12～18
压裂评价	微地震	三维示踪剂	三维示踪剂
单井 EUR，10^9ft^3 （体积的增大，10^8m^3）	5 （1.4）	7～10 （2.0～2.8）	15～30 （3～8.5）
单井成本 万美元（万元）	800（5600）	650（4500）	500（3500）
每段成本，万美元 / 段	12～25	8～12	4～8
创新重点	地质—页岩储层	工程—快速、优化	地质—各类致密储层的多层位立体开发

二、国内页岩气勘探开发概况

中国是继美国和加拿大之后，第三个成功实现页岩气商业开发的国家。历经页岩气地质研究、“甜点区”评选与评价井钻探及勘探开发前期准备，到海相页岩气工业化开采试验、海陆过渡相与陆相页岩气勘探评价，正有序向海相页岩气规模化开采、海陆过渡相与陆相页岩气工业化开采试验阶段推进，2020 年页岩气产量达到 $200.4\times10^8m^3$。初步实现了中国海相页岩气勘探开发“理论、技术、生产”革命，正在进一步推动“成本”革命。

1. 页岩气发展历程

1）早期学术研究与探索（1982—2005 年）

中国自 20 世纪 80 年代便开始了页岩气的理论研究，提出了“泥页岩油气藏”“泥岩裂缝油气藏”等概念，2000 年以来，我国开始密切跟踪美国页岩气勘探开发进展，随着研究的深入，逐渐把握了页岩气的理论内涵，在页岩气概念、成因及赋存方式等方面的认识不断更新和升华。2005 年以后，围绕国内页岩气前景和中—新生界盆地，做了大量前期地质评价与资源排查工作。之后，国土资源部联合国有油公司、相关高校，组织开展了我国第一轮全国页岩气资源调查、前景和战略选区，为我国页岩气发展奠定了良好基础。

2）资源评价与勘探突破（2006—2012 年）

2006 年，中国石油率先在四川盆地及周缘开展页岩气地质综合评价，并分别在 2007 年和 2009 年与美国新田石油公司和荷兰壳牌石油公司合作，对威远地区页岩气资源勘探开发前景综合评价、富顺—永川区块页岩气联合评价。2009年，中国启动“中国重点地区页岩气资源潜力及有利区优选”，2010年，国土资源部开展全国页岩气资源战略调查，在上扬子川渝黔鄂地区，针对下古生界海相页岩，建设页岩气资源战略调查先导试验区。

2010年8月，四川盆地威远构造中国第一口页岩气评价井——威201井龙马溪组和筇竹寺组成功采气，取得了海相页岩气勘探重大突破，发现中国第一个页岩气田——威远页岩气田。2010年底富顺—永川区块阳101井井深3577m，经压裂测试，龙马溪组获得日产页岩气$5.8\times10^4m^3$，进一步证实了海相页岩气良好勘探开发前景。2011年12月，国务院批准页岩气为新的独立矿种，正式成为中国第172种矿产，国土资源部按新的独立矿种制定投资政策和管理制度。

随着页岩气理论认识与开发关键技术引进与创新，2012年4月，中国石油长宁区块宁201-H1水平井分段压裂测试，日产气$15\times10^4m^3$以上，第一次实现了页岩气单井高产，获得了具有商业开采价值的高产页岩气流，成为我国第一口商业气流井。2012年11月，中国石化在焦石坝构造焦页1HF井上奥陶统五峰组—下志留统龙马溪组页岩段压裂测试，获日产页岩气$20.3\times10^4m^3$，发现涪陵页岩气田，进一步证实四川盆地五峰组—龙马溪组具有高产页岩气井形成条件，该井在2014年4月被重庆市人民政府命名为“页岩气开发功勋井”。

在探索评价海相页岩气的同时，开始了陆相页岩气的探索。2010年，中国石化湖北建南气田建111井在下侏罗统自流井组东岳庙页岩段压裂测试获日产气$1.1\times10^4m^3$；2011年，陕西延长石油在鄂尔多斯盆地三叠系长7页岩段多口井压裂测试日产气1530～4000m^3；2012年长7页岩段两口水平井分段压裂测试日产页岩气1.5×10^4～$2.5\times10^4m^3$。海陆过渡相—陆相页岩气同样取得勘探发现和产量突破。

3）国家页岩气示范区建设与工业化生产阶段（2012年至今）

随着页岩气资源与技术基础不断夯实，海相页岩气成为加快规模上产的现实领域，而陆相和过渡相页岩气资源开发仍存在不确定性。同时，由于中国页岩区的构造改造强、地应力复杂、埋藏较深、地表条件特殊等复杂性，使得中国的页岩气勘探开采难度更高，决定了中国不能简单地复制美国页岩气的成功，需要探索走适合中国自己的页岩气勘探开发的自主创新之路。

面对中国能源结构持续向清洁化演进，天然气需求呈快速增长的形势，为加快页岩气勘探开发技术集成和突破，实现主要装备自主化生产和规模化推广应用，完善页岩气产业政策体系，探索更加有效的环境保护方法，实现我国页岩气规模效益开发，2012年4月，国家发展与改革委员会和国家能源局批准设立四川长宁—威远和滇黔北昭通两个国家级页岩气示范区，之后又分别于2012年9月批准设立延长石油延安国家级陆相页岩气示范区、2013年9月批准设立重庆涪陵国家级页岩气示范区。4个国家级页岩气示范区中，海相页岩气示范区 3 个，分布在四川盆地及周缘，勘探开发层系均为奥陶系五峰组—志留系龙马溪组海相页岩地层，涪陵区块为典型背斜型、长宁区块为向斜型、威远区块为单斜型，昭通区块为盆缘复杂构造型；陆相页岩气示范区 1 个，在鄂尔多斯盆地，目的层为二叠系和三叠系。

在相关企业和政府部门的大力推动下，在近 10 年的努力攻关之下，通过 4 个示范区的建设，已经在短时间内实现了页岩气勘探开发技术的巨大跨越，有些关键装备已经基本实现了国产化，基本掌握了页岩气的地球物理、水平井钻井、完井、压裂和试气等勘探开发技术。

2. 页岩气勘探开发现状

至 2019 年，中国先后在四川盆地及周缘发现并探明涪陵、长宁、威远、太阳和威荣 5 个页岩气田，累计探明页岩气地质储量 $17865.38 \times 10^8 m^3$（表 1-4）。建成涪陵、长宁、威远和昭通 4 大页岩气产区，页岩气产量快速增长，2019 年年产量达到 $155.3 \times 10^8 m^3$，2020 年产量突破 $200 \times 10^8 m^3$。

表 1-4　中国页岩气提交探明储量统计表（截至 2019 年底）

气田名称	面积，km^2	探明地质储量，$10^8 m^3$	技术可采储量，$10^8 m^3$
涪陵	575.92	6008.14	1432.58
长宁	593.77	4974.00	1243.50
威远	562.59	4276.96	1045.14
威荣	143.77	1246.78	286.76
太阳	213.29	1359.50	271.90
合计	2089.34	17865.38	4279.88

我国海相页岩气中浅层已经实现了规模效益开发，进入了大规模工业化开发阶段，开发区块分布在四川盆地及周缘，开发层系主要为奥陶系五峰组—志留系龙马溪组；海相深层页岩气实现重大突破，其他更多的页岩层系和区块也取得了实质性进展。陆相页岩气已突破出气关，整体处于评层选区和先导试验阶段，未来前景可期。

（1）海相页岩气取得突破，示范区产量快速增长，已进入工业化生产阶段。

初步建立高演化、超高压海相页岩气成藏富集地质理论，基本形成适宜于页岩气勘探开发的地球物理、钻完井、压裂改造等关键技术，自主研发的可移动式钻机、3000 型压裂泵车、可钻式桥塞等装备已规模化应用，水平井钻完井周期从 150 天减至 60 天，最短 35 天，分段压裂增产改造由初期最多 10 段增至目前平均 15 段（最多 26 段），完全具备埋深 3500m 以浅水平井钻完井及大型分段体积压裂能力，基本建立平台井组“工厂化”生产模式，水平井单井平均综合成本大幅降低（从 2010 年的 1 亿元下降到 2017 年的 6000 万～7500 万元）。

（2）陆相及过渡相页岩气勘探积极展开，多个盆地见气显示，处于地质评价、“甜点区”评选及工业化探索阶段。

中国陆相页岩普遍具有厚度较大、有机质丰度高、以生油为主、含气量低、脆性指数低等特点；海陆过渡相页岩多与煤层伴生，具有高 TOC 含量集中段厚度小、连续性差、储集空间有限、含气量变化大、脆性指数中等的特征。陕西延长石油（集团）有限责任公司以三叠系延长组、二叠系山西组和太原组为重点积极进行示范试验工作。针对陆相页岩储层层理不发育、脆性矿物含量相对较低、孔隙度总体偏小的特点，开展直井压裂、水平井多段压裂、二氧化碳压裂等多项技术试验，积极探索陆相页岩气有效开发关键工程技术。在南华北盆地、鄂尔多斯盆地和四川盆地石炭系—二叠系和三叠系—侏罗系煤系地层以及湖相砂泥岩地层中的钻探结果表明，尽管目前仍未取得页岩气开采的实质性突破，但已有少数探井压裂改造后获低产页岩气流，绝大部分探井“气测显示好”“解吸气量或含气量高”“点火可燃或点火成功”等。以“延安国家级陆相页岩气示范区”为例，已钻探的数十口井中，半数井压裂获气，水平井测试产量 0.4×10^4～$0.8 \times 10^4 m^3/d$。

3. 页岩气勘探开发进展与认识

经过 10 多年的页岩气勘探开发实践，传统勘探开发理念逐步发生转变，页岩作为烃源岩向源储一体转变、勘探正向构造向全方位找油气转变，形成六大主体技术[6]并不断完善，三级管理体制、“六化”管理模式等管理体系不断健全，奠定了页岩气加快发展的技术和管理基础。

1）源储一体、全方位找页岩气藏，扩大了勘探开发范围

页岩气藏源储一体，页岩气分布不受构造圈闭的限制，富集区存在于多种构造样式中，已经被页岩气成藏理论和勘探开发实践逐步证实，仅川南典型的甜点富集区就有向斜型、斜坡型、盆缘复杂构造型和低陡构造型等 4 种类型。

（1）向斜型甜点区：长宁区块位于长宁—珙县构造的南翼平缓向斜区，背斜核部龙马溪组剥蚀殆尽，北部地层陡，南部向斜区地层平缓稳定，无大型断裂破坏，埋深适中，远离喜马拉雅期剥蚀区和深大断裂的建武向斜区，为向斜型代表性甜点区［图 1-1（a）］。

（2）斜坡型甜点区：威远区块为一个简单的单斜构造，地层平缓，区内断裂不发育，龙马溪组页岩气藏没有构造圈闭，远离加里东剥蚀区，页岩大面积超压富集［图 1-1（b）］。

（3）盆缘复杂构造型甜点区：昭通南部受大娄山影响，靠近威信等控盆通天断

裂，保存条件不如长宁区块。如果页岩段埋藏比较深或者抬升强烈但局部构造保存比较完整，且远离大断裂 1km 以上存在甜点区，连片程度和稳定性弱于稳定斜坡或者向斜区［图 1–1（c）］。

（4）低陡构造型甜点区：泸州地区阳高寺、古佛山、龙洞坪等低陡构造钻探已证实构造核部和斜坡大面积超压，同时在坛子坝向斜、来苏向斜等构造部位压力系数接近 2.0，证明盆内低陡构造或者二级断裂对页岩气的保存条件破坏较小［图 1–1（d）］。

2）形成六大主体技术并持续完善，支撑页岩气规模勘探开发

经过不断试验与探索，持续完善六大主体技术，气井开发效率不断提高，目前川南页岩气埋深 3500m 以浅压裂技术不断完善，工程技术水平不断提升，埋深 3500m 以深主体技术取得重要突破，坚定了川南页岩气实现规模上产的决心。

（1）3500m 以浅主体技术不断完善，工程技术水平不断提升。通过引进、消化吸收、再创新，建立了本土化的页岩气勘探开发理论和技术体系，形成了页岩气勘探开发六大主体技术，支撑了埋深 3500m 以浅区块的产能建设。

① 创新形成多期构造演化、高过成熟页岩气地质综合评价技术。针对多期构造演化、断裂发育、部分地层遭受剥蚀，储层地质年代老、成熟度高，成藏控制因素复杂，北美综合地质评价体系不适应四川盆地海相页岩评层选区及国内无成功开发经验可借鉴等难题，创新形成了分析实验技术、地震储层预测技术、测井储层评价技术及有利区评价指标体系及优选技术，达到了测井综合解释符合率超过 90%、地震埋深预测误差小于 1%、储层参数预测符合率超过 90% 等技术指标，优选有利区开发，探明储量基本全部可动用。

② 建立复杂地下、地面条件页岩气高效开发优化技术。四川盆地海相页岩气开发面临受山地地表条件限制，地下资源动用难度大；高产井影响因素多，水平井参数设计难度大；页岩气流动机理复杂，生产动态预测难度大；不同区块地应力差异大，天然和人工裂缝表征困难，地质工程一体化建模和优化设计难度大等难题。通过地质工程一体化建模、开发优化部署、水平井优化设计、动态跟踪和定量分析预测等页岩气高效开发优化技术创新应用，采用平台部署 + 丛式井组、水平井 + 分段体积压裂、工厂化作业 + 橇装化采气等方案，充分利用了地下地面两种资源，提高了单井产量和建设效率，使地质建模和动态预测符合率达到 90% 以上，高效开发模式和水平井优化设计技术能够满足提高单井产量、提高资源动用率、提高作业效率的需求。

③ 掌握多压力系统和复杂地层条件下的水平井组优快钻井技术。四川盆地海相页岩气钻完井表层易漏、水平段易垮；纵向压力系统多、地层可钻性差；钻井周期长，微构造、小断层发育，中靶和轨迹控制难度大；最佳靶体厚度薄，靶体钻遇率保障难；水平井组井碰风险高、大偏移距三维水平井下套管难度大。为了解决上述难题，形成了平台水平井组钻井优化设计技术、水平井优快钻井技术、地质工程一体化导向

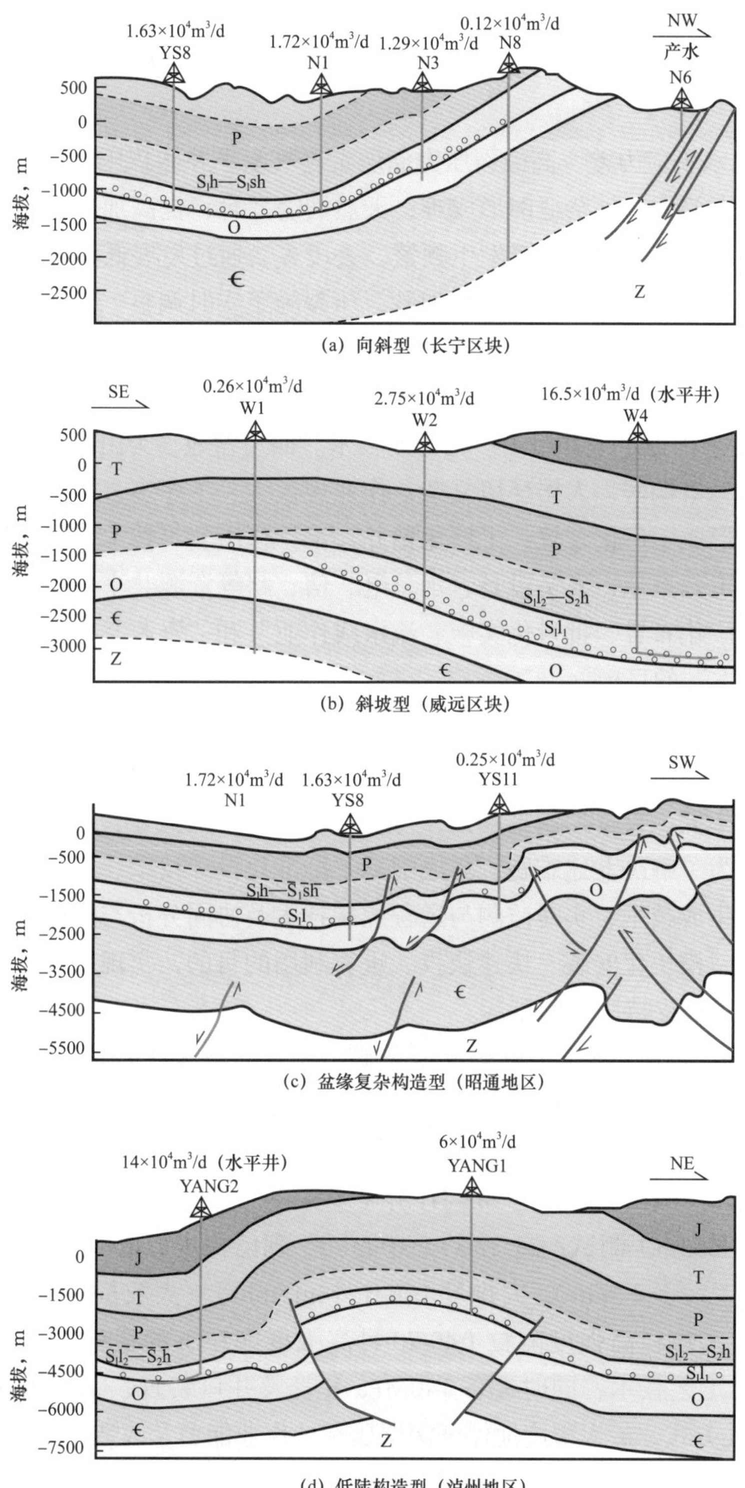

图 1-1 川南地区 4 种页岩气富集模式图

技术及油基钻井液条件下的固井工艺技术，基本完成了“从学习到打成，从打成到打好”的转变，并且正在向“钻得更深、钻得更长、钻得更快，钻得更省”的目标迈进。

④ 发展高水平应力差、高破裂压力储层页岩气水平井体积压裂技术。川南页岩气井压裂水平应力差大，复杂缝网形成难；天然裂缝发育，提高加砂量难度大；层理发育，裂缝纵向延伸难度大；套变发生频繁，丢段多。通过发展低黏滑溜水＋低密度支撑剂压裂、密切割分段分簇＋高强度加砂、压裂施工实时调整、暂堵转向（多级）压裂等水平井体积压裂技术，基本解决了改造体积小、加砂困难等难点，分段更短、簇数更多、加砂强度更大的新一代改造技术正在推广应用。

⑤ 形成复杂山地水平井组工厂化作业技术。四川盆地多为山地丘陵地形，存在井场选址困难，人口稠密，人居环境复杂，作业规模大、工序多、效率低，设备、资源共享率低等，形成工厂化布置、工厂化钻井、工厂化压裂等技术，解决了平台钻井压裂周期长，施工效率低，人员设备、水、电、信、路等资源共享率低等问题，实现了钻井压裂“工厂化布置、批量化实施、流水线作业”和“资源共享、重复利用、提高效率、降低成本”的目标。

⑥ 集成配套页岩气特色的高效清洁开采技术。地面工程建设和生产管理方面，面临页岩气井初期压力高、气液量大但递减快，地面装置适应性差；工程建设周期长、装置重复利用率低、投资控制难度大；传统管理模式人工值守、劳动强度大、生产成本高等问题。为了解决上述难题，集成配套了标准化设计技术、组合式橇装技术、数据采集与数据集成技术、实时监测与远程控制技术及协同分析与辅助决策技术。达到了工厂化预制、模块化安装、快建快投、重复利用的目的，实现了平台无人值守、井区集中管控，远程支持协作的目标。

（2）3500m 以深主体技术取得重要突破，奠定了规模上产的基础。通过总结壳牌公司和足 201–H1 井在川南深层压裂的经验，开展了以提高导流能力、裂缝复杂程度、储层改造体积为核心的压裂方案优化及现场试验。目前在渝西区块试验的两口井均取得较好的压后测试产量：足 202–H1 井（垂深 3925m）测试产量 $45.67\times10^4m^3/d$，黄 202 井（垂深 4083m）测试产量 $22.37\times10^4m^3/d$。现已初步形成以密切割（45m 左右）＋高强度加砂（大于 2.5t/m）、大排量（大于 $14m^3/min$）＋大液量（大于 $30m^3/m$）、缝内暂堵转向、大粒径高强度陶粒（40/70 目高强度陶粒）的适应于川南深层页岩气体积压裂主体工艺技术，同时配备 140MPa 套管及井口装置、采用等孔径短射孔簇（0.5m）的射孔方式，最大限度地保证深层压裂的作业能力及改造效果。

3）管理体系不断健全完善，能够满足快速上产需求

页岩气开发实施过程中，推行以提高单井产量为核心、强化技术主导、深化精细管理，建立三级管理体制，形成 4 种作业机制，健全研发体系，创新“六化”管理

模式，逐步形成油公司管理模式，大幅提升管理水平，有效实现了质量提高、工期缩短、成本控制的目标。

（1）建立三级管理体制。在中国石油天然气集团有限公司（以下简称集团公司）页岩气业务发展领导小组的领导下，采取集团公司页岩气业务发展领导小组、页岩气前线指挥部、各实施主体的三级管理模式，推进页岩气建产和整体评价工作，充分发挥集团公司技术、管理和保障的整体优势。

（2）采取四种作业机制。形成了“国际合作、国内合作、风险作业、自营开发”四种生产作业机制，整合了各方资源和优势，推动了技术进步，提升了实施效果。

（3）创建“六化”管理模式。推广应用页岩气井位部署平台化、钻井压裂工厂化、工程服务市场化、采输作业橇装化、生产管理数字化、组织管理一体化的“六化”管理模式，转变了传统的生产作业方式，在提升效率、降低成本方面发挥了巨大作用。

（4）建立健全技术研发体系。成立国家级和省级重点研究机构，建立页岩气技术支持体系，培养一批技术管理人才，编制一系列国家行业标准，有力支撑了页岩气产能建设。

（5）搭建运维保障平台。充分发挥天然气工业基地的支撑作用，搭建页岩气专业化运维保障平台，为推进页岩气勘探开发各项工作提供有力保障。

（6）创新油公司管理模式。主要体现在以提高储量品质等三个核心、坚持工程服从地质等 3 项原则、坚持重大开发技术政策等 5 个主导、采取狠抓生产组织等 4 项措施，促进页岩气开发整体效益的提高。

总之，通过技术和管理创新，中浅层页岩气勘探开发综合成本不断降低，目前完全成本 1 元 /m^3 左右，已经实现效益开发。由于成本随埋藏深度增加而上升，深层页岩气效益开发的实现需要进一步攻关。

参考文献

[1] 张金川，金之钧，袁明生．页岩气成藏机理和分布［J］．天然气工业，2004，24（7）：15-18.

[2] 张金川，徐波，聂海宽，等．中国页岩气资源勘探潜力［J］．天然气工业，2008，28（6）：136-141.

[3] 李登华，李建忠，王社教，等．页岩气藏形成条件分析［J］．天然气工业，2009，29（5）：22-26.

[4] 张金川，姜生玲，唐玄，等．我国页岩气富集类型及资源特点［J］．天然气工业，2009，29（12）：109-114.

[5] 李新景，吕宗刚，董大忠，等．北美页岩气资源形成的地质条件［J］．天然气工业，2009，29（5）：27-32.

[6] 马新华，谢军．川南地区页岩气勘探开发进展及发展前景［J］．石油勘探与开发，2018，45（1）：161-169.

第二章

北美页岩气革命与启示

北美通过页岩气的成功开发和长期不懈努力，掀起了能源领域的“页岩气革命”，推动美国实现能源独立。本章基于美国和加拿大页岩气开发历程与北美典型页岩气田开发进展，剖析“页岩气革命”的内涵、标志及其对油气地质学科发展、油气工业升级换代、全球地缘政治与能源格局产生的深刻影响，总结北美页岩气开发成功带来的启示，提出我国页岩气开发与能源战略的有关建议。

第一节　北美页岩气开发历程

目前，北美地区的美国和加拿大已相继成功进行了海相页岩气勘探开发，实现了商业化规模开采。下面分述其开发历程与最新进展。

一、美国页岩气开发历程与进展

美国是北美地区、乃至全球最早发现和勘探开发页岩气的国家，其海相页岩气发现最早、商业化开采规模最大、研究工作开展也最多。自 1821 年全球第一口页岩气井诞生以来，已有近 200 年历史。根据地质理论与关键技术发展标志、勘探开发生产特点、重要时间节点和里程碑事件等要素，将美国页岩气开发划分为科学探索与缓慢发展、理论认识及技术创新、关键技术突破与应用、快速发展与全球推广 4 个发展阶段（图 2–1）。

1. 科学探索与缓慢发展阶段（1821—1975 年）

美国早期以页岩裂缝气藏和生物成因气的研究和开发为主。1821 年，Hart 在美国东部纽约州 Chautauqua 县 Fredonia 镇附近的泥盆系 Perrysbury 组 Dunkirk 页岩中成功钻探全球第一口商业性页岩气井，比第一口油井早 35 年。由此正式拉开了页岩气勘探开发的序幕。

该第一口页岩气井井深为 21m，储层为埋深 8.2m 的泥盆系 Dunkirk 页岩，当时产出的气体用于纽约 Fredonia 地区附近村庄居民的照明，生产长达 37 年[1]。到 1863 年，

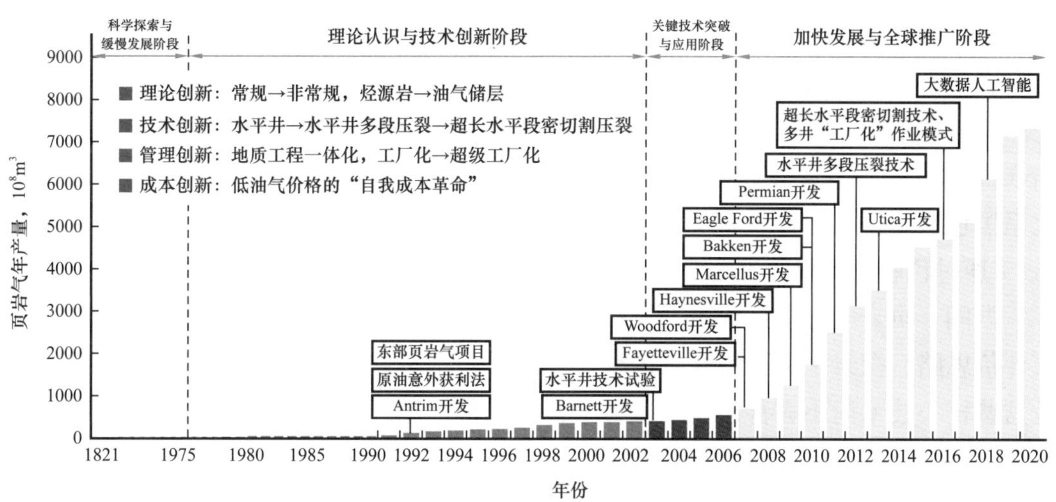

图 2-1　美国页岩气开发 4 个发展阶段历程图

在伊利诺斯（Illinois）盆地肯塔基西部泥盆系和密西西比系页岩中也发现了天然气。19 世纪 80 年代，美国东部地区的泥盆系页岩因临近天然气市场，在当时已经有相当大的产能规模。其后，以泥盆系和密西西比系黑色页岩为目标，开展了大量浅层钻探，相继获得了大量低产页岩气井。

美国早期的页岩气勘探开发主要集中在东部的亚巴拉契亚（Appalachian）盆地、伊利诺斯（Illinois）盆地和密执安（Michigan）盆地等，以密西西比系和泥盆系黑色页岩为主要目的层；后期美国扩大了页岩气勘探范围，开展了大量钻探工作，仅在局部地区获得工业气流。直到 1914 年，美国在亚巴拉契亚（Appalachian）盆地泥盆系 Ohio 页岩的钻探中获得日产 $2.83 \times 10^4m^3$ 的高产气流，发现了世界上第一个页岩气田——Big Sandy 气田。到 20 世纪 20 年代，页岩气已发展到弗吉尼亚州西部、肯塔基州和印第安纳州。1926 年，BigSandy 气田成为世界上最大天然气田。

20 世纪 40 年代，部分企业将页岩气作为一种非常规油气资源开始进行真正意义上的探索，相继对 Antrim 页岩、Barnett 页岩和 Devonian 页岩等进行了开发试验[2]。1940 年，Michigan 盆地 Antrim 页岩钻了 8 口生产井，进行小规模页岩气开发[3]。1965 年，通过小型压裂对 Ohio 页岩和 Cleveland 页岩进行增产试验，并取得显著效果[2]。

受理论认识和开采技术所限，开采方式以直井衰竭式开采为主，页岩气产量低、效益差，发展非常缓慢。到 1975 年为止的 150 多年里，美国页岩气年产量一直都在 $10 \times 10^8m^3$ 以下。

2. 理论认识与技术创新阶段（1976—2002 年）

这一阶段，以生物成因气和热成因气研究和开发为主。受 20 世纪 70 年代石油危机影响，美国能源部出台多项政策促进页岩气等非常规油气开发。1976 年，美国能源部及能源研究开发署（ERDA）联合国家地质调查局（USGS）等多家科研院所及企业，启动了旨在加强对页岩气地质特征、成因、分布规律、资源评价及开发技术等研究的美国“东部页岩气工程”（ESGP）项目，重点加强 Michigan 盆地、Illinois 盆地和 Appalachian 盆地等泥盆系页岩气的开发试验工作，证实了美国东部泥盆系和密西西比系黑色页岩巨大的产气潜力。1977 年美国颁布《能源意外获利法》（Windfall Profit Act）通过税收抵免以促进非常规油气发展[3]。

期间，页岩气地质评价及开发技术相关研究项目竞相设立，初步形成了页岩气勘探评价思路，探索了页岩气开发的核心技术——水平井钻井技术和水力压裂技术，只是这些核心技术尚不完善，也还未被大范围推广应用。这一阶段，页岩气的年产量由 1976 年的 $18.4\times10^8m^3$ 开始逐年递增。

1980 年，美国天然气研究所（GRI）又实施了包括钻井取样、实验分析、压裂增产技术等 30 多个项目的“东部含气页岩研究计划”。与此同时，美国第 29 条税收补贴政策获得颁布与实施，推动和加快了美国的非常规油气勘探与开发步伐。1981 年，Mitchell 公司针对得克萨斯州 Fort Worth 盆地密西西比系的 Barnett 页岩，钻探了 C.W.Slay No.1 井，实施了氮气泡沫压裂，并成功产出页岩气流，发现了美国第一大陆上气田——Newark East 气田。

20 世纪 90 年代，美国天然气技术协会（GTI）组织了大批科研力量，针对页岩气勘探开发的页岩岩心实验技术、水平井钻井技术、水力压裂技术等关键技术进行了深入研究，取得一些重要地质认识，明确了页岩气存在生物成因、热成因和混合成因 3 种类型，并提出了“连续油气聚集”的概念；先后进行了小型压裂、冻胶压裂和水平井等大量探索性的增产开发试验，产生了一些新发现，使页岩气勘探研究迅速扩展到美国其他地区。

随着页岩气关键工程技术不断突破，水平井多段压裂、大型水力压裂、多井工厂化开采等技术的应用，页岩气资源得到有效开发。Mitchell 带领的 Mitchell 能源公司经过 17 年不懈努力，针对 Fort Worth 盆地 Barnett 页岩共钻探页岩气井 30 余口[4]，于 1997 年由工程师 Nick Steinsberger 采用大型滑溜水压裂技术对 3 口页岩气井进行开发试验。1998 年，采用大型滑溜水压裂的气井（S. H. Griffin No.3）前 120 天平均日产量达到 $4.2\times10^4m^3$，至此 Barnett 页岩气田开发获得突破[4]。1991 年美国页岩气产量为 $62.36\times10^8m^3$，到 1999 年达到 $112\times10^8m^3$。

自 2000 年开始，美国页岩气勘探开发技术不断取得进步并广泛应用，勘探开发全面展开，加速了页岩气开发进程。页岩气开采方式采用直井压裂改造，同时加密了井网部署，使页岩气的采收率提高 20%，带动页岩气年产量和经济、技术可采储量开始攀升，成为世界最大的页岩气生产国。2000 年美国页岩气年产量为 $122\times10^8m^3$（图 2–2），生产井约有 28000 口。

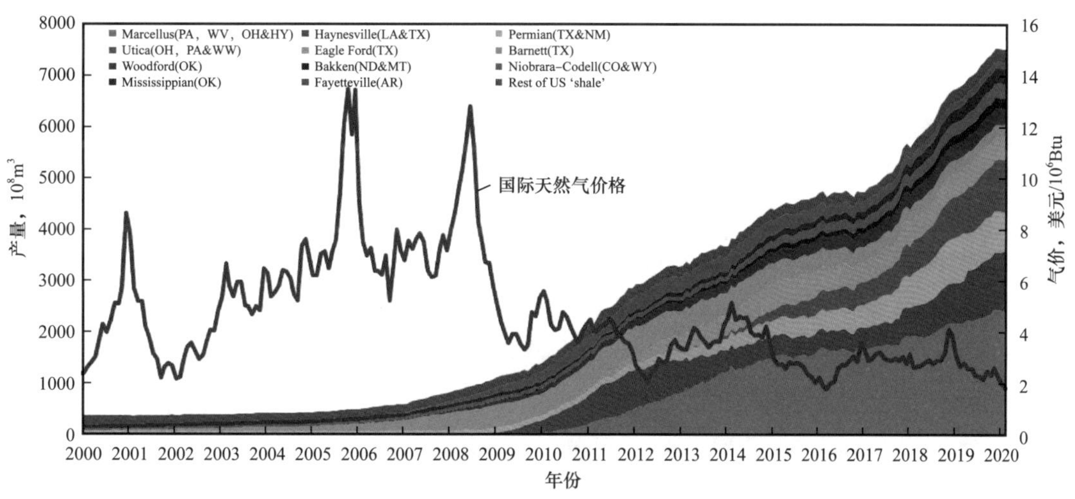

图 2-2　美国 2000—2020 年页岩气产量分布图（据 EIA，2020）

2001 年，Devon 能源公司以 31 亿美元的价格收购了 Mitchell 能源公司。2002 年，Devon 能源公司进一步发展了水平井多段压裂技术，对 Barnett 页岩实施水平钻井，取得了显著效果，水平井单井最终可采储量（EUR）达 $0.8 \times 10^8 m^3$，其中约有 10% 的井最终可采储量高达 $2.0 \times 10^8 m^3$，页岩气年产量达到 $150 \times 10^8 m^3$（图 2-2），已占美国天然气总产量的 3%。

这一阶段，大型滑溜水压裂技术的突破使页岩气实现经济有效开发，重复压裂、水平井多段压裂等技术试验取得良好效果，进一步提升了页岩气开发效益。特别是 2002 年水平井多段压裂技术试验成功并开始推广应用，成为页岩气开发的有效技术。其中 Barnett 页岩气田开发突破后产量快速增长，2002 年产量达到 $54 \times 10^8 m^3$，成为美国最大的页岩气田。

3. 关键技术突破与应用阶段（2003—2006 年）

这一时期以热成因气研究和开发为主，水平井钻完井技术、重复压裂、大型水力压裂等技术规模应用。2002 年以后，水平井压裂工艺取得了突破性进展与广泛应用，成为美国页岩气钻井的主要方式。2003 年，Barnett 页岩气田产量为 $75 \times 10^8 m^3$，占美国页岩气总产量的 28%。随着水平井的钻探数量激增，Fayetteville 等一批新的页岩气层获得快速开发，页岩气产量大幅度提高。

2004 年，水平井分段压裂技术和清水压裂技术得到改进，取得了良好效果，在美国得到广泛应用。Barnett 页岩气开发的成功经验在 Haynesville 页岩、Marcellus 页岩和 Utica 页岩等的开发中推广应用，页岩气产量迅猛增长，快速成为美国天然气产量的主体。运用该技术可使单井日产量达到 $6.37 \times 10^4 m^3$，为页岩气的大规模商业开发奠定了坚实基础，当年页岩气产量占到美国天然气总产量的 4%。

2005年，水力喷射压裂技术在Barnett页岩中进行试验，页岩气井的产量显著增加；多井同步压裂技术（又称交叉式压裂技术）试验成功，该技术可增加裂缝条数，形成复杂缝网，显著提高储层改造效果。同步压裂井的平均产量比单井压裂提高了21%～55%，开发成本降低一半以上。美国天然气研究所与ARI公司（Advanced Resource International Inc.）的数据表明，2005年美国页岩气技术可采储量为$1.1 \times 10^{12}m^3$，页岩气年产量突破了$200 \times 10^8m^3$。

随着水平井钻井技术、大型水力压裂技术、多井同步压裂技术和分级压裂技术的不断进步，不但提高了美国页岩气单井产量，延长了开采周期，而且降低了开采成本。同时，在页岩气资源评价、有利区优选等方面持续完善，实现了美国页岩气勘探开发关键技术突破。2006年，美国有页岩气井40000余口，页岩气年生产量攀升到$311 \times 10^8m^3$。

4. 加快发展与全球推广阶段（2007年以来）

2007年后，随着美国探索出一整套高效率、低成本开采技术，包括水平井钻探和多段分段连续压裂技术、清水压裂技术、同步压裂技术、储层优选技术、排采增产技术等日臻成熟，页岩气勘探开发关键技术在北美多个盆地多套页岩中得以推广应用并取得突破性进展。整个美国页岩气产业进入快速发展阶段，呈现出油气并举、加快发展和产量快速增长的局面。

2007年，Fayetteville和Woodford页岩气田实现了规模有效开发，产量分别达到$24 \times 10^8m^3$和$22 \times 10^8m^3$。2008年，Haynesville页岩气田实现了规模有效开发，产量达到$14 \times 10^8m^3$，美国页岩气产量突破$600 \times 10^8m^3$。2009年，Marcellus页岩气田实现规模有效开发，产量达到$35 \times 10^8m^3$，美国页岩气生产井数量增至98590口，页岩气年产量超过$878 \times 10^8m^3$，美国一举超越俄罗斯成为世界第一大天然气生产国。2010年，Bakken和Eagle Ford页岩气田实现规模有效开发，产量分别达到$15 \times 10^8m^3$和$28 \times 10^8m^3$。此后，美国页岩气产量一直保持强劲的增长势头，2011年美国新钻页岩气井达10173口。

期间，基于页岩气开发利用的广阔前景，再加上相关政策的倾斜，大型跨国能源公司积极介入，拉开了石油巨头角逐页岩气开发的序幕。埃克森美孚石油公司在2009年以410亿美元收购了美国天然气巨头XTO能源公司，2011年又斥资16.9亿美元收购了Phillips Resources天然气公司以及TWP联营公司。雪佛龙公司2011年以43亿美元收购Atlas Energy公司，从而获得了Marcellus页岩区的关键股份。此后，道达尔公司、英国天然气公司、壳牌公司等相继介入，高峰期参与的勘探开发企业达到100多家。2012年初，中国石化以9亿美元收购Devon能源公司的页岩气区块，首次进入美国的页岩气市场。同年又收购其在美国5个页岩油气盆地资产权益的33.3%，并

收购 Talisman 能源公司英国子公司 49% 的股份。

2012 年美国页岩气产量达到 $2935\times10^8m^3$，约占天然气总产量的 40%，平均年增长率高达 45.6%。2013 年，Utica 页岩气田实现规模有效开发，产量达到 $30\times10^8m^3$，页岩气年产量上升至 $3025\times10^8m^3$，占美国天然气产量的 44%。尽管 2014 年世界油价下跌，美国页岩气通过加大核心甜点产区投入，使其仍保持了产量的持续性。美国页岩气产量的增长压低了美国及整个北美的天然气价格，导致 5 年来连续低于 4 美元 /10^6Btu。

2014 年页岩气产能从非核心向核心区带集中，资产从非优质企业向优质企业转移，并购交易因油价下跌而愈加活跃。而 Bakken 和 Eagle Ford 两大页岩区带仍是美国并购交易发生最频繁的地区，2014 年二叠系盆地的部分资产完成交易金额 132 亿美元，是 2013 年 34 亿美元的 3.9 倍。

到 2014 年，美国已在亚巴拉契亚（Appalachia）盆地、墨西哥湾（Gulf）盆地、福特沃斯（Fort Worth）盆地、阿科马（Acomar）盆地等 50 余个盆地的 7 套主力层系中发现页岩气藏并成功开发，2014 年页岩气产量为 $3742\times10^8m^3$，占美国干气年产量近 50%；其中 Marcellus 页岩产量最高，为 $1331\times10^8m^3$。

2015 年美国页岩气生产井近 10×10^4 口，页岩气日均产量达到 $10.47\times10^8m^3$，页岩气总产量达到了 $3820\times10^8m^3$、占美国天然气总产量的 40% 以上。

2016 年页岩气日产量已达 $12\times10^8m^3$，实现了资源高效开发。特别是低油气价格促进了页岩气规模开发，表现为：多井“工厂化”作业模式得到广泛应用，页岩气井施工作业效率大幅提高；页岩储层精细描述、顶驱旋转导向钻井、储层体积改造理论、微地震监测等高端技术及装备广泛应用，使页岩气开发成本持续降低。2016 年底，美国页岩气产量跨越到 $4447\times10^8m^3$。2018 年页岩气产量达到了 $6138\times10^8m^3$（图 2–1），占美国天然气总产量的比例已经突破 50%、达到 64.4%。到 2020 年底，美国页岩气年产量攀升至 $7330\times10^8m^3$，占世界页岩气总产量的比例高达 95.3%。页岩气水平井钻完井、压裂施工周期为 20～30 天，单井成本低于 3000 万元人民币。

目前，美国页岩气开发几乎遍布各大盆地，已经对 30 余套页岩进行了勘探，在 48 个州发现了产气页岩，页岩气的主产区以及潜在产区主要分布于美国的南部、中部及东部。实现商业型采气的页岩主要有 Antrim 页岩、Ohio 页岩、New Albany 页岩、Barnett 页岩、Lewis 页岩和 Marcellus 页岩、Utica 页岩、Fayetteville 页岩、Haynesville 页岩、Woodford 页岩等古生界—中生界多套优质含气页岩层系，投入规模开发的主要为 Marcellus 页岩、Haynesville 页岩和 Barnett 页岩等 7 套主力页岩气产层，主要有 Barnett，Marcellus，Fayetteville，Haynesville，Woodford，Lewis，Antrim，New Albany 和 Eagle Ford 页岩区块，主要层位为中上泥盆统、石炭系、侏罗系和白垩系，勘探开发正在向中西部地区的盆地扩展。

综上可知，最近十几年，美国页岩气产量增加了近30倍，取得了页岩气革命的辉煌业绩。据预测，美国页岩气在今后一段时间都将保持较快增长趋势，到2040年美国天然气产量近2/3将来自页岩气；将在2025年之前成为世界上仅次于卡塔尔和澳大利亚的第三大液化天然气出口国。

二、加拿大页岩气开发历程与进展

加拿大是继美国之后世界上第二个成功勘探开发页岩气的国家，尽管源自页岩的天然气生产已有数十年历史，但直至2007年才真正实现页岩气大规模商业开发。因而，其页岩气勘探开发历程可大体分为两大阶段。

1. 页岩气探索阶段（2006年以前）

数十年前，加拿大石油公司采用常规裂缝性气藏的开发思路，用直井开采的方式，针对艾伯塔省东南部和萨斯喀彻温省西南部白垩系Colorado群页岩开采天然气，但产量较低。2000年前后开始尝试用非常规的思路开展页岩气勘探开发相关研究，勘探开发主要集中在西加拿大沉积盆地，东部的亚巴拉契亚断裂褶皱带也有局部生产活动。

2001年，加拿大在不列颠哥伦比亚省三叠系Montney页岩开始商业性的页岩气生产。2005年，加拿大西部地区开始大规模页岩气资源潜力评价及开发先导性试验，页岩气年产量仅有约$2.7 \times 10^8 m^3$。

2. 快速推进阶段（2007年至今）

2007年，随着美国水平井钻井技术、大型水力压裂技术等多项页岩气开发核心技术的形成及在加拿大的推广应用，页岩气开发层系由过去三叠系Montney页岩拓展到中泥盆统Horn River页岩，不列颠哥伦比亚省东北部开发了第一个商业性页岩气藏，当年产量就达到$8.3 \times 10^8 m^3$。

2007年以来，许多公司投入大量资金，应用先进技术来勘探艾伯塔、不列颠哥伦比亚、萨斯喀彻温、魁北克、安大略和新斯科舍等地区的页岩气资源，其中Horn River盆地和Montney盆地成为最重要的页岩气勘探开发活动地区。仅British Columbia地区就有超过22个试验区块获得批准，全国页岩气年产量也达到$10 \times 10^8 m^3$。此后，页岩气产量大幅增长，2009年页岩气产量为$72 \times 10^8 m^3$。

随着加拿大页岩气勘探开发进程快速推进，目标区主要集中在不列颠哥伦比亚省东北部中泥盆统Horn River页岩与三叠系Montney页岩，开发范围也由早期的艾伯塔省和不列颠哥伦比亚省扩展到萨斯喀彻温、安大略、魁北克、新布伦瑞克及新斯科

舍等省。页岩气钻井数量及产量也呈现快速增长趋势，到 2012 年页岩气总井数突破 1100 口，仅不列颠哥伦比亚省页岩气的日产量就超过 $8000\times10^4m^3$（图 2-3）[5]。

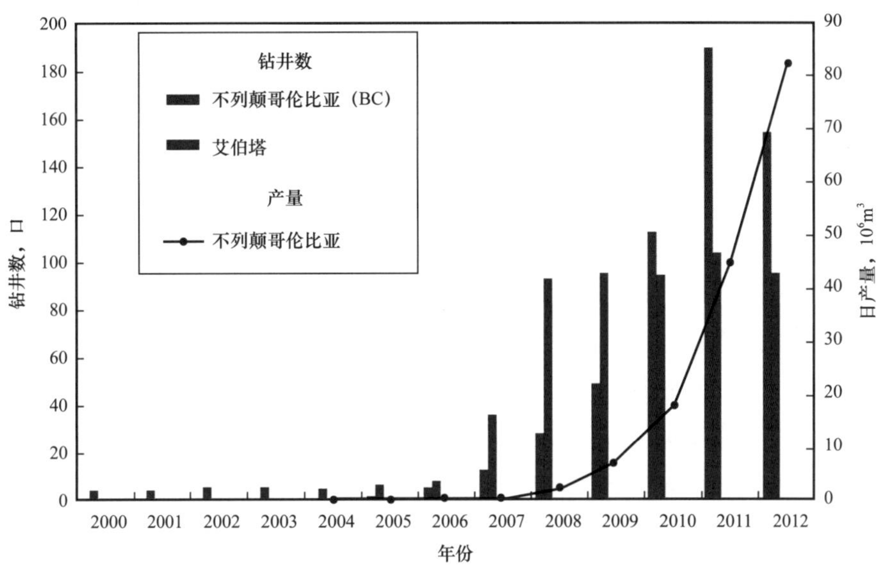

图 2-3　加拿大页岩气钻井数及页岩气日产量分布图[5]

到 2020 年，加拿大的页岩气年产量为 $55\times10^8m^3$。据加拿大国家能源局[6]预测，加拿大页岩气产量有望保持 9% 的年均增长速度，至 2035 年年产量将达到 $434\times10^8m^3$。

目前加拿大已发现 Montney，Horn River，Colorado，Utica，Muskwa 和 Duvernay 等多套产页岩气层系，商业开采主要集中在 Horn River，Montney 和 Utica 区块，其中 Montney 区块页岩气产量占 80%。加拿大页岩气资源主要集中在西部地区，该地区与美国西部地区地质条件相似，在美国发展起来的成熟技术适合当地的开发条件，这也是加拿大页岩气能够快速发展的主要原因。

三、北美典型页岩气田示例与开发进展

1. 最早实现突破的页岩气田——Barnett 页岩气田

1）Barnett 页岩气田地质概况

Barnett 页岩气田位于美国得克萨斯州中北部的 Fort Worth 盆地，主要目的层为密西西比系 Barnett 页岩，埋深为 1980～2591m，厚度为 30～180m，总有机碳含量（TOC）为 4%～5%，R_o 值为 0.8%～1.4%，总孔隙度为 4%～5%，技术可采资源量为 $7362\times10^8m^3$。气田总面积为 $15500km^2$，其中核心区面积达 $5000km^2$，页岩厚度为 100～230m；外围区面积为 $10500km^2$，页岩厚度超过 30m。典型井一般垂直井深为

2000～3000m，水平段长为1000～15000m，采用“大液量、大排量、低砂比”的施工工艺，分10段进行体积压裂，单井费用200万美元。单井初产为$5.3\times10^4m^3/d$，最终可采储量为$7000\times10^4m^3$。

2）Barnett页岩气田开发历程与进展

Barnett页岩的开发始于1981年，在美国页岩气商业开发过程中具有代表性的意义，是美国现代页岩气开发技术进步及产量急剧提升历程的缩影，其开发历程可划分为如下5个基本阶段：

（1）现代页岩气开发的最初阶段（1981—1985年）。1981年，Mitchell能源公司在Fort Worth盆地东北部钻探的C.W.Slay1井，在Barnett页岩中发现了Newark East气田。率先钻探了第一批评价井，前33口井都没有达到经济产量。先后使用高能气体压裂、泡沫压裂和冻胶压裂等进行储层改造，效果均不理想。转而采用直井方式生产，通过泡沫压裂在页岩中产生人造裂缝，终于获得页岩气产量。期间对Barnett页岩主要选择其底部层系进行压裂，压裂深度一般小于1500m，采用含氮气的辅助泡沫压裂液，压裂液体积为167.8～1135.6m^3，支撑剂为20/40目的石英砂，用量为136～226.8t。

（2）大型水力压裂阶段（1986—1997年）。1981—1990年，该气田开发进程缓慢，只钻了100余口井。1997年，由于大型滑溜水压裂技术的应用，大幅度降低了开发成本，有效提升了单井产量，使直井商业性规模开发成为可能。采用的压裂液为交联冻胶液，压裂液体积增加到1514.1～2271.2m^3，石英砂支撑剂的用量增加到了453.6～680.3t。氮气、降失水剂、表面活性剂以及黏土稳定剂也是压裂液的重要配方成分。

（3）清水压裂阶段（1998年至今）。1998年，水力压裂取代凝胶压裂，完井技术取得巨大突破，钻井数量迅速增加。采用直井方式分别对Barnett页岩底部和上部层系进行压裂，使用的压裂液量分别为3406.8m^3和1892.7m^3，以20/40目石英砂作为支撑剂，使用量为90.7t，排量为7.95～11.13m^3/min。在这一阶段中，黏土稳定剂和表面活性剂的使用量逐渐减少，甚至不再使用。采用上述压裂方法比采用冻胶压裂减少了50%～60%的资金投入。

（4）重复压裂阶段（1999年至今）。对于最初使用冻胶压裂的生产井，在经历了比较大的产量递减后，采用水力压裂进行重新改造，清水压裂的用液量和用砂量与新钻井时基本持平，这不但能够重新达到初始的生产速率，而且还可以提高60%的产量。2003年开始，随着水平井技术和直井重复压裂技术的应用，单井产量进一步提高。2004年，水平井多段压裂技术成熟并迅速推广，使外围区页岩气获得有效开发。2008年“工厂化”作业模式的广泛应用，进一步降低了开发成本，气田产量快速攀升。

（5）同步压裂阶段（2006 年至今）。2002 年，Devon 能源公司收购 Mitchell 能源公司后，开始在 Barnett 页岩气开采中大规模地使用水平井。对于 Barnett 页岩底部层系，水平段长一般为 305～1067m，压裂过程共使用了 7570.18～22712.4m^3 的清水和 181.4～453.6t 的石英砂，压裂排量为 7.95～15.9m^3/min。2006 年，作业者在井距 152～305m 的两口大致平行的水平井之间进行了同步压裂，依靠应力传递及裂缝延伸效应产生了最大的压裂效果。

到 2010 年，Barnett 页岩气井数达到 14886 口，比 1982 年增加了 98 倍；年产量达 517.63 × 10^8m^3，增加了 165 倍。2011 年产量达到 466 × 10^8m^3，成为美国第二大页岩气田。2019 年产量约为 2842.44 × 10^8m^3，Newark East 气田已成为美国第五大页岩气田[7]，年产气量在美国所有气田中排在第二位。

Barnett 页岩的开发是美国天然气工业史上伟大的革命，美国的页岩气工业从 Barnett 页岩开始向其他页岩或盆地扩展，也掀起了全球页岩气开发的热潮[8]。

2. 储量产量最大的页岩气田——Marcellus 页岩气田

1）Marcellus 页岩气田地质概况

Marcellus 页岩气田位于美国东部的 Appalachian 盆地，主要目的层为泥盆系 Marcellus 页岩，埋深在 1200～2600m 之间，平均厚度介于 18～83m 之间，总有机碳含量（TOC）为 4.4%～9.7%，R_o 值介于 1.23%～2.56% 之间，总孔隙度为 9%～11%，技术可采资源量为 2.23 × $10^{12}m^3$，气田面积为 2.46 × 10^4km^2。典型井一般垂直井深在 1000～2000m 之间，水平段长介于 600～1800m 之间，分 10～20 段进行体积压裂，单井费用约为 400 万美元。单井初产为 12.5 × 10^4m^3/d，最终可采储量为 1.06 × 10^8m^3[7]。

2）Marcellus 页岩气田开发历程与进展

1839 年，通过地质勘察首次在纽约州的 Marcellus 地区发现了页岩露头，并将该页岩命名为 Marcellus 页岩。Marcellus 页岩气田的第一口井钻探于 1880 年，该井位于纽约州 Ontario 县的 Naples 地区[8]。

20 世纪 70 年代末至 80 年代初期，曾尝试对 Macelles 页岩进行商业开发，但未获得工业气流。初期测试产量未能达到商业预期的主要原因是受压裂施工技术限制。80 年代中后期，在东部页岩气项目（Eastern Gas Shale Project）的推动下，Marcellus 页岩气田实现了小规模开发，年产量达到 1000m^3。

Range 资源公司在宾夕法尼亚州华盛顿县部署钻探了 Renz Unit1 井，该井于 2003 年完钻，钻井过程中在 Marcellus 页岩层见气测显示，研究表明 Marcellus 页岩与 Barnett 页岩和 Fayetteville 页岩相似，均为页岩气勘探开发的有利层段。2004 年 10 月 23 日，该井采用水力压裂，压后产量达 1.13 × 10^4m^3/d。

2005 年，水平井多段压裂技术使气田产量实现增长。2006 年，Marcellus 页岩区的勘探开发工作逐渐推进，Range 资源公司、Cabot 石油天然气公司、Dominion 能源公司、Fortuna/Talisman、M&M 能源公司、Atlas 能源公司、宾夕法尼亚通用能源公司等多家公司对 Marcellus 页岩开展勘探工作，钻井共计 28 口，其中由 Cabot 石油天然气公司在 2006 年完钻的 5Teel 井，最大测试产量达 $19.80\times10^4m^3/d$，正式拉开了宾夕法尼亚州北部地区页岩气勘探开发的序幕。

2007 年，Marcellus 页岩区的钻井数大大增加，完钻井数达 153 口。同年，Range 资源公司在宾夕法尼亚州华盛顿县钻探了第一口具有重要意义的水平井，该井的初期产量约为 $11.04\times10^4m^3/d$。此外，在宾夕法尼亚州的 Butler 县、Elk 县、Greene 县、Clarion 县及 Lycoming 县也钻探了一些探边井和勘探井。重大钻井项目是由 Atlas 能源公司、Rex 能源公司和得克萨斯 Keystone 公司等启动的，重点仍然是直井，只完钻了几口水平井[8]。

2008 年是 Marcellus 页岩取得突破性进展的一年，当年完钻井数达 360 多口，并在一些重点直井和水平井中获得重大发现，其中包括 CNX 天然气公司和 EQT 公司在宾夕法尼亚州 Greene 县的发现以及 Epsilon 资源公司在宾夕法尼亚州 Susquehanna 县的发现。在开发出有效的直井二级压裂技术后，Atlas 能源公司完钻井平均测试产量约为 $5.67\times10^4m^3/d$，Range 资源公司完钻的水平井初期产量为 11.3×10^4～$73.6\times10^4m^3/d$，甚至更高。2008 年产量达到 $8.8\times10^8m^3$。

2010 年，宾夕法尼亚地区的 Marcellus 页岩区带共钻井 2418 口，其中已投产井 1237 口，当年产量为 $132\times10^8m^3$。

2013 年，气田产量达到 $1027\times10^8m^3$，成为美国第一大页岩气田，也是目前世界上最大的非常规天然气田。

2016 年，气田产量达到 $1691\times10^8m^3$，继续保持第一大页岩气田的地位[7]。开发生产活动主要集中在宾夕法尼亚州东北和西南部区域，其中，东北部面积为 $10.54\times10^4km^2$，预测采收率为 25%，剩余资源量为 $8\times10^{12}m^3$；西南部面积为 $1.99\times10^4km^2$，预测采收率为 40%，剩余资源量为 $1.33\times10^{12}m^3$[8]。

近几年来，通过技术复制 Marcellus 页岩气田产量快速增长，2020 年年产量达到 $2306\times10^8m^3$，成为全球最大的页岩气田。

3. 高压高产的页岩气田——Haynesville 页岩气田

1）Haynesville 页岩气田地质概况

Haynesville 页岩气田位于美国路易斯安那州西北和得克萨斯州东北盐盆，主要目的层为侏罗系 Haynesville 页岩，埋深为 3350～4270m，厚度为 61～107m，总有机碳含量（TOC）为 0.5%～4%，总孔隙度为 8%～9%，地层压力系数为 1.5～2.0，技术可采资源量为 $2.05\times10^8m^3$。气田总面积为 $2.3\times10^4km^2$，有利面积为 $1\times10^4km^2$，其中单

井最终可采储量大于 $1\times10^8m^3$ 的面积为 $5000km^2$；大于 $2\times10^8m^3$ 的面积为 $1000km^2$。典型井一般垂直井深为3000～3500m，水平段长介于1200～1700m之间，分15段进行体积压裂，单井费用600万～800万美元[9]。单井初产量为 $28\times10^4m^3/d$，最终可采储量为 $1.8\times10^8m^3$。

2）Haynesville页岩气田开发历程与进展

Haynesville页岩的勘探开发工作始于2004年。2004年4月，开钻第一口评价井Elm Grove Plantation-15，见到良好气显示，证实了Haynesville页岩为优质含气页岩[8]。2005—2007年前期，多家石油公司在该地区钻探了几十口直井评价井，并开展了取心及评价工作，基本明确了超压富集区的分布。2007年12月，石油公司在Haynesville页岩层实施钻探了第一口水平井SLRT#2井，该井于2008年1月投产，分段压裂后测试产量为 $7.4\times10^4m^3/d$。自2007年后，水平井数量大幅增加。2008年，启动气田开发，每年钻水平井300～500口。2011年页岩气产量达到 $617\times10^8m^3$，仅用5年时间建成为美国最大的页岩气田。2012年底，产量达到 $712\times10^8m^3$。到2013年12月，已完钻井2508口，其中生产井2274口，主要分布在路易斯安那州，产量合计达 $1.6\times10^8m^3/d$。2016年，产量为 $393\times10^8m^3$，为美国第四大页岩气田[7]。2017年以来，页岩气开发成本进一步突破，2020年实现产量 $1199\times10^8m^3$。

第二节　北美页岩气革命影响

美国页岩气开发突破之后，借助水平井体积压裂、微地震监测、多井工厂化开采等核心技术，持续推动页岩气产量快速增长，在全球范围内掀起了一场能源领域的"页岩气革命"。剖析"页岩气革命"的内涵、标志和结果显示，其对油气地质学科发展、油气工业升级换代、全球地缘政治与能源格局产生了深刻影响。

一、北美页岩气革命的内涵与标志

21世纪以来，在能源政策持续支持和开发技术不断突破带动下，页岩气勘探开发异军崛起，成为非常规油气发展的热点方向，引发了油气上游业的一场"页岩革命"，并逐步向一场全方位的变革演进。页岩气领域相继获得的重大突破和迅猛发展是此前未曾预料的，BP公司预测至2035年，世界一次能源产量年均增长1.4%，与消费增长持平，在技术提升的推动下页岩气等新型能源的总体年均增长为6%，到2035年将贡献45%的能源生产增量，页岩气的生产成为能源供应的主要推动因素。实际上，2013年以来，BP公司对美国页岩气的远景展望被反复上调[10]（图2-4）。

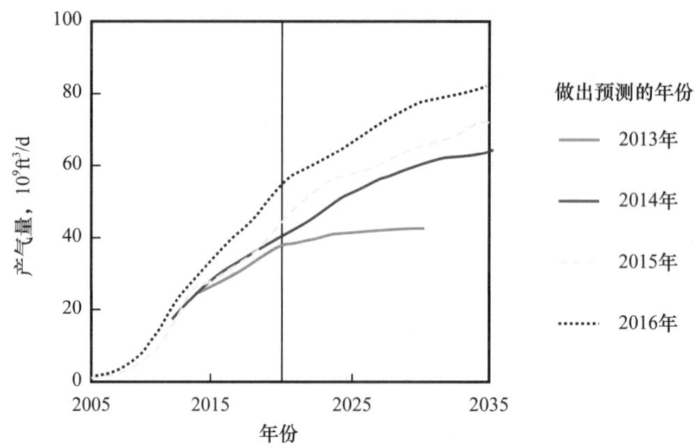

图 2-4　BP 公司对美国页岩气的展望被反复上调［《BP 能源展望》(2018 版)，BP 公司，2018］

剖析“页岩气革命”的内涵发现，北美的页岩气革命主要体现在三个方面：一是理论革命；二是技术革命；三是成本革命。

1. 理论革命：页岩气赋存机理与连续型油气聚集理论的颠覆性创立

通过一系列基础理论研究和创新认知，地质学家们逐渐统一认识，认为页岩是由黏土和极细粒石英等堆积并固化形成的岩层，形成于无波浪扰动的海洋和湖泊底部环境，一般含丰富的有机质；页岩气是以游离和吸附方式存在于页岩微小孔隙裂缝、矿物和有机物表面的天然气，主要是甲烷。

Schmoke 等[11]提出了“连续型油气聚集”理论，证实页岩中发育纳米级孔喉系统，没有圈闭也能聚集油气，这一理论突破了资源禁区，挑战常规储层下限，颠覆了传统圈闭成藏理论，是非常规油气理论开启的里程碑，为非常规油气资源有效开发利用提供了科学依据。

常规“油气藏”是在单一圈闭中聚集的油气，储层孔渗条件优越，具有统一的压力系统、统一的油气水边界，局部圈闭富集，天然能量生产。与常规油气明显不同，非常规的页岩油气属于源岩生烃滞留，未经初次运移，靠超压和扩散驱动在源岩内部纳米孔隙富集、连续型甜点区分布，储层物性致密，需人工压裂开采。以连续型或准连续型油气聚集为研究对象，源储配置是核心，学科基础是连续型油气聚集理论。针对大面积展布的非常规储集体，关键在于大规模纳米级孔喉储层的致密背景与油气生成、排聚过程的时空匹配，以圈定核心区、筛选甜点区，确定非常规油气资源潜力。

页岩气是产自富有机质黑色页岩中连续聚集的天然气，主要储集空间为页岩储层内大量丰富的纳米级孔隙，以吸附态存在于微纳米孔隙中，游离气以压缩状态存在，产气初期游离气占绝对主导，美国已开发页岩气中游离气含量远高于吸附气。页岩气田开发需要找准“甜点区”，压开“甜点段”，通过水平井体积压裂形成“人造渗

透率”实现有效开发。含气页岩层系具有大面积连续分布、纹层及层理普遍发育、纳米级有机孔隙丰富、“甜点区（段）”富集、热成因游离气含量决定初产高低、天然裂缝密度及超压发育程度控制形成高产、水平井压裂缝网“人造页岩气藏”开发等7项基本特征[7]，与常规天然气有显著差异。针对传统技术不能开采的连续型“甜点区”，勘探开发主要任务是评价源性、岩性、物性、含油性、脆性、应力异性“6特性”。

基于页岩气地质与连续“甜点区”富集理论，认识到页岩储层中发育纳米级孔喉系统，油气赋存相态发生了变化，从游离态、溶解态增加了吸附态，突破了传统储层的概念；页岩气大面积连续分布，没有明显的油气藏边界，突破了经典“圈闭”成藏概念；页岩气滞留烃成藏与非浮力聚集，突破了传统油气系统运移聚集模式。未来，页岩气等非常规勘探开发将不断突破“生烃最高温度”“储层最小孔隙度”“油气赋存最大深度”等方面极限。

2. 技术革命：油气开发理念与水平井多段压裂工程技术的历史性突破

理论的颠覆带来一系列技术的突破，主要体现在生油气技术革命、储油气技术革命、产油气技术革命三个方面。生油气技术革命方面，基于“源岩油气”系统理论提出“进源找油”思想，即“入源、近源”寻找页岩气，进入生油气层系中、烃源岩区及其紧邻周缘，寻找甜点段和甜点区。创立了甜点区段识别及预测评价技术，突出高效精准勘探，促使布井走向生烃凹陷区。

储气技术革命方面，基于页岩气自生自储、源储一体理论，建立了页岩储集空间与赋存相态识别技术、储层“六性”评价技术，利用模糊优化综合评价方法、全道集叠前反演技术等地球物理技术精确预测页岩气储层甜点，有效促进了页岩气储量发现。

产油气技术革命方面，关键是水平井地质旋转导向钻井系统等核心技术不断突破，大规模提高了页岩气单井产量。美国页岩气资源的经济有效开采是以水平井的推广应用和网络压裂技术突破为标志的，同时也是众多不同专业领域技术集成应用的成功案例，主要得益于水平井钻完井、大规模体积压裂“人工油气藏”开发、压裂微地震监测、平台式“工厂化”生产等4项核心技术的重大进步。而在整个技术链中，水平井分段压裂技术处于中心地位。

水平井钻完井及分段压裂技术与成熟的丛式水平井钻完井及相关配套技术是页岩气成功开发的基础。2002年以来，水平井的大量应用推动了美国页岩气的快速发展。目前几乎所有的页岩气都采用水平井开发，钻井方向均垂直于最大水平主应力方向。水平井钻井过程中，常采用欠平衡钻井、空气钻井、控制压力钻井和旋转导向钻井等关键技术。与直井相比，水平井钻完井技术的优势在于：（1）成本为直井的1.5～2.5倍，但初始开采速度、控制储量和最终可采储量是直井的3～4倍；（2）水平井与页岩层中裂缝（主要为垂直裂缝）相交机会大，明显改善储层流体的流动状况和增加泄流面积；（3）减少地面设施，开采延伸范围大，受地面不利条件干扰少。

水平井分段体积压裂技术始于20世纪80年代，在水力裂缝的起裂、延伸，水力裂缝条数和裂缝几何尺寸的优化，分段压裂施工工艺技术与井下分隔工具等方面均已取得重要进展。水力喷射压裂技术、裸眼封隔器分段压裂技术、限流法分段压裂技术、体积改造技术、高速通道压裂技术是几种常见的压裂工艺。

近年来，水平井分段压裂技术走向“大规模、密切割”，旋转地质导向、可溶桥塞、滑溜水 / 支撑剂体系等钻完井压裂装备及技术飞速进步。加拿大Duvernay采用可降解桥塞 + 分簇射孔压裂工艺，段间距自89m降低至49m，缩短56%。单井支撑剂用量持续上升，石英砂全面取代陶粒，Haynesville水平井压裂加砂量由2500t提高至8000t，陶粒及覆膜砂用量由20%下降至5%以下。压裂车从1400型发展到2500型，最大压力140MPa，总水马力由2008年715万增加到2018年2500万，连续油管作业能力达到9200m。

“井工厂”式钻井采用底部滑动井架钻丛式井组，每井组3～8口水平井，水平井段间距300～400m，利用最小的丛式井井场可使开发井网覆盖区域最大化。平台式“工厂化”压裂能够在一个丛式井平台上压裂22口井，降低作业成本，提高作业效率。目前，井组设计每平台16～20口井，井组压裂级数最大440段，水平段长度1600～3000m，每口井最大压裂级数28段。

长水平段钻完井大幅度提高单井控制储量及产量。一则长水平段水平井可大幅提高气体流入井筒的面积，二则多段压裂技术人工改造储层建立气体流动通道，形成“人造油气藏”，可“积细流成江河”，增加单井控制储量及产量。

开发技术的进步，也影响了对页岩气产量和资源潜力的评价。页岩气开发被称为“人造气藏”（Artificial Reservoir），水平井 + 体积压裂打碎地层，建立更多流动通道，释放了束缚在地层中的油气，改变了“表外资源”的经济性，做大了可动用资源蛋糕。根据页岩气早年产量预测，很可能低估页岩气区的最终可采资源量。以Banett页岩气资源评价为例，随着勘探开发程度的不断扩大及技术的进步，Fort Worth盆地Banett页岩气主产区Newark East气田的年产量和技术可采储量增加，并在盆地内发现了一大批具有商业性开采价值的页岩气田。USGS及其他研究机构对Banett页岩气的技术可采储量评估值也迅速攀升，由早期的$390\times10^8m^3$（USGS，1990）[13]到1996年的$840\times10^8m^3$（USGS，1996）[14]、2004年的$7300\times10^8m^3$（USGS，2004）[15]增至2005年的$1.1\times10^{12}m^3$（ARI，2005）[16]。

因此，页岩气关键技术的创新，大大提高了页岩气初始开采速率和最终采收率，为页岩气革命奠定了技术基础。

3. 成本革命：降本增效、充分发挥产业链价值的革命性创新

断崖式低油价助推页岩气行业实现自我成本革命，依靠科技降本增效成为生存之道。页岩气产业发展过程中经历了几次低油价冲击，如 1972 年最低油价仅 3 美元 /bbl，在国际油价振荡上涨后 2016 年 1 月又跌至最低 25.99 美元 /bbl。美国页岩气公司通过全方位降低成本，实现页岩气开发的“自我成本革命”。页岩气完全成本在 2018 年 0.38 美元 /m^3，与 2011 年相比降低 62%；页岩气勘探开发成本 2017 年为 0.09 美元 /m^3，与 2011 年相比降低 69%。此外，康菲公司成立综合大数据中心（IDW），依托大数据分析技术，推动页岩气开发成本大幅降低。康菲公司 Eagle Ford 区块的单井钻井周期下降 45%，页岩气开发成本降低一半。

丛式水平井的布井方式、井眼轨道优化、井眼轨迹控制、优快钻井、井壁稳定、随钻测量、完井等技术的集成，提高了丛式水平井组的钻完井效率，缩短了建井周期，提高了井眼轨迹控制精度和井壁稳定程度，降低了钻井成本。美国页岩气主产区的丛式水平井平均钻井周期仅为 27 天，成本为 300 万～600 万美元（垂深 2500m 左右，水平段长 1300m 左右）。同时，水平井分段压裂与段内分簇体积压裂、同步及交替压裂、无级可钻式桥塞压裂、无水压裂、清水压裂、整体压裂及裂缝实时监测等新技术的不断涌现，为提高页岩气井产量和采收率作出了贡献。

开发技术的进步推动了页岩气生产方式的升级换代和快速发展。从开发方式和产量提升上，页岩气资源经济有效开发的关键是不断探索低成本开采工艺与开采方式。由于页岩气的“初始产量较高，递减很快且中后期递减速度较慢，稳产期很长”的独特开采特征，决定了页岩气开采要采用平台式钻井 + 同步压裂或交叉压裂的平台式“工厂化”生产模式，通过井间接替追求累计产量，实现全生命周期的经济效益最大化。

平台式“工厂化”生产模式是指应用系统工程的思想和方法集中配置人力、物力、投资、组织等要素，以现代科学技术、信息技术和管理手段，应用于传统油气开发施工和生产作业，实现多井平台式“工厂化”生产。平台式“工厂化”一般具备 4 个要素：（1）整体研究、批量布井；（2）模块装备、标准设计；（3）交叉施工、流水作业；（4）用料用水、重复利用。该模式强调开发生产将突破一个井场只钻一口井、只钻一种非常规油气类型的传统油气生产方式。

页岩气开发生产的工厂化作业，是目前页岩气资源实现经济有效开发的最有效手段。这种生产模式可最大限度地减少土地占用量、设备动迁次数和作业时间、减少地面管线与集输设备，在多口井控制范围内整体产生更为复杂的裂缝网络体系，增加油气聚集单元改造体积，提高了作业效率，缩短了钻井和储层改造时间，既能大幅提高初始产量和最终采收率，又能有效降低生产作业成本。

21 世纪以来，基于压裂规模可控的微地震监测技术实现了突破。美国将微地震监测用于页岩气实时监测裂缝展布方向、波及长度和地层破裂能量，对人工裂缝延伸方向和长度进行追踪定位。微地震监测技术有助于井网优化、“工厂化”布局、井眼轨道设计、压裂方案设计和调整，从而提高储层压裂改造效果，实现页岩气资源的经济高效开发。

通过页岩气勘探开发技术体系的集成创新和开采模式创新，北美地区已实现“平台式”钻井、“工厂化”生产，创建了“多井低产”、“多井低成本”的非页岩气有效开发的典范。

二、北美页岩气革命的结果与影响

20 世纪 90 年代，美国在政策优惠、价格有利、技术进步、配套完善等因素的推动下，终于迎来页岩气产业的革命。近 10 年是北美页岩气“革命性发展的黄金十年”，页岩气革命冲击着全球传统能源体系，将重塑世界能源格局。

1. 助推美国成为全球最大页岩气生产基地，油气工业出现“第二春天”

近 10 年，美国页岩气生产一直以加速度的增长不断刷新产量，几乎主导了全球页岩气的生产和供应。据 BP 公司统计，2009 年在页岩气推动下美国天然气产量首次超过俄罗斯（图 2-5），成为世界第一大天然气生产国。

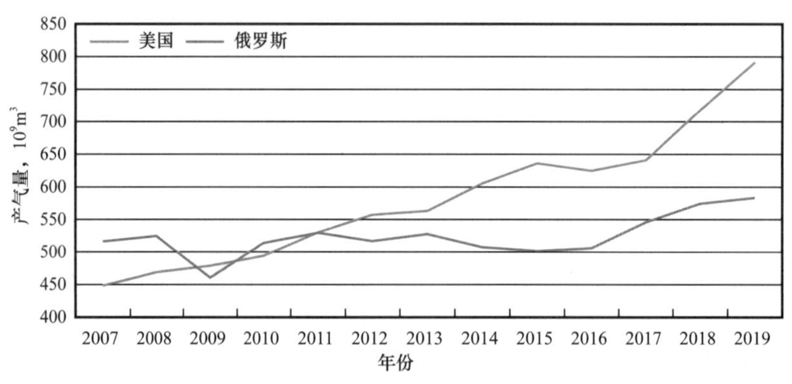

图 2-5 美国和俄罗斯天然气产量对比图（据 BP 公司资料整理）

根据 EIA 统计，页岩气产量占全美天然气供给的比例不断上升，2014 年已超过一半，2015—2017 年几乎维持产量，2017 年美国页岩气产量为 $4757\times10^8m^3$，占全美天然气产量的 58% 以上。依托页岩气产量的提升，美国天然气生产以 6.1% 的增速取得世界最大增幅，占全球净增长的 77%。

据美国能源信息署（EIA）的数据，美国天然气产量在 1972 年达到 20 世纪高峰、形成天然气发展的“第一春天”，随后逐年下滑，2005 年止跌回升，2018 年天然气产

量回升至 $8318 \times 10^8 m^3$。2019 年美国页岩气产量为 $7140 \times 10^8 m^3$，占其天然气总产量的 78%；2019 年美国页岩气产量增长 $957 \times 10^8 m^3$，占全球天然气产量增长率的 73%。页岩气革命助推美国油气工业出现“第二春天”，成为时任美国总统特朗普刺激美国经济发展的重要抓手。

2. 美国成为天然气净出口国，实现能源独立，彻底改变了能源安全形势

2000 年美国天然气对外依存度为 16%。在页岩气革命的推动之下，2018 年净出口 $147 \times 10^8 m^3$，美国成为全球最大的天然气生产及供应国。

历史上的美国天然气贸易，都是通过天然气管道从加拿大进口到墨西哥。尽管美国国内天然气消费在不断上升，但随着页岩气资源的大力开发，国内天然气消费与天然气生产越来越趋于平衡。EIA 的统计数据显示，2014 年美国天然气自给率已达到 100%，彻底扭转天然气净进口的局面。随着国内天然气供应量和消费量的差距日益增大，美国原本为进口液化天然气而建造的各种设施现在已用于出口，2018 年 3 月已有 2 个 LNG 出口设施运营，到 2021 年再建成 5 个 LNG 出口设施，将更多的液化天然气 LNG 出口到更多的国家，尤其是以更具竞争力的气价出口到亚洲国家。

页岩气热潮使美国能源自给率大幅回升，从能源进口国一下子变成了能源出口国。2006 年美国石油对外依存度为 67%，2018 年降至 25%。2019 年美国油气产量为 $22.6 \times 10^8 t$ 油当量，消费量为 $22.2 \times 10^8 t$ 油当量，已经基本实现了“能源独立”。目前美国从 OPEC 国家进口原油总量大幅降低为 $150 \times 10^4 bbl/d$，为 1986 年以来最低水平，2022 年原油将实现净出口。《Exxon Mobil 2013 年能源展望》预测到 2025 年，美国将超过沙特成为世界第一大产油国。到 2030 年美国化石能源净出口量将达到 $3.1 \times 10^8 t$ 油当量，其中天然气 $1700 \times 10^8 m^3$、石油 $1.1 \times 10^8 t$ 和煤炭 $1 \times 10^8 t$。

短短 50 年，美国依靠非常规油气革命实现了“能源独立”，体现出战略先行制定的极端重要性。凭借新发现的丰富能源，美国国家实力增强。页岩能源生产刺激了经济，创造出更多的就业岗位。能源进口减少，国际收支状况得到改善，新增税收使财政预算更加宽裕。更加廉价的能源，大幅提升美国制造业的竞争力，提振美国实体经济，增强了美国的国际竞争力，也彻底改变了美国能源安全形势。

3. 深刻改变全球油气供给格局，重塑了世界能源市场与能源格局

20 世纪末期，北美页岩革命横空出世，引发了全球能源革命。美国的“能源独立”为其世界政治、军事部署调整提供较大空间，将对国际能源市场产生强烈冲击，对全球天然气市场、能源供应格局及地缘政治的重要影响已经呈现。

1）页岩革命形成世界能源新版图

在美国示范作用下，激发了全球页岩气开采热情，大规模开发可能成为现实。全

球页岩气资源约为 $456\times10^{12}m^3$，发展潜力巨大。随着开发技术日臻成熟，越来越多国家实施商业开发，页岩气将成为世界能源市场上不可轻视的新军。

随着非常规油气资源的工业化大生产，不断攀升的北美非常规油气产量改变了全球传统能源格局，影响了世界能源发展秩序。20 世纪 60 年代末，中东地区石油产量超过美国，成为全球最大的油气生产中心，之后，中东地区就一直处于世界能源版图的中心，成为维持世界石油供需平衡的核心区。进入 21 世纪，加拿大的油砂、委内瑞拉的重油、美国的页岩气等非常规资源的大规模开发利用，正在形成世界能源新版图——以美洲为核心的西半球“非常规气”和原有的以中东为核心的东半球“常规气”。

页岩革命还悄然影响着世界石油贸易的流向，随着中国和印度的强劲增长推动能源需求扩大（图 2-6），在美国页岩气蓬勃发展的影响下，石油流动日益从西（方）至东（方），而非从东（方）至西（方）。欧洲和亚太是全球两大油气供应流向的低洼地。欧洲油气需求趋于饱和，未来供需格局将基本维持动态平衡；亚太已成为未来世界油气供需缺口最大的地区。中东地区在世界能源版图中的地位虽然下降，但依然作为全球油气供应中心，将主要单一流向中国、日本、印度等东亚和南亚国家。

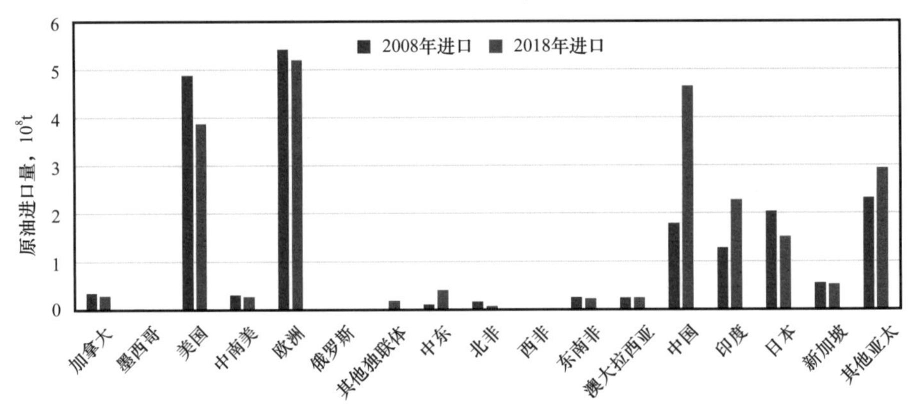

图 2-6 2008 年和 2018 年世界原油贸易对比图

澳大拉西亚指澳大利亚、新西兰和邻近的太平洋岛屿

BP 公司 2019 年能源展望预测，未来初期供给的增加仍然由美国页岩油、致密油驱动占全球供应增量的 2/3，受致密油和天然气凝析液推动，并在 21 世纪 30 年代初期进入平台期，届时美国成为远远领先于其他国家的液体燃料最大生产国。到 2035 年，美国石油产量增加 400×10^4bbl/d 达 1900×10^4bbl/d，俄罗斯产量将增加 100×10^4bbl/d 达到 1200×10^4bbl/d。而到了 21 世纪 20 年代末期，因中东生产者采取增加市场份额的策略而由石油输出国组织接替。天然气增长强劲，主要是因为广泛的需求，低成本页岩气产量的增加和液化天然气供给持续扩张，导致全球范围内可获得

性增加。到 2040 年，美国天然气产量占全球的近 1/4，远高于中东和独联体的各占 20%（图 2–7）。

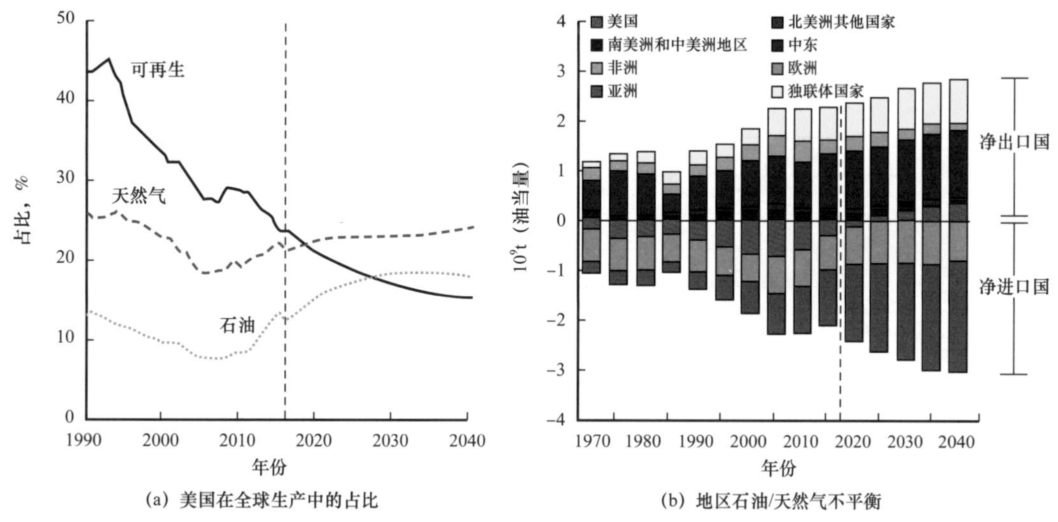

图 2–7　美国在未来油气资源的优势扩大 [18]

可见，受非常规油气加速发展的影响，世界油气供应将从目前中东和苏联地区主导的“双极”格局，逐步演变为中东、苏联地区、美洲地区共同主导的“三极格局”，供应重心将显著“西移”。

2）页岩革命调整世界能源价格与贸易格局

1978 年中国启动改革开放，非经合组织经济体中以中国为主的发展中国家经济快速增长、能源需求不断增加，而石油输出国组织以外的供应来源似乎正在枯竭，由此油价在低位稳定徘徊了 20 年之后，2001 年开始一路攀升，2008 年 1 月暴涨至每桶 100 美元以上，2009 年迅速回调后，2011—2014 年稳定在 90～100 美元 /bbl（图 2–8）。这是因为，其间虽有非洲和中东地区的供应中断——利比亚、伊朗、叙利亚、南北苏丹和也门这些国家由于战争和动乱累计供应减产高达惊人的 300×10^4bbl/d。但是美国页岩革命带来的产量增长，几乎完全弥补了这一减产，而 2014 年下半年原油价格的暴跌也主要是因为非常规油气资源开发导致的供给上扬所引起的。以美国为代表的非欧佩克国家的产量增速为 210×10^4bbl/d，而最大欧佩克产油国沙特阿拉伯意图通过维持不减产导致低价来捍卫自身市场地位，遏制因油价高企而不断涌入的竞争者，包括非常规石油开采者。非欧佩克国家的大量扩产以及欧佩克国家为维持市场份额而不愿意减产，导致了强劲的石油产量增长，最终直接开启了一年多的断崖式下跌旅程，加之全球经济复苏依然疲软，需求不振，国际油价反弹之后在中低位徘徊。当然，这轮价格暴跌不仅将使遭受经济制裁的俄罗斯、伊朗等传统产油国经济雪上加霜，也考验着因“页岩革命”而崛起的美国等新兴产油国对低油价的承受力。

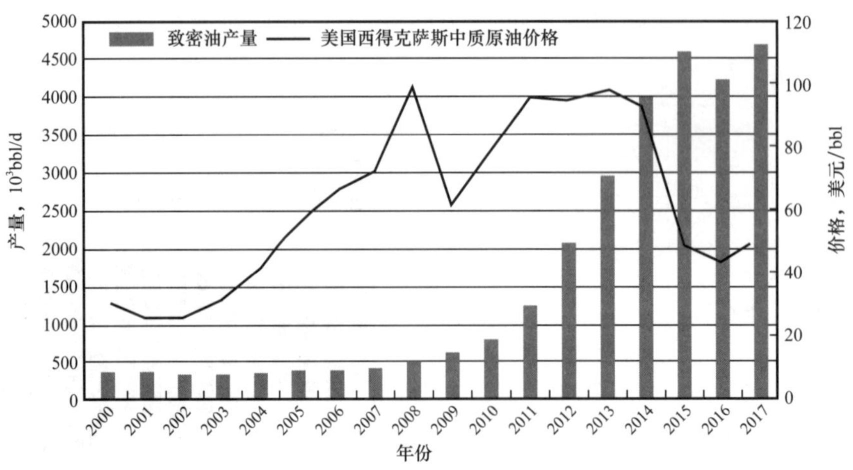

图 2-8 致密油气产量与原油价格关系

世界天然气市场席卷着北美的页岩气风暴。如火如荼的页岩气开发将天然气产量推向历史高峰的同时，导致了天然气价格跌至 17 年以来的谷底（图 2-9）。

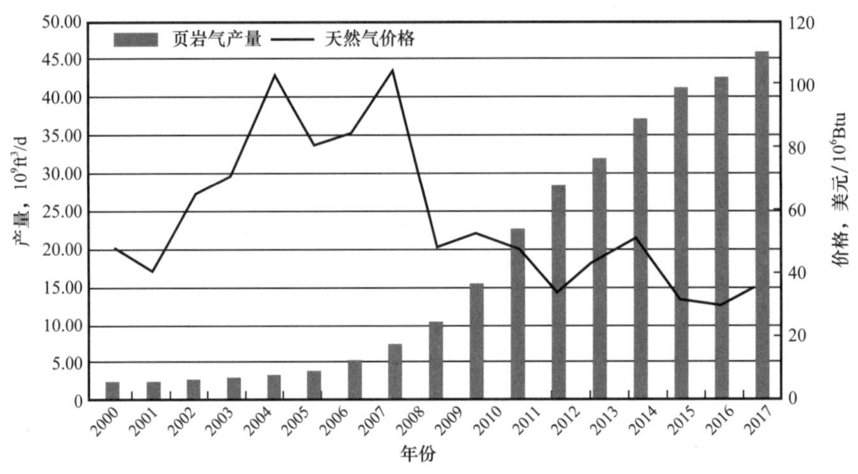

图 2-9 页岩气产量与天然气价格关系

在业已发生页岩革命的现在，对世界油气价格可能造成剧烈或长期的影响。美国成为了所谓的“机动产油国”，可以更加灵活地应对市场价格波动，有能力在全球油气市场上发挥调整供求关系的作用。或许是因为欧佩克石油减产协议可能抵不过美国原油产量的不断攀升，2018 年 3 月沙特阿拉伯能源部长哈立德·法利赫表示，欧佩克成员国需要继续与俄罗斯和其他非欧佩克产油国就 2019 年的供应限制进行协调，以减少全球供应过剩的原油。

与此同时，在页岩革命的影响下，LNG 出口正在重塑全球天然气贸易格局。一方面，页岩气革命加剧了 LNG 出口市场的竞争，促进全球天然气贸易市场一体化。2018 年美国 LNG 出口超过 $300 \times 10^8 m^3$，2020 年达到 $750 \times 10^8 m^3$，与传统 LNG 出口

国形成强烈竞争，大大增强全球 LNG 市场流动性和供应量。由此加大 LNG 与管道气相互竞争、相互影响，天然气市场进入一体化调整期。另一方面，页岩气革命缓解了亚洲市场天然气溢价，有望形成新的 LNG 定价机制。表现在全球 LNG 短期贸易量大幅增长，期货贸易增加，新的价格体系正在形成；天然气成本进一步透明，亚太与欧洲、北美市场价格差异进一步缩减。

3）页岩革命改变地缘政治

毋庸置疑，由于全球油气资源分布的不均衡，能源话语权自然掌握在产油产气大国手中。以沙特阿拉伯为首的石油输出国组织欧佩克、天然气出口国俄罗斯分别在石油和天然气市场上拥有一定主导地位的影响力。但近年来，随着美国页岩革命带来的页岩气产业的繁荣，欧佩克（图 2–10）和俄罗斯的权威地位遭到了严重冲击。

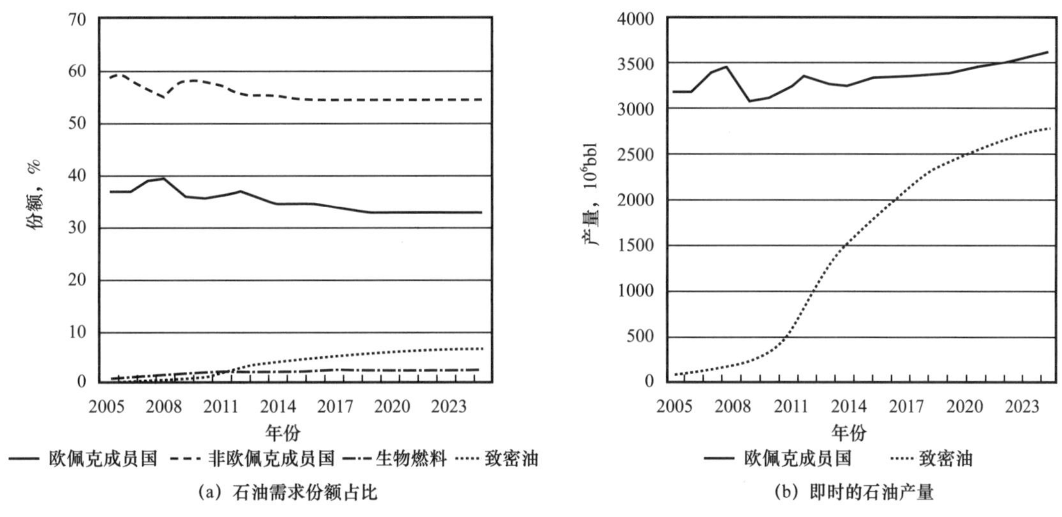

图 2–10　致密油将打破欧佩克对原油市场的控制地位

根据 BP 公司预测，在未来 30 年，美国作为全球最大的石油和天然气生产国的地位有所增强，美国在全球石油生产中的份额，从 2017 年的约 12% 上升到 2040 年的约 18%，这一比例超过沙特阿拉伯 2040 年的 13%；在天然气方面，美国的领先地位更加明显，2040 年将占全球天然气生产的 24%，位居第二的是占比 14% 的俄罗斯（图 2–11）。

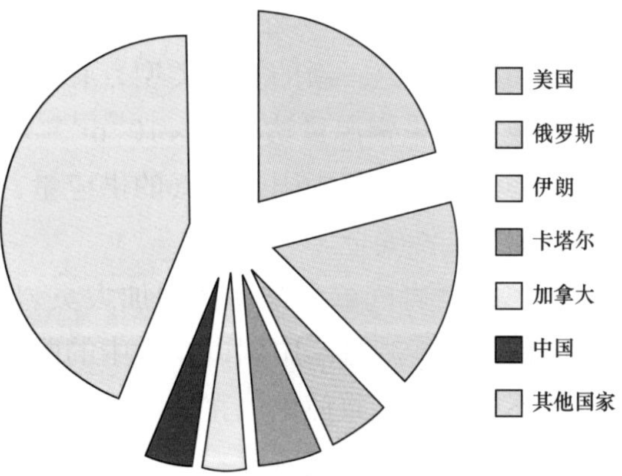

图 2–11　2016 年全球天然气产量分布图
（据 BP 公司 2017 年统计年鉴整理）[19]

美国也依然是世界上最大的天然气消费国和第二大石油消费国，因此其净出口仅占世界贸易额的相对较小份额，低于俄罗斯全球最大石油天然气出口国的一半。但2016年美国放开天然气海运出口，导致俄罗斯等天然气出口国以及卡塔尔和澳大利亚等生产国都面临新的严峻挑战，俄罗斯也不再能够通过威胁停止天然气供应迫使邻国妥协并以此对欧洲邻国施加政治和经济影响。

世界能源格局的重构正在悄然改变地缘政治格局，能源的地缘政治正发生“地壳变动”。美国充盈的石油库存使得中东地区输出给美国的能源总量大幅下降，美国可以摆脱中东能源的掣肘，在国际舞台上的余地更大。随着中东出口转向欧亚各国以及美国页岩气的出口，欧洲能源选择更加多样，而欧洲的选择将牵动俄罗斯能源的发展前景。欧洲各国，主要是东欧国家不再过分依赖俄罗斯的石油天然气，俄罗斯在欧洲天然气市场上垄断的地位受到冲击，俄罗斯能源作为政治工具效能或会降低，欧洲寻求政治上减少对俄的让步。俄罗斯不得不寻求转向与亚太国家合作。对俄美两国能源博弈来讲，美国占据话语权。俄罗斯、中国等世界大国做出政治、经济、军事等战略调整和新布局。

三、北美页岩革命对中国能源的重大影响

页岩气作为一种清洁、高效、绿色环保的能源资源登上了世界以及中国的舞台，页岩气开发将对中国能源安全、绿色环保及能源外交诸方面产生重要影响。

第一，页岩气革命增加了世界天然气供应，有利于中国天然气和LNG进口贸易，保障国家能源供应及安全。当前，中国天然气市场进入了发展期，天然气消费增长迅速，由2000年的$235 \times 10^8 m^3$迅速增长到2019年的$3101 \times 10^8 m^3$，年均增长$150.8 \times 10^8 m^3$，年均增速20%。中国2019年天然气净进口量达到$1373 \times 10^8 m^3$，对外依存度43%。随着中国经济发展对能源资源的需求日益增加，国内能源供求紧张和环境恶化的压力越来越大。2020年中国天然气缺口突破$1350 \times 10^8 m^3$，天然气对外依存度达到46%。过度依赖进口天然气将严重加剧中国能源供应形势与国家能源安全隐患。增加页岩气这一新的资源类型，有利于缓解世界天然气供应的压力。同时，中国页岩气技术可采资源量达$31.6 \times 10^{12} m^3$，资源丰富，开发潜力巨大。加快页岩气资源开发，能够直接增加中国天然气的供应量，缓解天然气供需矛盾，填补国内能源需求缺口，加强能源安全。

第二，页岩气革命推动我国加大页岩气发展力度，有利于我国能源结构调整与转型，推进节能减排。中国以煤为主的能源消费结构导致温室气体排放和其他各种污染排放不断激增，致使中国在环境保护、应对气候变化及节能减排上面临着巨大的国际压力和国内挑战。现阶段，立足国内，加大低碳、清洁的页岩气等非常规天然气资源开发将是改善中国能源结构、提高清洁能源比例的最现实选择。例如四川盆地百亿立方米级的涪陵页岩大气田建成后，可每年减排二氧化碳$1200 \times 10^4 t$，相当于植树近

1.1亿棵、800万辆经济型轿车停开一年，同时减排二氧化硫30×10^4t、氮氧化物近10×10^4t。

2019年能源消费结构中，中国煤炭消费占能源消费总量的57.9%，油、气消费量占比不足三成，分别占能源消费总量的19.3%和7.7%，中国的一次能源消费结构占比呈“一大（煤炭）三小（石油、天然气、新能源）”特征。在页岩气革命推动下，中国页岩气将形成加快上产规模发展态势，产量有望达到800×10^8～$1000 \times 10^8m^3$。预测到2050年中国能源消费结构占比为煤炭（40%）+油气（31%）+新能源（29%），未来将加快能源结构转型，迈向“三足鼎立”。可见，加快页岩气开发利用，对满足社会经济发展对清洁能源的巨大需求，控制温室气体排放，构建资源节约、环境友好的生产方式和消费模式，改善居民用能环境，提高生态文明水平具有重要的现实意义。

第三，页岩气革命带来理论技术突破，有利于推动中国非常规油气勘探理论技术进步和装备制造业发展。近年来，页岩气富集理论突破了传统油气成藏地质学的认识，催生了水平井钻井、分段压裂、同步压裂、微地震监测和多井平台式工厂化生产等多种先进技术，推进了页岩气高效开发。随着技术的进步，今后开采时间将更短，产量增速将更快，对开采所需要的水量和环境影响将更小。也将有利于不断提升油气装备制造业自主创新能力，加速形成中国自己的专业技术服务队伍。

第四，页岩气革命利于推动中国大力发展页岩气产业，带动关联产业发展及基础设施建设，促进区域经济发展。中国页岩气资源有很大一部分地处交通不便、管网或经济欠发达的地区，页岩气开发对改善当地基础设施建设，促进区域天然气管网、液化天然气（LNG）、压缩天然气（CNG）的建设及发展等具有重要意义。同时，页岩气规模开发及利用也将拉动国内钢铁、水泥、化工、交通运输、装备制造，化工以及工程建设等相关行业和领域的发展，增加劳动力需求，扩大就业机会，增加税收收入，对促进区域经济可持续发展具有重大意义。

第五，页岩气革命有利于开展页岩气分布式就近利用与天然气发电，提高能源利用效率。目前，中国正鼓励天然气分布式利用，2020年在大城市推广使用分布式能源系统，装机容量达到5000×10^4kW。中国有很大一部分页岩气资源丰富区靠近能源需求负荷中心，例如页岩发育的华北板块位于或靠近北京市、山东省、河南省和河北省等能源负荷区，扬子板块位于或靠近四川省、湖北省、湖南省、上海市和江浙地区等能源负荷区，这些地区经济发展快，能源需求高，适于开展分布式开采及就近利用，丰富能源利用方式，提高能源利用效率。同时，页岩气开发将增加可用于发电的天然气供应，相对于传统的燃煤火电厂，以甲烷气体为主的页岩气及天然气发电在能源利用效率方面具有更大优势，这将直接提高中国能源利用效率。

第三节　北美页岩气开发启示

在页岩气革命推动下，历经半个世纪的不懈努力，美国成为天然气净出口国，彻底改变了能源安全形势。随着我国油气对外依存度的不断加大，“油气能源短板”的安全形势日趋严峻，页岩气革命成功开发的实践经验值得我们思考和借鉴。

一、长期政策扶持十分重要，政府支持助推页岩气产业实现了健康发展

1973 年、1978 年和 1990 年发生的三次“石油危机”对美国经济发展造成严重冲击。为应对“石油危机”影响，1973 年美国总统尼克松首次提出“能源独立”战略，到 2011 年奥巴马政府提出“能源安全未来蓝图”，再到特朗普政府制定“美国能源优先”计划。历届美国政府出台多项政策，通过科技立项攻关和财政税收减免扶持页岩气等非常规油气开发。

1976 年联邦政府通过《能源部重组法案》，在美国能源部（DOE）主导下设立了天然气研究院（GRI）、启动了东部页岩气项目（Eastern Gas Shales Project），重点加强 Michigan 盆地、Illinois 盆地、Appalachian 盆地和 Fort Worth 盆地等泥盆系页岩气的基础研发与开发试验工作。其他非常规天然气研究项目（UGRP）也同步实施，至 2005 年项目结束，运行周期长达 28 年（计划 1976—1992 年），持续投入油气科技项目、总补贴额度超过 50 亿美元。

1977 年颁布《能源意外获利法》，通过税收抵免以促进非常规油气发展。其中第 29 条规定对 1980 年到 1993 年期间钻探且于 2003 年之前生产和销售的页岩气实施税收减免，减免幅度为 1.083 美元 /10^6ft^3（按照 6.9 元人民币 / 美元的汇率，折算约 0.26 元 /m^3），1989 年美国天然气价格仅为 1.75 美元 /10^6ft^3。

美国长期财政扶持页岩气，成为页岩气开发早期的重要动力。这一时期美国页岩气产量增长明显，由 1976 年的 $18.4 \times 10^8m^3$ 增至 1992 年的 $56.6 \times 10^8m^3$，拉开了页岩气开发的序幕。在东部页岩气项目的支持下，美国 Mitchell 能源公司针对 Fort Worth 盆地 Barnett 页岩气进行了大量的开发试验，1998 年采用大型水力压裂技术实现了页岩气开发突破，美国油气开发进入了“页岩气革命”新时期。

2004 年以来，水平井多段压裂技术逐步突破，并推动页岩气产量加快增长。尽管在 2009 年美国天然气价格大幅降低，并长期保持较低水平，但水平井多段压裂等技术应用，推动页岩气开发实现了“自我成本革命”，页岩气在摆脱天然气价格束缚后持续保持高速增长。

东部页岩气项目重点支持的 Appalachian 盆地和 Fort Worth 盆地等是当前美国页岩气生产的重点领域，Permain 等老油气田因页岩气焕发青春。该项目的实施，使

Barnett，Antrim 和 New Albany 等页岩气田获得有效开发，标志了“页岩气革命”的成功。

现在看来，50 年前页岩气科技项目的诞生，引领了美国页岩气革命；一系列的政策措施支持页岩气产业的发展，为“页岩气革命”的实现提供了持续的动力。

二、超前布局非常规领域，持续基础研究奠定了页岩气产业实现接替发展根基

1976 年，美国设立了东部页岩气项目，主导页岩气研究与勘探开发，成为页岩气开发关键技术创新的摇篮，奠定了北美“页岩气革命”发展的基础。东部页岩气项目超前瞄准页岩储层内的油气资源这一勘探“禁区”，建立了非常规油气连续聚集理论，提出纳米级孔隙油气赋存机制，有效指导发现了 Marcellus，Barnett 和 Antrim 等一批页岩气田[21-24]；通过长期持续创新，研发了能谱测井、高效 PDC 钻头和旋转导向等系列特色装备，形成了建立“人造油气藏”的水平井体积压裂技术，是页岩气资源有效开发的“撒手锏”。

超前布局科技战略，突破常规思维大胆创新，是美国在能源等诸多领域长期领先世界的源动力。19 世纪 70 年代在石油危机的困扰下，在多数人对美国能源发展持悲观情绪的背景下，尼克松总统着眼非常规油气资源，首次提出“能源独立”战略，超前设立了系列非常规油气科技研究项目。自“能源独立”战略实施以后的 50 年间，无论总统换届、党派斗争，“能源独立”始终是美国政府坚定不变的奋斗目标，直至 2004 年能源部对非常规油气研究的支持从未停止，并在历届总统任期内逐步强化。

特别是特朗普当选后实施的“美国优先”发展政策，通过政治、外交和军事等多手段控制全球油气贸易，超前布局后“能源独立”时代的油气出口战略，达到对全球“能源控制”。近期的“中美贸易争端”和针对伊朗的“战争边缘”策略，都隐藏着控制全球油气贸易的影子。

政府主导超前布局“能源独立”战略，是“页岩气革命”成功的关键。美国在“能源独立”战略指导下，瞄准油气资源潜力巨大的页岩储层等战略领域，通过科技引领、财政扶持和法律保障“三位一体”全力推动，直至全面产业化和战略目标实现。

三、坚持技术攻关与创新，工程技术颠覆性突破和成长性实现产业快速发展

美国依托现场先导试验，多方紧密结合面向生产的科研攻关模式值得借鉴。美国 GTI 主导在多个盆地开展了不同类型的页岩气开发科技先导试验，创新关键理论技术，有效推动了页岩气田的高效开发。2010 年以来，GTI 主导并联合技术服务公司和

生产企业，在 Marcellus 页岩气田、二叠系和 Eagle Ford 页岩气田等开展先导试验，有针对性地解决生产问题，页岩气采收率由 10%～15% 提高至 35% 以上。

美国坚持技术攻关与创新，推动甲乙方找到共同应对低油价的技术方案与合作方式，油公司与油田技术服务公司签订合作开发协议，油田技术服务公司负责技术投入，油公司负责技术使用，双方分享降低成本产生的收益。具体做法包括技术进步与流程优化降低成本、开发重点集中在“低成本甜点区”、原材料与劳动力价格下降、钻井速率和效率提高等。通过技术创新，工程技术取得了颠覆性突破和成长性发展，水平井段长度大幅增加，平均长度 2800～3300m；针对老区低效井重复压裂，提高气井产量、提高采收率；采用密切割技术，单井产量提升 30%～50%；单井支撑剂用量持续上升，石英砂全面取代陶粒；依托大数据分析技术，页岩气开发成本大幅降低。持续的技术攻关与大胆创新，实现了页岩气产业快速发展。

四、不断完善体制机制，技术集成与管理创新助推页岩气产业实现了效益发展

依靠科技和管理创新提质提效，是推动页岩气行业持续快速发展的永恒主题。近 10 年北美页岩气开发技术和管理革新步伐突飞猛进。以 Marcellus 页岩气田为例，2012 年以来页岩气开发技术多次革新，地质工程一体化和工厂化等管理模式不断创新，页岩气开发效率大幅度提升。2012—2017 年，以密切割为主体的 4 代技术跨越，页岩气单井最终可采储量（EUR）由 $1.2\times10^8m^3$ 提高至 $4.0\times10^8m^3$。2018 年以来，以大数据为主导的第 5 代技术，推动页岩气开发成本再降低（幅度超过 30%）[21]。2019 年实现页岩油产量 3.99×10^8t 和页岩气产量 $7330\times10^8m^3$，推动美国化石能源全面实现了净出口。持续的技术攻关与大胆创新，推动工程技术颠覆性突破和成长性，实现了页岩气产业接替发展。

页岩气勘探开发技术体系的集成创新取得长足进步，包括页岩气地质综合评价技术（测井、地震、实验测试、甜点区优选技术集成）、水平井优快钻井技术（井身结构 / 轨迹设计、钻井液体系、旋转导向、水平井固井技术集成）、水平井体积压裂技术（分段多簇射孔、滑溜水 / 支撑剂体系、微地震监测、可溶桥塞技术集成）、“工厂化”作业技术（钻完井 / 压裂工厂化作业技术集成）、页岩气开发优化技术（地质工程一体化建模、生产动态分析、EUR 预测技术集成）、地面集输工艺技术（高效地面集输工艺技术、数字化油气田建设、清洁开发技术集成）等。

2020 年受新冠肺炎疫情和需求下降预期的影响，国际油价产生了暴跌和大幅波动。在此轮低油气价格的影响下，通过完善的市场机制，大量从事页岩气的公司破产重组，有利于行业短期摆脱高额债务危机。当前国际原油价格在 40 美元 /bbl 以上，美国页岩气行业有望在产业深度整合后，逐步恢复生产。Marcellus 等以页岩气生产为

主的气田盈亏平衡点在 0.67 元 /m^3，当前气价下仍可盈利。正是通过开展“自我成本革命”，技术集成与管理创新全方位降低成本，助推页岩气产业实现了效益发展。

参考文献

[1] Department of Environmental Conservation. New York's Natural Gas History—A Long Satroy，but not the Final Chapter [R/OL] .http：//www.dec.ny.gov/docs/materials_minerals_pdf/nyserda2.pdf.2012-5-17.

[2] Paul S. The "Shale Gas Revolution"：Developments and Changes [R/OL] . Chatham House，2002. https：//www.chathanhouse.org/sites/files/chathamhouse/public/Research/Energy% 2C%20Environment%20and%20development/bp0812_stevens.pdf.

[3] Pobojewski S. Antrim Shale Could Hold Bacterial Answer to Natural Gas Supply [R/OL] . University of Michgan，2009. http：//www.ur.umich.edu/9697/Sep17_96/artcl25.htm.

[4] Wang Zhongmin，Krupnick Alan. A Restrospective Review of Shale Gas Development in the United States：What Led to the Boom？[R/OL] . Resources for the Future DP 13-12.2013. https：//ssrn.com/abstract=2286239.

[5] Rivard C，Lavoie D，Lefebvre R，et al. An Overview of Canada Shale Gas Production and Environment Concerns [J] . International Journal of Coal Geology，2014（126）：64-76.

[6] Oviedo V. What the Shale Gas Revolution Means for Canada [R] . Canada：Fraser Institute，2012.

[7] 邹才能，赵群，董大忠，等. 页岩气基本特征、主要挑战与未来前景 [J]. 天然气地球科学，2017，28（12）：1781-1796.

[8] 孙健，易积正，胡德高 . 北美主要页岩层系油气地质特征 [M] . 北京：中国石化出版社，2018：57-58，178，231-232.

[9] Kaiser M J. Haynesville Shale Play Economic Analysis [J] . Journal of Petroleum Science and Engineering，2012（82/83）：75-89.

[10] 高世葵，董大忠，黄玲 . 北美非常规油气资源经济性分析 [M] . 北京：中国经济出版社，2018：13-15，25-33，39-55.

[11] BP.《BP 能源展望》2018 版 [R] .BP 公司 .2018.

[12] Schmoker J W. Method for Assessing Continuous-type（unconventional）Hydrocarbon Accumulations [G] //Gautier D L，Dolton G L，Takahashi K I，at al. National Assessment of United States Oil and Gas Resources：Results，Methodology，and Supporting Data，Denver，Colorado：Digital Data Series，US Geological Survey，1995.

[13] Marra，K R，Charpentier，R R，Schenk，C J，et al. Input-form data for the U.S. Geological Survey assessment of the Mississippian Barnett Shale of the Bend Arch-Fort Worth Basin Province [R/OL] . U.S. Geological Survey Open-File Report. http://dx.doi.org/10.3133/ofr20161097.

[14] USGS，1996.Schmoker J W，Quinn J C，Crovelli R A，et al.Production Characteristics and Resource Assessment of the Barnett Shale Continuous（unconventional）Gas Accumulation，Fort Worth Basin，

Texas. [R] .USGS，1996.

[15] USGS，2004.Storm J B. Use of Acoustic Technology to Aid in the Regulation of Ross Barnett Reservoir near Jackson，Mississippi：Trials and Tribulations [R] . USGS，2004.

[16] ARI/ Advanced Resources International，Inc.，2014. www.adv-res.com/pdf/98-12_STEVENS.pdf，2014-07-23 17：20：28 EDT.

[17] Exxon Mobil. 2013 年能源展望 [R] .Exxon Mobil，2013.

[18] BP. Statistical Review of World Energy，68th Edition [R] . London：BP Distribution Services，2019.

[19] BP.《BP 世界能源统计年鉴》2017 版 [R] .2017

[20] HIS Markit.Report [EB/OL] . https：//ihsmarkit.com/products.html # 2014.

[21] Gary S，Swindell P E. Estimated Ultimate Recovery (EUR) Study of 5000 Marcellus Shale Wells in Pennsylvania. http：//www.gswindell.com/marcellus_eur_study.pdf.2008.

[22] Strategic Center for Natural Gas and Oil National Energy Technology Laboratory. DOE’s Unconventional Gas Research Programs 1976—1995. U.S. Department of Energy，https：//geographic.org/unconventional_gas_research/cover_page.html.2007-1-31.

[23] Salvatore Lazzari. The Crude Oil Windfall Profit Tax of the 1980s：Implications for Current Energy Policy.2006. CRS Report for Congress，March 9，2006. https：//liheapch.acf.hhs.gov/pubs/oilwindfall.pdf. 2006-3-9.

[24] Hughes J D. The “Shale Revolution”：Myths and Realities [R] .Toronto，Ontario：Global Sustainability Research Inc. Post Carbon Institute，2013.

第三章 中国页岩气地质与资源

中国页岩气资源十分丰富，富有机质页岩形成于海相、海陆过渡相和陆相 3 大沉积环境，独具中国特色。本章在阐述中国页岩气资源分布特征与潜力基础上，剖析中国 3 类页岩气地质特征及其差异，并进一步分析对比中美页岩气在多个方面的不同之处，以期为中国页岩气勘探开发提供参考。

第一节 中国页岩气地质特征

中国富有机质页岩丰富，时代多、分布地域广，形成于海相、海陆过渡相和陆相 3 大沉积环境。初步统计，中国陆上富有机质页岩分布在 12 个主要领域、跨越 50 余个层系（表 3–1）。本节将从沉积特征、地球化学特征、储层发育特征、成藏模式，以及含气性特征等方面总结中国海相、海陆过渡相、陆相页岩气地质特征及其差异。

一、中国海相页岩气地质特征

中国页岩气资源总体较丰富，以海相的页岩气资源为主，海陆过渡相及陆相的页岩气资源相对较少。最具页岩气勘探开采潜力的海相泥页岩主要位于扬子地块，泥页岩的发育层位主要位于下寒武统、下志留统及二叠系，具有多层系含气的特点。虽然扬子地块海相泥页岩原始地质条件优越，但与北美海相页岩相比，它的有机质热演化程度高且后期改造强，这给页岩气前景分析和勘探提出了新的问题和挑战。

1. 分布与沉积特征

海相富有机质页岩主要形成于元古代—中石炭世。元古代—中石炭世为板块漂移和海相盆地沉积阶段，华北、扬子、塔里木等小陆块裂解出来并处于南半球的中低纬度区，且被 3 个相互连通的洋盆——古亚洲洋、古中国洋和原特提斯洋分隔。在中国板块边缘，形成以拗拉槽、被动陆缘或以边缘坳陷为主的深水陆棚—盆地，沉积大量富含有机质的海相页岩。可见，中国海相页岩主要分布于华北、扬子、塔里木三大板块[3]。

表 3-1　中国陆上页岩层系分布[2]

界	系	统	渤海湾盆地（华北地区）	鄂尔多斯盆地	四川盆地	南方其他地区	柴达木盆地	准噶尔—吐哈盆地	塔里木盆地	羌塘盆地
中生界	侏罗系	中统			沙溪庙组（J_2s）		大煤沟组（J_2d）	西山窑组（J_2x）	恰克马克组（J_2qk）	夏里组（J_2x）
									克孜勒努尔组（J_2kz）	布曲组（J_2b）
		下统			自流井组（J_1z）		湖西山组（J_1h）	三工河组（J_1s） 八道湾组（J_1b）	阳霞组（J_1y）	
	三叠系	上统		延长组 7（T_3ych^7） 延长组 9（T_3ych^9）	须家河组（T_3x^{1-3-5}）			百碱滩组（T_3b）	塔里奇克组（T_3t） 黄山街（T_3h）	肖茶卡组（T_3xc）
上古生界	二叠系	上统			龙潭组（P_2l）	龙潭组（P_2l）				
		中统	山西组（P_1s）	山西组（P_1s）				下乌尔禾组（P_2W） [/ 平地泉组（P_2p） / 芦草沟组（P_2l）]		
		下统	太原组（P_1t）	太原组（P_1t）				风城组（P_1f） 佳木河组（P_1j）		
	石炭系	上统	本溪组（C_2b）	本溪组（C_2b）			克鲁克组（C_2k）	滴水泉—巴山组（C_1d—C_2b）		
		下统				旧司组（C_1j） 大塘组（C_1d）				
	泥盆系	中统				罗富组（D_2l） 印堂组（D_2y）				
下古生界	志留系	下统			龙马溪组（S_1l）	龙马溪组（S_1l）				
	奥陶系	上统			五峰组（O_3w）	五峰组（O_3w）			印干组（O_3y）	
		中统		平凉组（O_2p）					萨尔干组（$O_{2-3}s$）	
		下统							黑土凹组（$O_{1-2}h$）	
	寒武系	下统			筇竹寺组（ϵ_1q）	筇竹寺组（ϵ_1q）			吐尔玉斯组（ϵ_1t）	
新元古界	震旦系				陡山沱组（Z_2d）	陡山沱组（Z_2d）				
中元古界	待建系		下马岭组（Jxxm）							
	蓟县系		洪水庄组（Jxhs）							
古元古界	长城系		串岭沟组（Chcl）							

注：表中省略了部分非海相层系。■为海相富有机质页岩，■为海陆过渡相富有机质页岩，　为陆相富有机质页岩

在华北地区沉积了长城系串岭沟组、蓟县系下马岭组、洪水庄组、中奥陶统平凉组 4 套海相富有机质页岩，且主要分布于渤海湾和鄂尔多斯两大盆地及其周缘。

在南方扬子地区，广泛沉积了上震旦统陡山沱组、下寒武统筇竹寺组、上奥陶统五峰组—下志留统龙马溪组、中泥盆统应堂组—罗富组、下石炭统大塘组—旧司组等多套富有机质页岩。

在塔里木板块沉积了下寒武统玉尔吐斯组、下奥陶统黑土凹组、中—上奥陶统萨尔干组、印干组等 4 套黑色页岩。

海相页岩在华北、扬子、塔里木三大板块呈大面积稳定分布，分布面积一般在 5×10^4～100×10^4km^2，总有机碳含量（TOC）一般 1.0%～11.0%，其中富有机质（TOC＞2%）页岩连续段厚度 20～100m 且区域分布稳定，有机质类型以 Ⅰ—$Ⅱ_1$ 为主，热演化程度［用镜质组反射率（R_o）表示］一般 1.5%～4.5%，处在热裂解成气阶段，成气潜力最佳。其中，优质页岩段以硅质页岩、钙质硅质混合页岩为主，脆性矿物含量普遍超过 55%，黏土矿物含量低于 30%，孔隙度一般介于 3.4%～8.2%，页岩气形成和富集条件优越。

古生代是中国海相富有机质页岩沉积的主要时期，形成了以下寒武统筇竹寺组、下志留统龙马溪组为代表的多套海相富有机质页岩[4]。寒武纪在扬子地台、塔里木地台和华北地台 3 大主要海相沉积区都发育有较好的富有机质页岩。

扬子地区的下寒武统筇竹寺组（$€_1q$）（或沧浪铺组、牛蹄塘组、水井沱组、荷塘组等相当层位）页岩和塔里木盆地下寒武统吐尔玉斯组（$€_1t$）页岩。塔里木盆地寒武纪早期和晚期分别沉积了一套富有机质页岩，在柯坪、塔西南、塔中隆起、塔北隆起、满加尔坳陷等区域广泛分布，是塔里木盆地的重要烃源岩[5]。筇竹寺组页岩厚度大、分布范围遍及整个扬子地台区，是麻江、凯里等古油藏及威远气田、安岳龙王庙气田的主力烃源岩。依据四川盆地及周缘的露头、钻井和地球化学测试等资料，对下寒武统筇竹寺组沉积时期海平面变化和海盆封闭性做了类似的研究，编制了筇竹寺组综合柱状图及沉积相图（图 3–1 和图 3–2），揭示中—上扬子区筇竹寺组沉积特征及分布模式。

从图 3–1 和图 3–2 可以看出，早寒武世早期，区域拉张构造环境与海侵事件使筇竹寺组富有机质页岩沿克拉通内裂陷大面积发育，至中晚期逐渐消失。综合地球化学等多种信息判断，筇竹寺组黑色页岩的沉积与上升洋流相关，不同于五峰组—龙马溪组沉积期的封闭、半封闭滞留海环境（图 3–3）。

奥陶纪末—志留纪初，在全球持续性海平面上升背景下，扬子板块所处区域普遍海侵，上扬子克拉通地台在川中、黔中和雪峰 3 个古隆起控制下，于四川盆地及周缘形成了川南—黔北、川东—鄂西大面积低能、欠补偿、缺氧的海相半深水—深水陆棚相环境，沉积了五峰组—龙马溪组大套岩性单一、细粒、厚度大、富有机质、富硅质/钙质黑色页岩（图 3–4）。

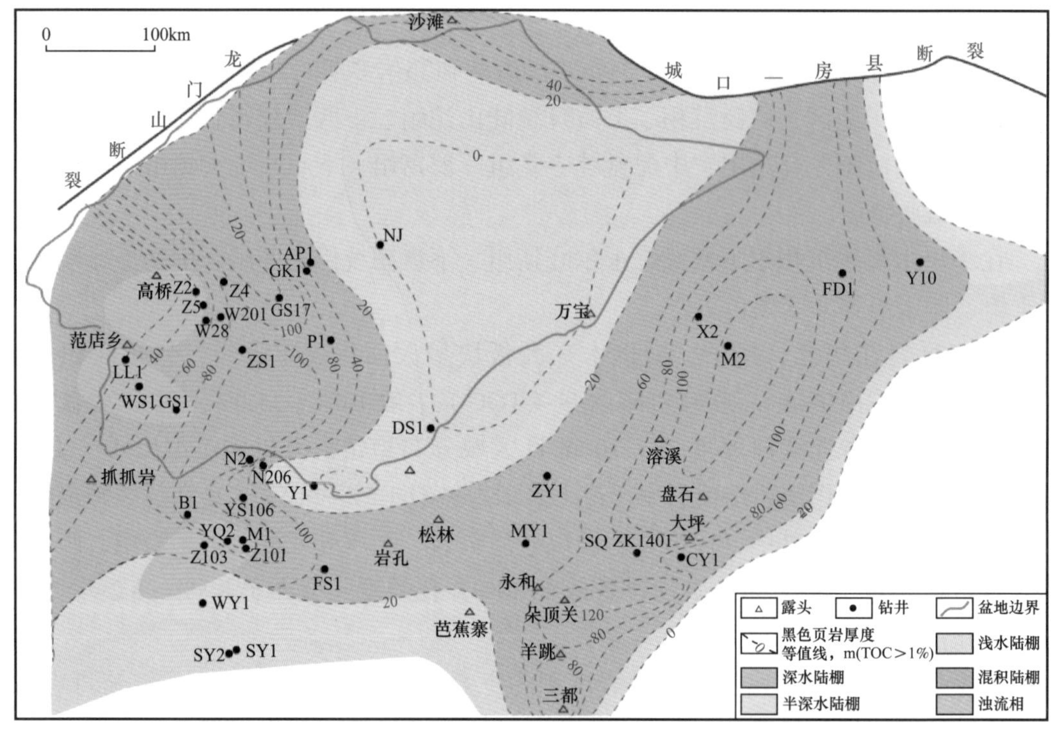

图 3-1　四川盆地及邻区筇竹寺组沉积早期（SQ1）沉积相图[6]

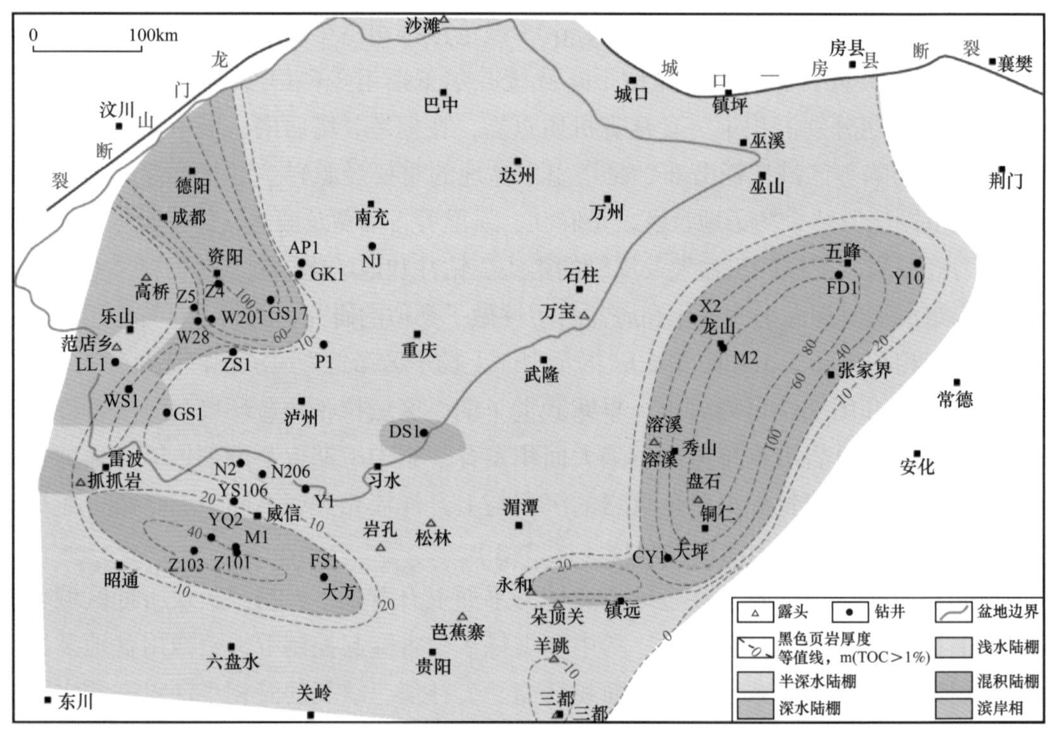

图 3-2　四川盆地及邻区筇竹寺组沉积中期（SQ2）沉积相图[6]

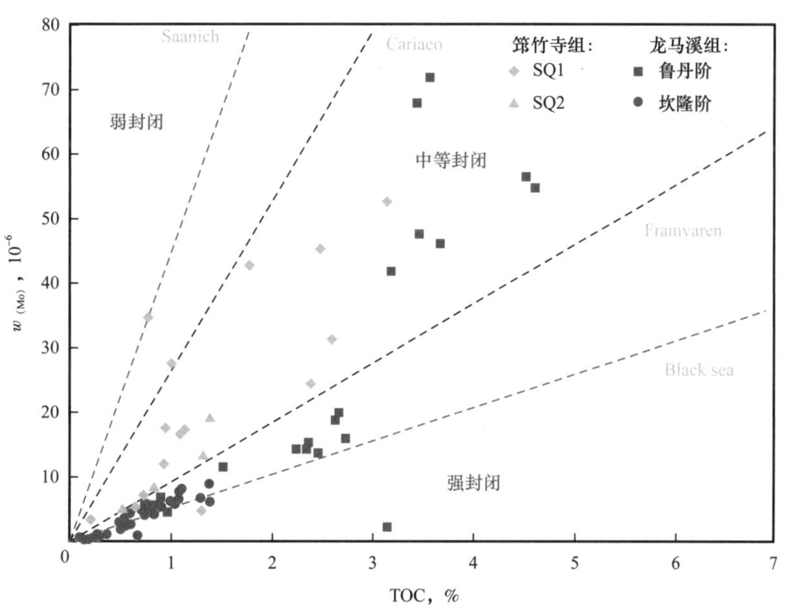

图 3-3　筇竹寺组及龙马溪组沉积期 $w_{(Mo)}$—TOC 与海水封闭性关系图[6]

$w_{(Mo)}$—Mo 元素含量

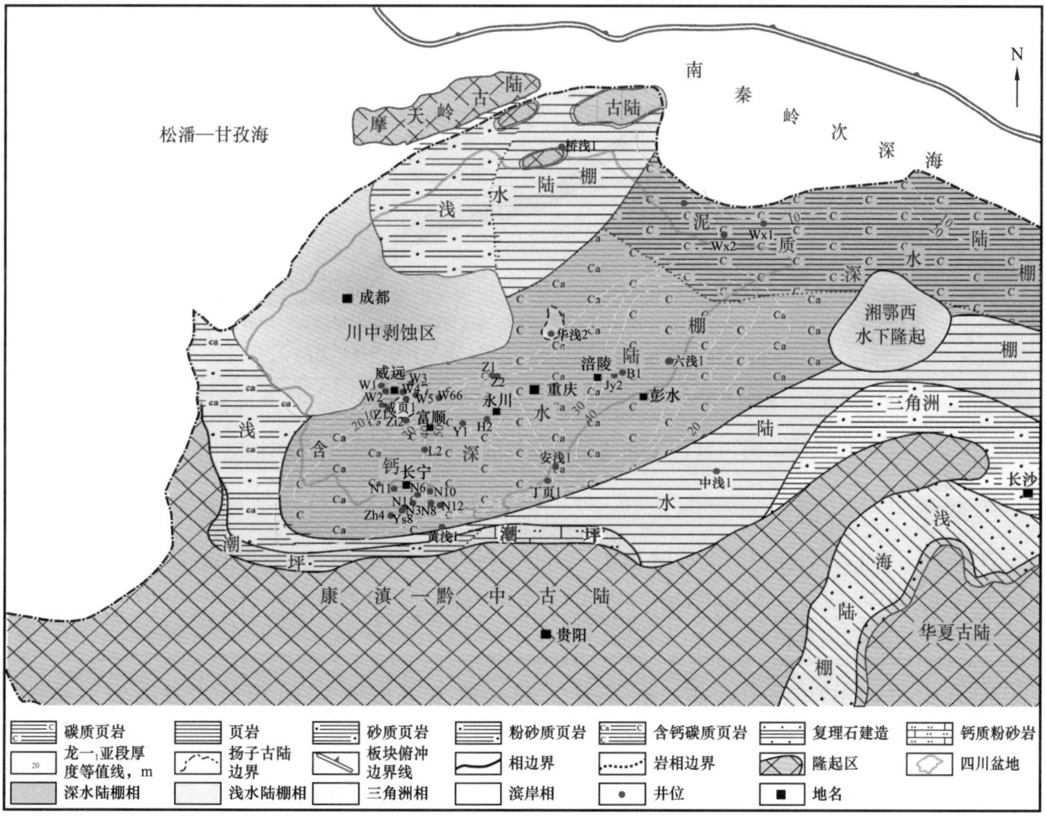

图 3-4　四川盆地鲁丹期岩相古地理图[7]

五峰组—龙马溪组富有机质页岩集中段位于其底部，TOC>2%，连续厚度大（一般 20～100m），横向分布稳定。据实钻资料统计，富顺—永川地区集中段页岩厚度介于 40～100m，威远地区厚度介于 30～40m，长宁地区厚度介于 30～60m，涪陵地区厚度介于 38～45m。

研究认为五峰组—龙马溪组笔石页岩地层在上扬子区大面积分布，结合自然伽马、电阻率等测井资料，将龙马溪组划分为 SQ1 和 SQ2 两个三级层序，并开展长宁双河剖面、W202 井和 WX2 井层序对比（图 3–3 和图 3–5）。SQ1 为龙马溪组沉积早期深水相笔石页岩沉积建造，富含有机质和生物硅质；SQ2 为龙马溪组沉积中晚期的半深水—浅水相沉积建造，有机质丰度明显低于 SQ1，黏土含量明显高于 SQ1。海平面在鲁丹期早期快速上升，鲁丹期晚期—特列奇期持续下降，沉积中心逐渐西移。受海侵控制，鲁丹期是下志留统富有机页岩发育的鼎盛期，也是产气页岩中“甜点段”形成的关键期。故“甜点段”集中在五峰组一段至四段和龙马溪组一段至五段，厚度 30～50m。

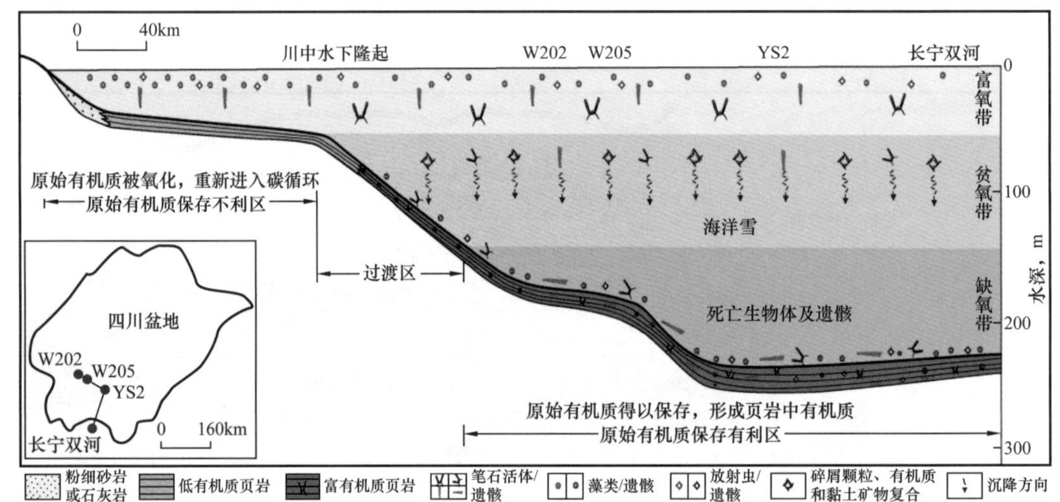

图 3–5 四川盆地及邻区龙马溪组沉积早期（SQ1）沉积相图[6]

五峰组—龙马溪组页岩厚度稳定，存在多个厚度较大区：一是下扬子区页岩厚 50～200m，存在南、北两个厚度区；二是中扬子区页岩厚 50～300m，存在咸宁和湘鄂西两个厚度区；三是上扬子区页岩厚 100～700m，存在川南、川东、川北等三个厚度区，川南区厚度最大，达到了 846.6m。

泥盆纪海相页岩沉积在滇、黔、桂、粤等南方地区大面积分布，以中泥盆统的罗富组（D_2l）、印堂组（D_2y）及相当层位页岩为主，在剖面上构成黑色页岩、泥灰岩、白云质灰岩及硅质岩互层组合。

石炭纪时期在华北地台和塔里木地台区沉积了浅海相碳酸盐岩和海陆过渡相碎屑

岩（页岩）含煤建造，海陆过渡相煤系页岩发育，准噶尔盆地形成了较大规模的浅海相及海陆过渡相沉积，发育了较大规模的黑色页岩。扬子地台区石炭纪以海相沉积为主，在滇、黔、桂等地区沉积了大塘组（C_1d）、旧司组（C_1j）等页岩地层。

综上所述，中国海相富有机质页岩分布面积广、厚度大。我国南方地区古生界震旦系—石炭系海相页岩分布面积 9.7×10^4（石炭系旧司组）～$87\times10^4km^2$（寒武系筇竹寺组），累计厚度 200～1500m，平均厚度 500m。川西南（自贡—宜宾）、川南—黔北（重庆—贵阳）、川东—鄂西（石柱—彭水）、川北（广元—南江）、（当阳—张家界）、盐城—扬州、宁国—石台、黔南—桂中等地区页岩厚度较大。塔里木盆地寒武系与奥陶系页岩分布在巴楚—阿瓦提、满东两个地区，以满东地区寒武系页岩发育最好，面积 10×10^4（奥陶系印干组）～$13\times10^4km^2$（寒武系玉尔吐斯组），累计厚度 40～300m，平均厚度 150m。

2. 有机地化特征

海相页岩的有机地球化学特征是影响页岩气富集的主要控制因素之一[8]。以四川盆地五峰组—龙马溪组页岩为例，五峰组—龙马溪组一段富有机质页岩有机质含量变化大，一般介于 1.0%～5.0%。与涪陵地区一样，深层区各井页岩中有机质丰度具有自下向上逐渐变低的特点。例如南页 1 井，TOC 含量大于 2.0% 的优质页岩主要分布在五峰组和龙马溪组一段底部，其中发育笔石、放射虫。由于有机质含量主要受原始沉积条件的影响，因此从有机质含量看，川南深层区与涪陵浅层区差别不大，同样的优质页岩段，焦页 1 井 TOC 平均含量为 3.52%，南页 1 井 TOC 平均含量为 3.17%，丁页 2 井 TOC 平均含量为 3.64%，永页 1 井 TOC 平均含量为 2.63%，威页 29-1 井 TOC 平均含量为 2.99%，似有向威远—荣县地区稍有降低之势，但川南深层区与涪陵浅层区优质页岩段发育位置差别较小。

有机质成熟度是确定有机质生油、生气或有机质向烃类转化程度的关键指标。通常成熟度指标 $R_o\geqslant1.0\%$ 时为生油高峰，$R_o\geqslant1.3\%$ 时进入大量生气阶段。页岩气的成因包括有机质生物降解、干酪根热降解、原油热裂解以及混合型等多种类型。四川盆地五峰组—龙马溪组富有机质页岩热演化程度介于 2.0%～3.5%，处于较为有利的热演化阶段。川南深层区页岩热演化程度高，高达到 3.5%，仍然处于较有利的热演化阶段[9]。从页岩含气量与产量参数对比看，页岩气以干酪根热降解、原油热裂解等热成因气为主。有机质成熟度低，页岩含气量和产气量小。成熟度变高时，页岩含气量和产气量增大，这主要与页岩中大量存在的有机质孔隙相关。随着热演化程度进入干气阶段，大量的储集空间得以释放，有利页岩气产区形成，高成熟页岩单井页岩气产量也将大幅度增加[7, 9]。

由于四川盆地是经历了多期构造改造的叠合盆地，五峰组—龙马溪组页岩在四川盆地均经历了早期深埋藏，后期强抬升的演化过程，川南地区页岩中有机质成熟度为2.2%～3.0%，正好处于干酪根和原油大量裂解生气阶段（图 3–6），滞留油裂解不但能够生成大量天然气，而且还能形成大量有机质孔隙，涪陵、威远、长宁等页岩气主力产区。在这些主力产区均观察到大量有机质孔隙，且以宏孔、介孔居多，三维空间连通性好，有利于天然气的赋存，并且其他成分简单化，主要以甲烷为主（表 3–2）。

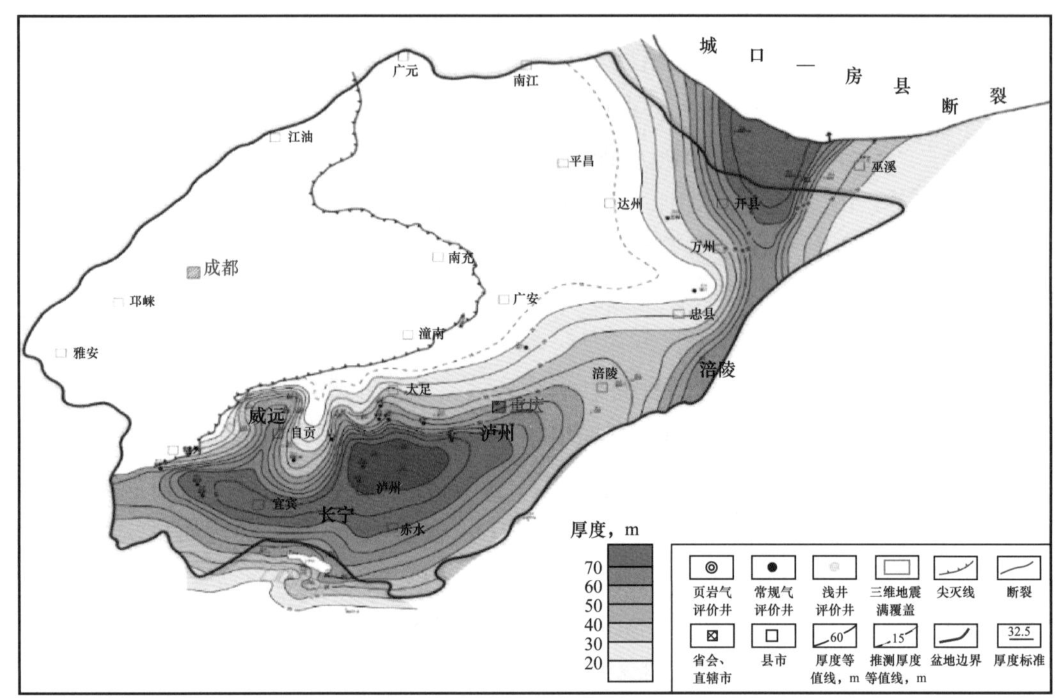

图 3–6 四川盆地志留系优质页岩厚度等值线图

表 3–2 川南典型区块页岩气组分表

区块	天然气组成，%					相对密度
	甲烷	乙烷	C_{3+}	二氧化碳	硫化氢	
长宁	98.57	0.46	0.03	0.53	0.00	0.56
威远	97.88	0.52	0.03	0.83	0.00	0.57
昭通	98.30	0.47	0.01	0.31	0.00	0.57

3. 储层特征

数据表明，中国南方典型海相页岩为极低孔、渗储层，孔隙度一般为 2.5%～10%，渗透率小于100nD。四川盆地井下筇竹寺组页岩孔隙度为 0.34%～5.50%，平均 2.25%，渗透率为 0.0006～0.158mD，平均为 0.046mD；龙马溪组页岩孔隙度

3.55%～6.5%，平均 4.45%，渗透率为 0.00055～0.1737mD，平均 0.0421mD。

中国海相页岩储集空间类型包括孔隙和裂缝[10]。孔隙为有机质孔隙、无机质孔隙，裂缝有构造缝、成岩缝、层理缝、页理缝等。孔隙和裂缝都是页岩储层有效的储集空间，其发育和储集特征见表 3-3。页岩储层孔隙以微米—纳米级孔隙为主，包括颗粒间孔、黏土矿物晶间孔、颗粒溶孔、溶蚀杂基内孔及有机质孔隙。五峰组—龙马溪组页岩孔隙类型及孔隙构成以有机质孔隙、黏土矿物晶间孔隙、脆性矿物孔隙为主。

表 3-3　中国海相页岩气田五峰组—龙马溪组页岩储集空间构成表[11]

页岩气田 / 有利区		构造背景	孔隙类型	总孔隙度 %	基质孔隙度，%				裂缝孔隙度 %	渗透率 mD
					有机质孔隙度	黏土矿物晶间孔隙度	脆性矿物内孔隙度	基质总孔隙度		
焦石坝	焦叶 4 井区	箱状、梳状背斜	基质孔隙和裂缝	4.6～7.8（5.8）	0.6～2.0（1.3）	1.2～3.6（2.4）	0.6～1.2（0.9）	3.7～5.2（4.6）	0.3～3.3（1.3）	0.05～0.30（0.15）
焦石坝	焦叶 1 井区	箱状、梳状背斜	基质孔隙为主，少量裂缝	3.7～7.0（4.9）	0.3～2.0（1.1）	1.2～4.1（2.6）	0.5～1.2（0.9）	3.7～5.6（4.6）	0～2.4（0.3）	0.0017～0.5451（0.058）
长宁页岩气田		宽缓斜坡	基质孔隙	3.4～8.4（5.5）	0.4～1.9（1.2）	0.8～5.6（3.0）	0.7～1.7（1.2）	3.4～8.2（5.4）	0～1.2（0.1）	0.00022～0.0019（0.00029）
威远页岩气田		古隆起斜坡	基质孔隙	3.3～7.0（5.0）	0.1～1.7（0.7）	1.1～5.7（3.4）	0.3～1.3（0.8）	2.6～6.6（4.9）	0～0.4（0.1）	0.0000289～0.0000731（0.0000436）
巫溪有利区		背斜	基质孔隙和裂缝	3.0～6.0	0.6～1.9（1.3）	1.1～3.5（2.3）	0.7～1.3（0.8）	3.0～5.4	0～1.4（0.5）	

注：括号内数据是平均值。

裂缝通常是页岩中呈开启状的高角度缝、层理缝，长度为几微米至几十微米、连通性较好的微裂隙，其成因包括构造活动、有机质生烃和成岩作用等，多以构造成因为主，发育程度在不同构造区、同一构造的不同井区和不同层段差异较大。在有机质孔隙和矿物孔隙区域分布稳定的前提下，根据裂缝孔隙发育程度的差异，可将焦石坝和长宁页岩气田页岩储集空间划分为基质孔隙 + 裂缝型、基质孔隙型两种不同类型。

裂缝可成为重要的储集空间、有效的运移通道、高效的渗流通道，能较大幅度提高页岩气单井产量[12-13]。董大忠等（2011）认为，石英、长石和碳酸盐岩等脆性矿物含量高，页岩脆性好，裂缝发育程度强[14]。在裂缝孔隙发育段，孔缝连通性往往较好。

岩石孔隙是油气储存的重要空间，50% 的页岩气存储在页岩基质孔隙中[15-17]。孔隙大小从 1～3nm 至 400～750nm 不等，平均 100nm，比表面积大，结构复杂，丰富的比表面积可以吸附方式储存大量气体。

中国南方海相富有机质页岩微米—纳米孔隙发育（图 3-7），包括粒间孔、粒内孔和有机质孔 3 种类型。其中石英、长石等无机碎屑矿物颗粒或晶粒间孔隙少见，碳酸盐岩、长石等矿物粒间溶蚀孔隙较常见，孔径一般为 500nm 至 2μm［图 3-7（a）］；粒内孔在黏土矿物中较发育，形状以长条形为主，直径 50～800nm［图 3-7（b）］；高—过成熟海相页岩的有机质纳米级孔隙发育［图 3-7（c）］，呈圆形、椭圆形、网状、线状等，孔径 5～750mm，平均 100～200mm。

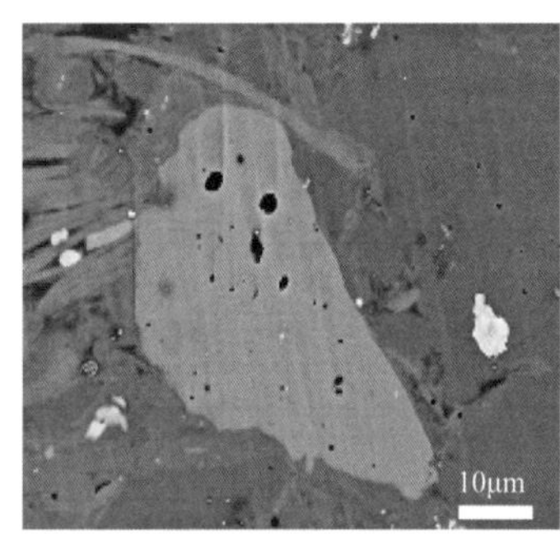

(a) 矿物溶蚀孔

(b) 黏土矿物中粒内孔隙

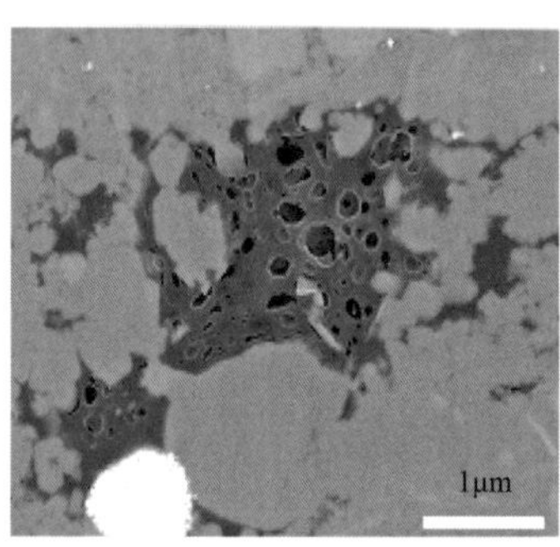

(c) 有机质孔隙

图 3-7　中国南方海相富有机质页岩微米—纳米孔隙发育特征

四川盆地寒武系和志留系高—过成熟海相页岩储层中，呈分散状、纹层状分布的“有机质颗粒”内部形成大量微米—纳米级孔隙，这些孔隙大至 3～4μm，小至几纳米，一般为 100～200nm，为丰富的页岩气资源提供了充足的储集空间。野外露头剖面或井下岩心观察，均发现筇竹寺组、龙马溪组页岩性脆、质硬、裂缝发育，已识别出层理缝、成岩收缩缝、节理缝、溶蚀缝、构造缝等多种类型裂缝，在三维空间可构成网络状缝网。其页岩气勘探开发需要首先寻找裂缝发育区作为突破点。

4. 页岩气富集特征

近年来，随着中国页岩气基础地质理论的不断发展、勘探开发主体技术的不断进步，四川盆地南部地区 3500m 以浅的志留系龙马溪组已成功实现页岩气规模效益开发，此套富有机质页岩厚度大、品质最优、勘探程度最高、实施效果最好，是目前中国最主力的页岩气勘探开发层系（图 3-8）。伴随着埋深 2000～3500m 中浅层页岩气开发的成功和埋深 3500～4500m 深层页岩气勘探的突破，形成了一系列海相页岩气勘探开发理论和技术。

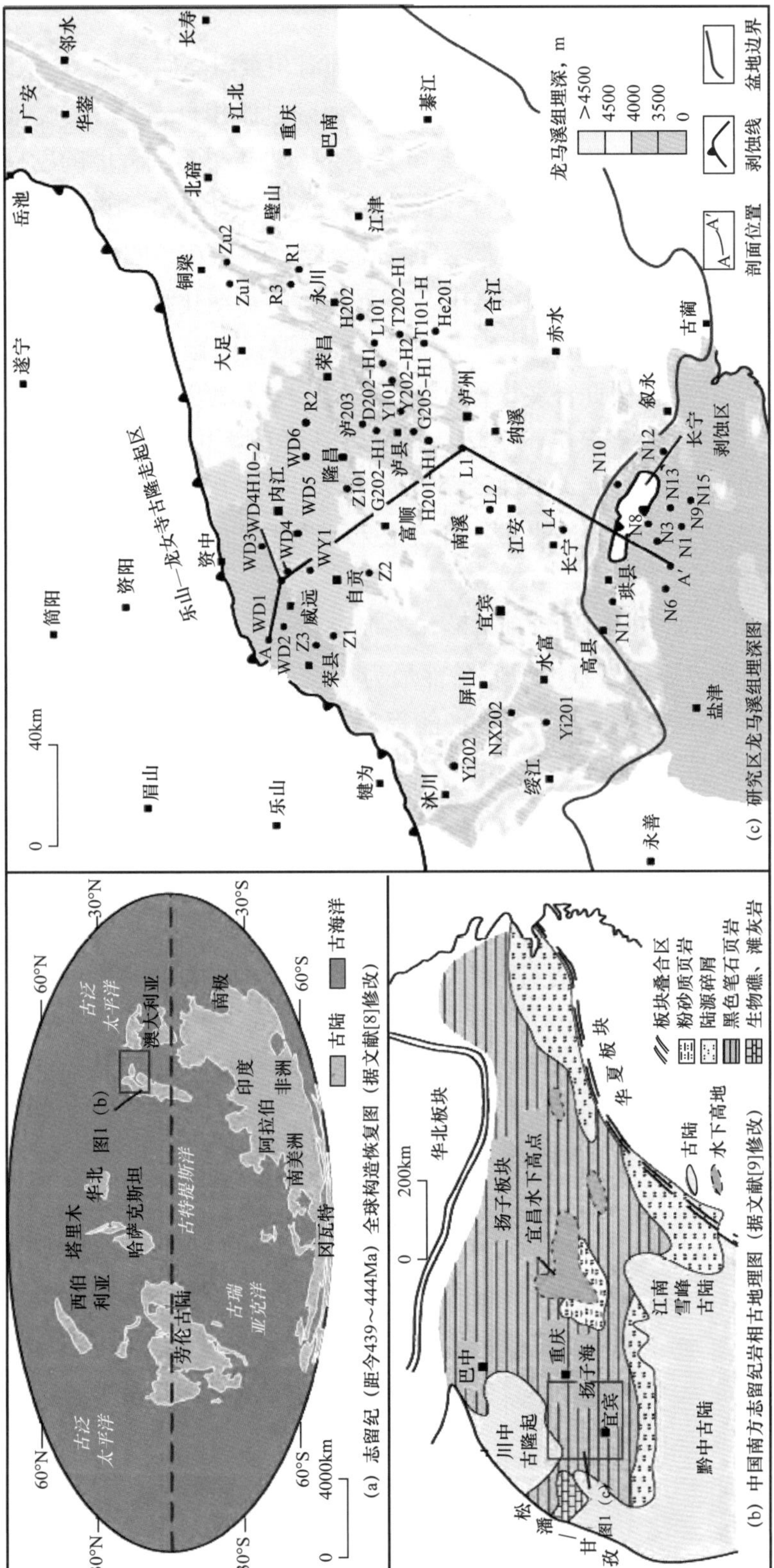

(a) 志留纪（距今439～444Ma）全球构造恢复图（据文献[8]修改）

(b) 中国南方志留纪岩相古地理图（据文献[9]修改）

(c) 研究区龙马溪组埋深图[18]

图 3-8　四川盆地南部地质背景综合图

1）页岩气富集表现

（1）上奥陶统五峰组至下志留统龙马溪组底部海相页岩品质最优。

四川盆地历经多期构造运动，海相、陆相、海陆过渡相页岩发育，盆地及周缘地区广泛分布6套富有机质页岩（表3–4），每套层系都进行了不同程度的勘探评价。下震旦统陡山沱组在盆地周缘宜昌黄陵背斜直井压裂获得5460m^3/d测试产量，但在盆地内部主要为浅水台地[19]，且埋深过大。下寒武统筇竹寺组在川中古隆起金石、威远地区获得低产工业气流，在盆地周缘（长宁、城口等）热演化程度过高，有机质碳化且孔隙不发育[20]，几乎都是微气井或干井，还没有取得突破。下二叠统页岩层系在四川盆地主要是海陆过渡相页岩夹煤层，川南筠连、兴文地区测试结果显示煤层的产气量远高于煤系页岩，属于煤层气范畴。须家河组须五段页岩在新场地区压裂获气，但产量低于同区的致密砂岩气。下侏罗统大安寨段的页岩在元坝地区压裂获气，但是整体热演化成熟度较低，以生油为主，开发效果不理想。上述5套页岩仍然处于探索阶段，前景尚不明朗。

现阶段勘探开发实践表明，盆地五峰组—龙马溪组页岩，以及北美Haynesville和Utica等为代表的高成熟页岩基本地质条件最为接近（表3–4），是目前最有利的勘探开发层系，中国几乎所有的页岩气商业产能都来自五峰组—龙马溪组。

表3–4　四川盆地6套页岩地层与北美页岩地质参数对比表[21]

层系	沉积环境	TOC含量 %	孔隙度 %	含气量 m^3/t	脆性矿物含量 %	黏土含量 %	优质页岩厚度 m	R_o %	岩性
大安寨段	浅湖—滨湖	0.9～2.6	1.00～5.00		15～40	30～50	20～120	0.6～1.3	黑色页岩、粉砂质泥岩
须家河组	湖泊—沼泽	1.0～2.5	0.50～2.00		35～60	35～60	30～150	0.7～1.4	粉砂质泥岩，夹煤层
龙潭组	海陆过渡相	2.0～4.0	4.00～9.00		70～85	10～20	20～60	1.8～3.2	砂质页岩、凝灰质砂岩、含煤
龙马溪组	深水陆棚	2.0～5.0	3.00～7.00	1.7～8.4	40～80	15～40	20～80	2.1～3.6	碳质页岩
筇竹寺组	深水陆棚	4.0～8.0	0.92～1.91	0.8～2.8	51.5～95	10～34.6	60～135	2.5～4.3	粉砂质页岩
陡山沱组	滨海—浅海	0.3～3.5			40～75	20～40	20～100	3.0～4.5	石英砂岩、黑色碳质页岩、砂泥质白云岩
Haynesville	深水陆棚	0.5～5.0	4.00～14.00	2.8～12.4	35～65	25～35	30～120	1.2～3.5	碳质页岩
Utica	深水陆棚	3.0～10.0	3.00～15.00		60～85	<15	90～210	1.5～4.0	笔石页岩

（2）构造条件复杂，地应力差异大，优选“甜点区”。

龙马溪组底部的优质页岩层虽然在中国南方扬子地区广泛分布，但页岩气商业开发仅在四川盆地取得突破，这与四川盆地内部优越的保存条件和压裂效果有关。四川盆地位于上扬子板块西部，刚性基底稳定性强，沉积盖层变形总体较弱[22]。川南地区隶属于川南低陡构造带、川西南低褶构造带，主要发育低陡构造和平缓构造、中小断裂，有利于页岩气藏保存（图 3–9）。除了在断裂不发育的威远构造低缓斜坡区和长宁构造平缓向斜区已经实现规模效益开发外，在川南的很多低陡构造（如古佛山、阳高寺、龙洞坪、坛子坝等）和部分高陡构造（如大足西山等）也取得突破，勘探实践料证实川南地区页岩气藏大面积超压，构造保存条件优越。

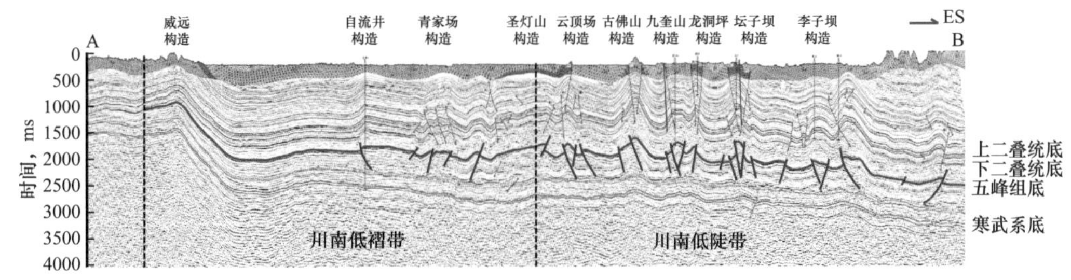

图 3–9 四川盆地南缘地质剖面图[7]

目前，四川盆地页岩气勘探在盆缘高陡构造带、古（今）剥蚀泄压区附近（小于 10km）、通天或大型断裂附近（小于 1.5km）的强构造变形区尚未取得商业突破。

由于四川盆地是经历了多期构造改造的叠合盆地，五峰组—龙马溪组页岩在四川盆地均经历了早期深埋藏，后期强抬升的演化过程，有机质成熟度（R_o）介于 2.1%～3.6%，处于高—过成熟阶段。高—过成熟的腐泥型有机质在 R_o>1.5% 后干酪根生气量增加很少，后期主要靠滞留油或者沥青裂解成气，所以页岩气富集需要在多期构造运动下均有较好的保存条件。

加之，多期的构造活动不仅形成复杂的地下构造特征，地应力场分布也存在明显的差异。页岩气自身低孔隙度、超低渗透率，在开采的过程中，需要采用大型水力压裂等工艺进行开采，其自身脆性矿物含量和所处的地应力场均对人工裂缝的扩张与分布十分重要。川东南涪陵页岩气田整体应力场分布稳定，其中 JY1 井水平应力分布在 48～55MPa，水平应力差异系数在 0.06～0.14 之间，相对较小，能够形成充分的裂缝网络，反映了涪陵焦石坝区块可压裂性总体相对较好的特征[23]。与涪陵页岩相比，川南泸州区块页岩最大水平主应力方向由北东向、北东南西向转到近东西向，应力场分布复杂多变，而且水平应力差大，介于 14～21MPa，压裂过程不易形成复杂缝网（图 3–10）。

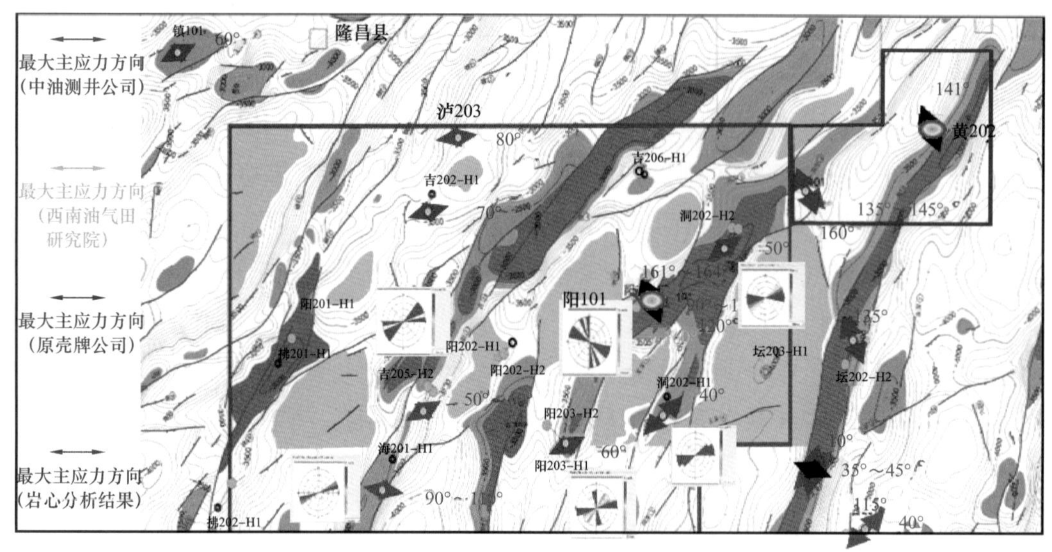

图 3-10　黄 202 井区、阳 101 井区及邻区构造及最大主应力方向平面图

2）页岩气富集因素

在精细研究的基础上，根据四川盆地南部及周缘页岩气井钻探效果，确定了“深水、深层”在川南高度契合形成中国最大页岩气富集区［图 3-11（a）］。龙马溪组沉积期强还原区主要位于盆地东南部，深层与深水区高度重合，分布于泸州—渝西区块深层页岩［图 3-11（b）］。

（1）“深水”沉积优质页岩储层。

页岩气藏源储一体，源是基础且决定储层品质，沉积相控制了页岩分布与烃源岩类型及质量。受广西运动影响，华夏与扬子地块碰撞拼合作用减缓，四川盆地及周缘在五峰组沉积时期形成了“三隆夹一凹”的古地理格局，从凯迪晚期到埃隆早期，川南地区处于局限静水环境的深水陆棚相沉积环境[6]。沉积相控制了优质页岩储层特别是甜点层的分布，泸州—长宁地区龙一$_1$亚段底部的优质页岩发育，厚度一般介于30～50m；靠近川中剥蚀区，局部可能存在古地貌高部位（或水下高地），优质页岩厚度相对较薄（比如 W5 井区、华蓥山李子垭剖面等），这些古地貌高的区域 LM1—LM4 笔石带极薄[24]，铀钍比一般小于 1.2，与川南地区其他深水陆棚区强还原环境存在一定区别；川南北部地区局部的古地貌高地甜点层较薄，但分布范围非常局限。整体上，川南地区页岩气有利开发层系沉积相带有利，沉积厚度大，分布稳定。四川盆地同时期水体深度自古陆向深水陆棚逐渐增加，沉积环境由氧化环境向强还原环境转变，依次发育粉砂质页岩、白云质页岩、黏土质页岩和硅质页岩。“深水”沉积控制优质页岩段分布，主要位于龙马溪组下部，铀钍比通常大于 1.25。

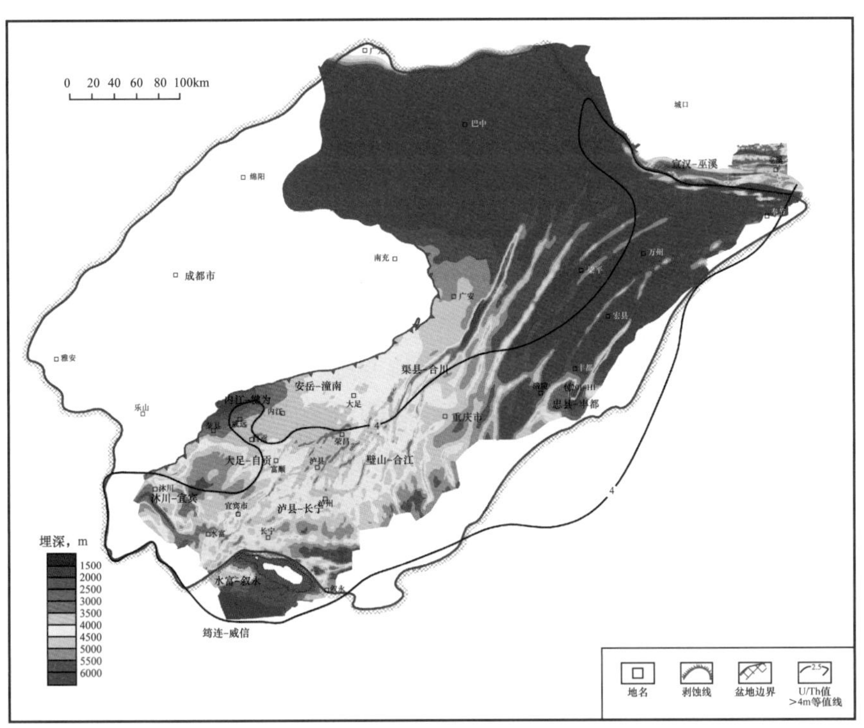

(a) 四川盆地深层与深水区面积叠合图

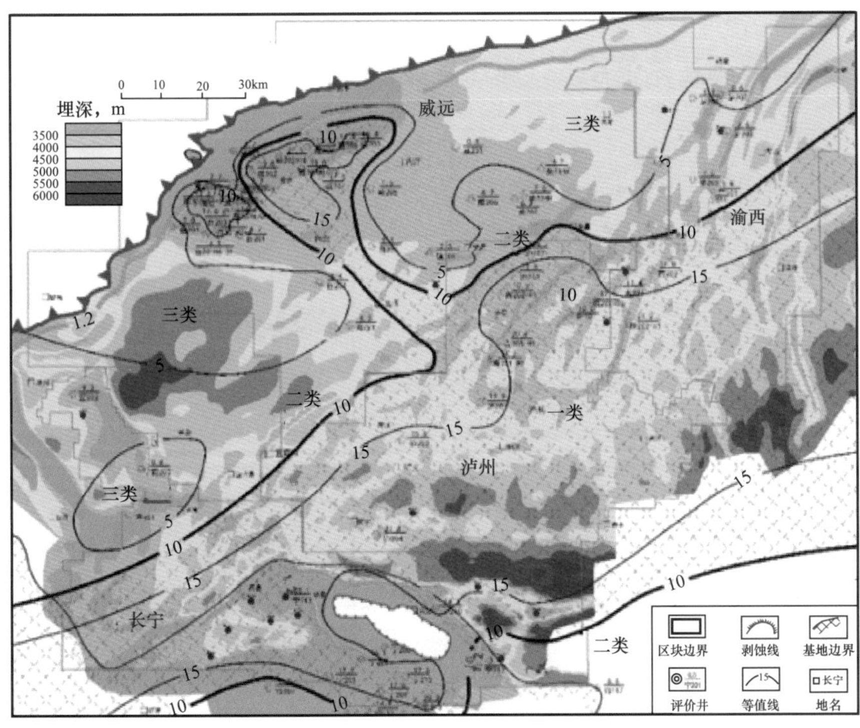

(b) 川南页岩气有利区带分级与埋深叠合图

图 3-11　四川盆地南部优质页岩展布特征

①“深水”控制储层品质。沉积岩中的无机地球化学示踪是反映沉积环境及其演化的有效手段之一。通过龙马溪组氧化还原指数将其氧化还原环境的演化进行了重建，鲁丹期—埃隆期—特列奇期表现为缺氧强还原—弱还原弱氧化—含氧强氧化环境演化序列，在同一构造格局和沉积格局背景下，氧化还原条件可以较好地指示古微地貌差异和沉积水体深浅的变化，缺氧条件沉积水体相对更深，随着含氧量增加，水体逐渐变浅。运用 4 个古氧化还原环境判别指标对 N6 井龙马溪组的 TOC 值绘制交会图发现，各元素含量比值 $w_{(Ni)}/w_{(Co)}$ 和 $w_{(V)}/w_{(Cr)}$ 值以及黄铁矿矿化度（DOPT），$w_{(U)}/w_{(Th)}$ 的相关性极强，TOC 值域范围容易区分氧化还原环境，且容易在测井数据中获取，因此将 $w_{(U)}/w_{(Th)}$ 作为主要参数来探究其与储层的关系。

通过长宁、威远、泸州地区 6 口井伽马能谱测井获得的 $w_{(U)}/w_{(Th)}$ 与 TOC 值进行相关分析发现［图 3-12（a）］，两者呈正相关，TOC>3% 的页岩 $w_{(U)}/w_{(Th)}>0.5$，无论页岩是沉积于相对浅水的强氧化、半深水的弱氧化弱还原或是相对深水的强还原条件下，作为影响储集能力的储层评价指标 TOC 值都可以较高，说明 TOC 的富集主控因素除了受氧化还原条件控制外，还受古生物生产力、成岩—埋藏演化—生排烃的控制，但可以明确的是，在 $w_{(U)}/w_{(Th)}>1.25$ 的相对深水强还原条件下，无论其他控制条件如何，TOC 值均可大于 3%。此外，通过对上述 6 口井的测井获得的 $w_{(U)}/w_{(Th)}$ 与影响压裂条件的脆性矿物含量进行相关分析发现［图 3-12（b）］，在 $w_{(U)}/w_{(Th)}>1.25$ 的相对深水强还原条件下，脆性矿物含量主要为 55%～80%，最利于压裂，

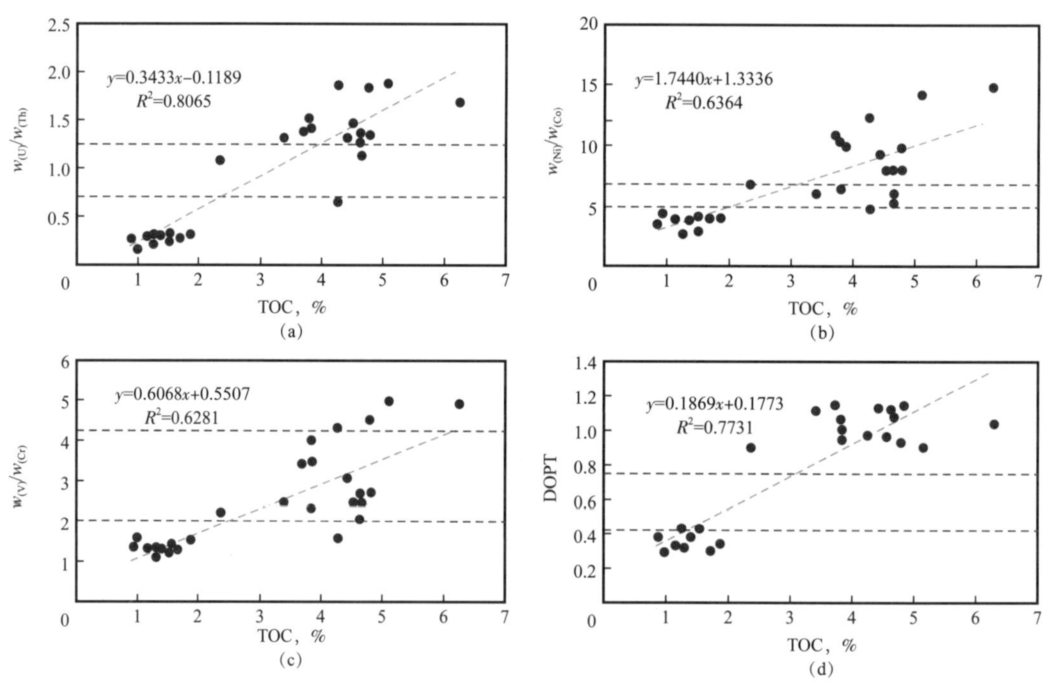

图 3-12　N6 井 TOC 值与 $w_{(U)}/w_{(Th)}$、$w_{(Ni)}/w_{(Co)}$、$w_{(V)}/w_{(Cr)}$、DOPT 交会图

在 $w_{(U)}/w_{(Th)}$ 为 0.75～1.25 的半深水弱氧化弱还原条件下时，脆性矿物含量主要为 40%～75%，在 $w_{(U)}/w_{(Th)}$ <0.75 的相对浅水强氧化条件下时，脆性矿物含量主要为 40%～70%。

运用 $w_{(U)}/w_{(Th)}$ 定量与储层品质“TOC 值、脆性矿物含量”的分析结果可以揭示川南页岩气“沉积环境控储”机理（图 3-13）。在不考虑含气量和孔隙度参数时，$w_{(U)}/w_{(Th)}$ >1.25 的相对深水强还原环境页岩层段为Ⅰ类储层；$w_{(U)}/w_{(Th)}$ 为 0.75～1.25 的半深水弱还原弱氧化环境页岩层段为Ⅰ—Ⅱ类储层，Ⅰ类储层和Ⅱ类储层各占一半；$w_{(U)}/w_{(Th)}$ <0.75 的相对浅水强氧化环境页岩层段为Ⅱ—Ⅲ类储层，且多为Ⅲ类储层。

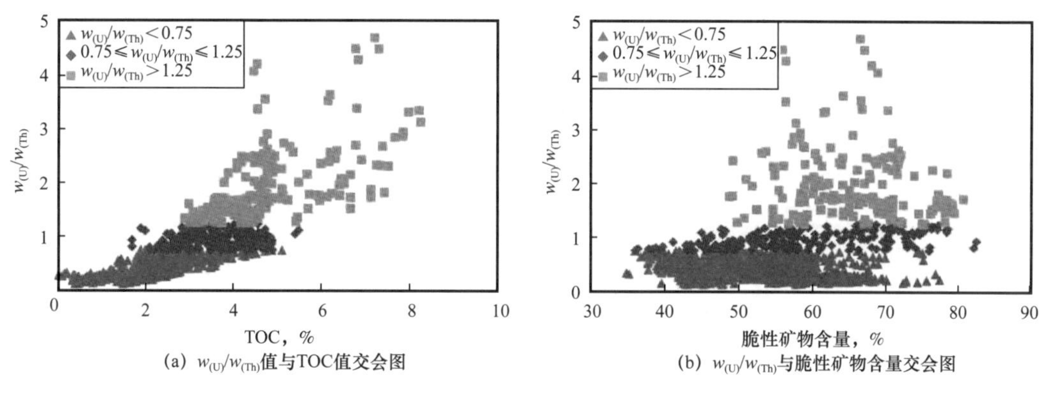

图 3-13 氧化还原环境与储层关系分析图

②“深水”控制储层连续厚度。龙马溪组页岩沉积于海平面快速上升至海平面缓慢下降的旋回过程中，古微地貌的高低差异或沉积水体的相对深浅控制着龙马溪组的沉积厚度。$w_{(U)}/w_{(Th)}$ 可以较好地指示古微地貌差异和沉积水体的变化，龙马溪组底部 $w_{(U)}/w_{(Th)}$ >1.25 且连续厚度大于 4m 指示着深水陆棚内沉积水体相对更深的区域，若 $w_{(U)}/w_{(Th)}$ >1.25 的地层连续厚度更小，沉积水体则相对更浅。相同的海平面升降背景下，古微地貌差异和沉积水体的变化与Ⅰ类储层连续厚度的分布有较好的匹配关系，半深水区和相对浅水区的Ⅰ类储层连续厚度多小于 5m，相对深水区沉积的Ⅰ类储层连续厚度相对更大，盐津—珙县—长宁一带、南溪—泸州—永川—江津一带、威远—自贡一带最厚，Ⅰ类储层连续厚度大于 5m 且多大于 10m，并在泸州地区最厚（图 3-14）。

（2）“深层”形成页岩气富集高产。

龙马溪组底部的优质页岩层虽然在中国南方扬子地区广泛分布，但页岩气商业开发仅在四川盆地取得突破，这与四川盆地内部优越的保存条件有关。

川南地区龙马溪组盖层条件和顶、底板条件均很好，因此表征保存条件好坏的最重要的条件为断层发育程度和距剥蚀线距离。已有页岩气开发实践表明，一级断层

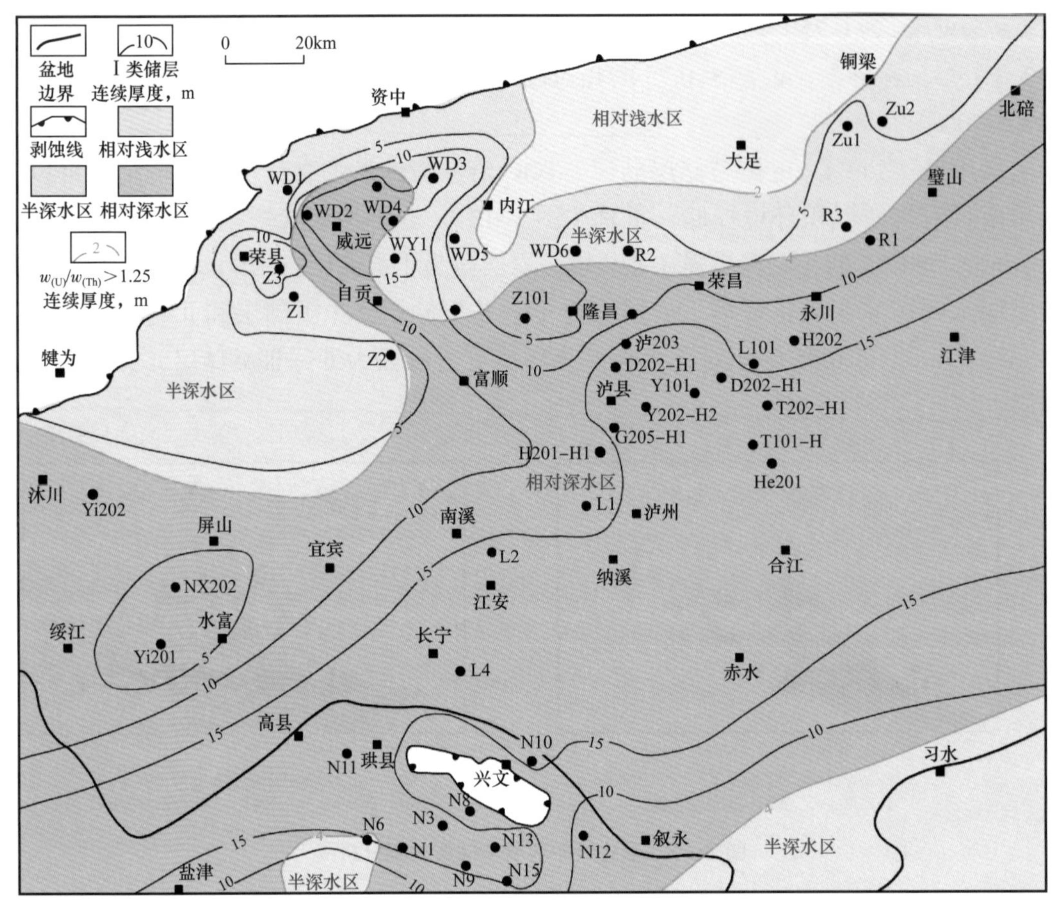

图 3-14 深水陆棚水体相对深浅与Ⅰ类储层连续厚度叠合图

（断距大于 300m）对龙马溪组页岩气产量有较大影响，距离一级断层 1.5km 以内，测试产量较低，如 N7 井，距一级断层 800m，压力系数为 1.25，测试产量为 $11\times10^4m^3/d$；二级和三级断层对测试产量影响较小，其附近的水平井测试产量均可以很高，平均大于 $20\times10^4m^3/d$（图 3-15）。距剥蚀线较近的井，页岩气保存同样受到了破坏，N8 井距剥蚀线 2800m，压力系数为 0.50，见微气；WD1 井距剥蚀线 6000m，压力系数为 0.92，见微气。距一级断层和长宁剥蚀区与乐山—龙女寺古隆起剥蚀区越近的地区，有压力系数低的特征。鉴于此，表征地下流体能量和流体的封闭程度的压力系数指标则可以作为指示川南地区龙马溪组的保存条件的一个综合参数[7]。此外，从长宁剥蚀线和乐山—龙女寺古隆起剥蚀线向泸州地区，龙马溪组压力系数随埋深增加而增大，压力系数与埋深表现出明显正相关（图 3-16）。川南深层页岩上覆巨厚地层构成高密闭体，有机质生烃后形成高压力封存，泸州地区储层压力系数 1.8～2.2，地层能量充足，气井生产前 3 个月套压 30MPa 以上。

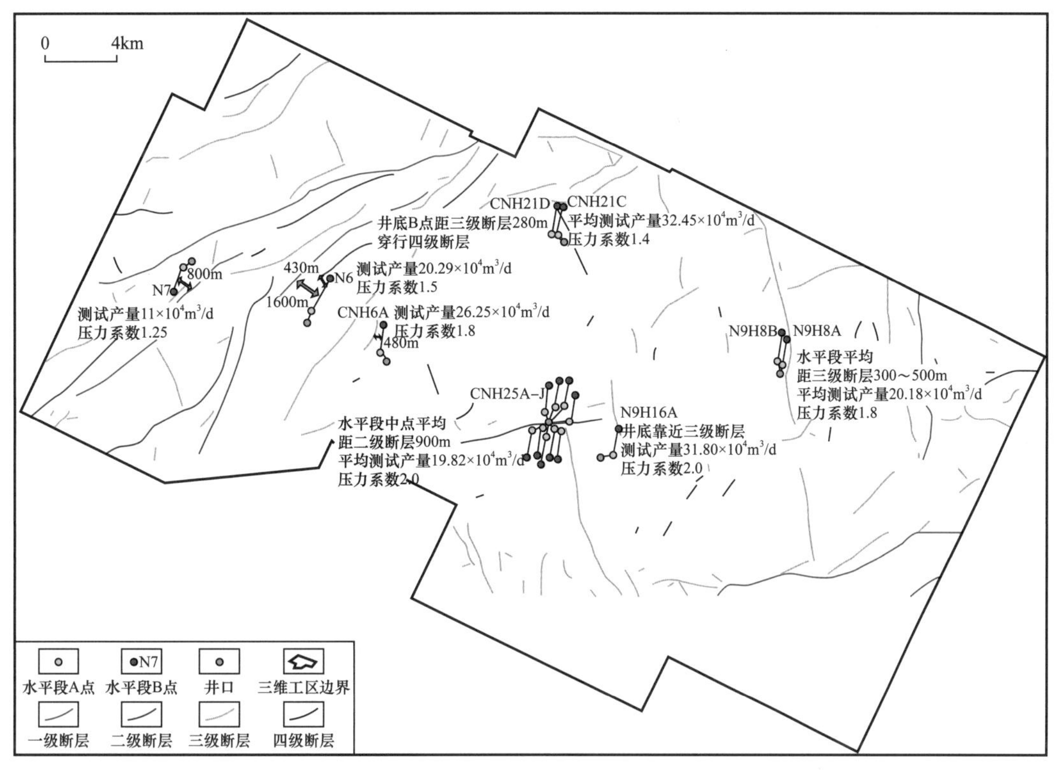

图 3-15　长宁地区断层级次与测试产量关系图

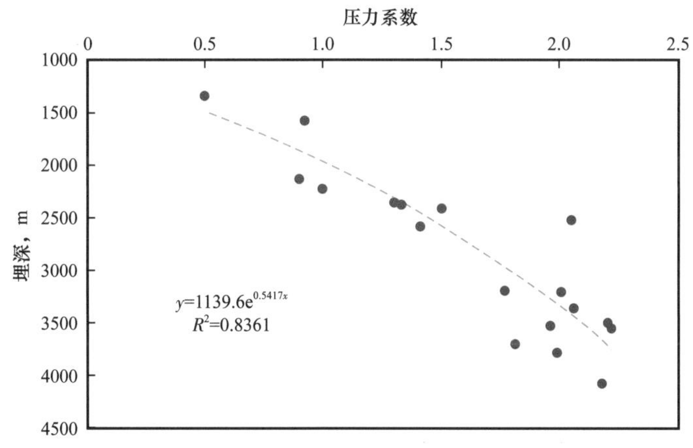

图 3-16　川南地区实测压力系数与埋深关系图

气体能量更大、封闭程度更强的高压力系数区，具有孔隙度更大、孔隙结构更优且含气性更好的特征。高储层压力形成孔内支撑、高强度石英矿物形成刚性骨架支撑、封闭成岩环境有机酸长期钙质矿物溶蚀等因素共同作用，深层页岩孔隙度4%～6%，与浅层差异不大。

通过川南地区 27 口井的埋深与储层孔隙度相关性分析，埋深 2000～4500m 范围内，随埋深逐渐增大，Ⅰ类储层有效孔隙度存在先减小再增大的趋势（图 3–17），高孔隙度区间位于 2200～3000m 和 3500～4500m 范围内。此外，川南地区龙马溪组Ⅰ类储层孔隙以有机质孔、黏土矿物无机孔等塑性孔为主，缺少刚性矿物颗粒支撑，易被上覆地层有效应力压实，超压的存在对于孔隙具有保护作用，超压流体可以抵抗压实作用对孔隙的破坏，从而使成岩作用过程中形成的圆形或椭圆形页岩孔隙得以保存，储集空间得以保留。通过氩离子抛光扫描电镜分析，高压力系数的井龙马溪组Ⅰ类储层的有机质孔径更大（图 3–17）。

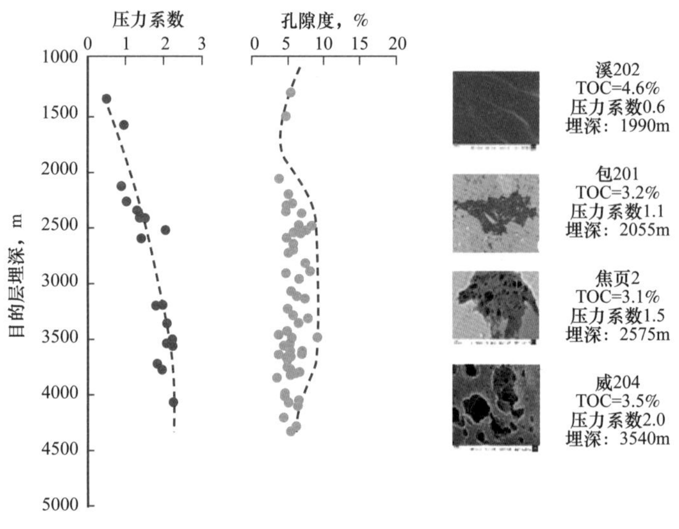

图 3–17 龙马溪组埋深与压力系数和孔隙度关系图

另外，川南深层构造裂缝发育，储层连通性好，气井高产。川南深层宽缓向斜发育横向拉张和层间滑移两类裂缝，裂缝密度向核部增大，可有效提升页岩储层连通性，泸 203 位于向斜核部，测试日产量 $138 \times 10^4 m^3$（图 3–18）。

根据不同深度、不同压力系数情况下的吸附气、游离气理论模拟计算结果，以及川南地区不同埋深页岩气井含气性分析表明（图 3–19），随着地层温度和压力不断增加，页岩的吸附气含量增大，在一特定温度下（埋深为 1500m）降低，游离气比例不断增大，由 30% 增加到 65% 以上，更有利于高效开发。川南地区已有的页岩气生产实践表明，高压力系数是页岩气井高产的必要条件之一，已发现工业页岩气井均位于压力系数大于 1.2 的超压区，压力系数未达到 1.2 的页岩气井很难获得高产。

川南地区埋深 3500～4500m 的很多区域都是相对深水区，基于川南地区龙马溪组页岩气储层基本地质特征和页岩气高产控制规律，叠合 $w_{(U)}/w_{(Th)}>1.25$ 且累计厚度大于 4m、压力系数大于 1.2 以及Ⅰ类储层连续厚度大于 10m 的区域，核心勘探区带主要位于盐津—珙县—长宁一带、南溪—泸州—永川—江津一带、威远—自贡一带（图 3–20）。

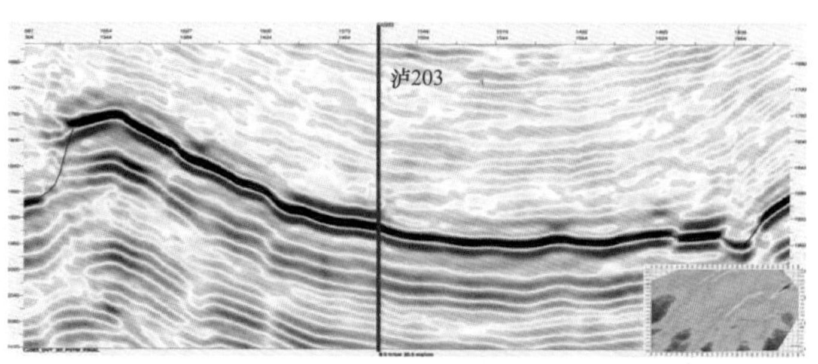

(a) 泸203井区地震剖面图

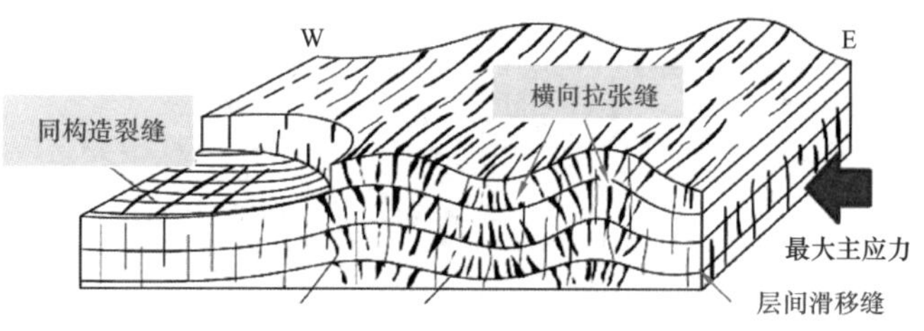

(b) 川南深层构造裂缝发育模式图

图 3-18 泸 203 井构造位置及裂缝发育属性

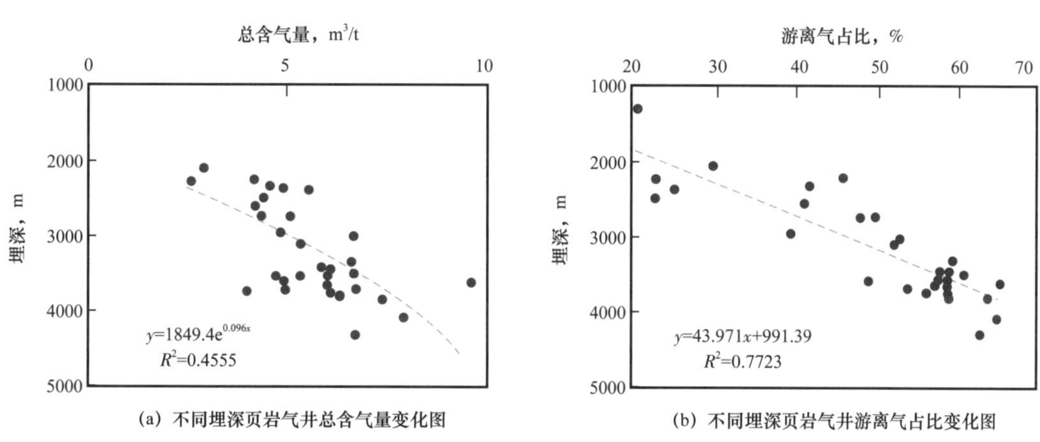

(a) 不同埋深页岩气井总含气量变化图 (b) 不同埋深页岩气井游离气占比变化图

图 3-19 龙马溪组埋深与含气性（总含气量，游离气）关系图

二、中国海陆过渡相页岩气地质特征

海陆过渡相页岩气是指石炭系—二叠系、三叠系—侏罗系等浅湖—沼泽沉积环境下富有机质含煤页岩层系中形成的天然气，其有机质多以陆源高等植物为主，页岩与煤层共存、砂岩与页岩互层。中国石炭系—二叠系海陆过渡相富有机质页岩，包括准噶尔盆地石炭系滴水泉组—巴山组页岩（C_1d—C_2b），华北地区石炭系太原组（C_3t）、二叠系本溪组（P_1b）、山西组页岩（P_1sh）和南方地区二叠系梁山组—龙潭组页岩（P_1l-P_2l）。上三叠统—中下侏罗统煤系页岩，包括四川盆地上三叠统须家河组煤系

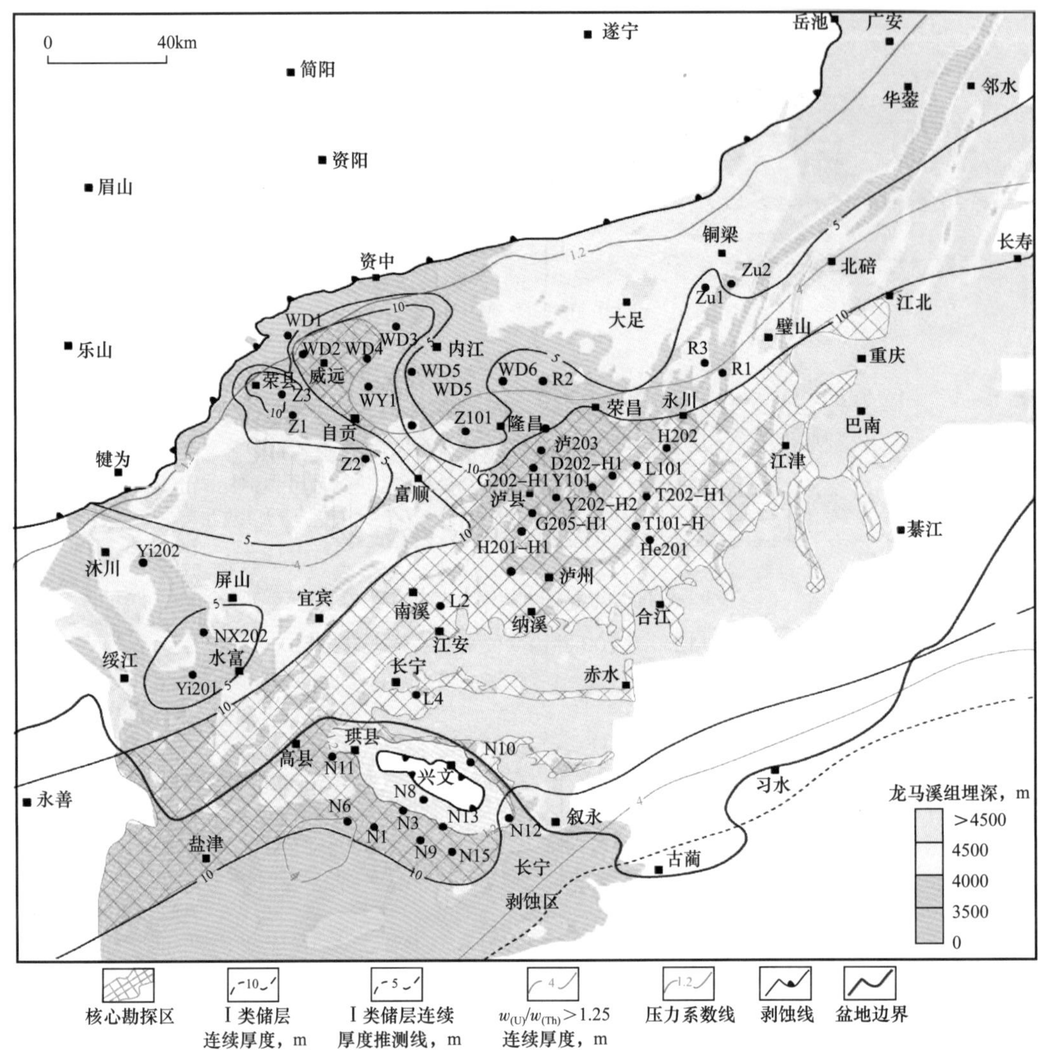

图 3-20 川南地区五峰组—龙马溪组有利勘探区分布图

页岩，准噶尔盆地—吐哈盆地侏罗系八道湾组（J_1b）、三工河组（J_1s）和西山窑组（J_2x）煤系页岩，塔里木盆地黄山街组（T_3h）、塔里奇克组（T_3t）、阳霞组（J_1y）和克孜勒努尔组（J_2k）煤系页岩等。

资料显示，中国海陆过渡相页岩分布面积大、成气早、持续时间长，已发现的常规天然气储量中，50% 以上储量的气源岩为海陆过渡相页岩。海陆过渡相优质页岩累计厚度较大但单层厚度较小（一般 5～15m），纵、横向变化快，总含气量偏低而吸附气含量偏高，有机质纳米孔隙发育量较少，页岩层段常与致密砂岩或煤层伴生，气、水关系复杂[25]。

不同机构对中国海陆过渡相页岩气资源进行了估算，但预测结果相差较大。总体上，中国海陆过渡相页岩气地质资源量为 31.64×10^{12}～$40.08\times10^{12}m^3$，可采资源量为

$2.20\times10^{12}\sim8.97\times10^{12}m^3$。

目前海陆过渡相页岩气发展整体处于地质综合评价、有利区优选和直井勘探评价阶段，钻探结果展现出一定勘探前景[26]，尚无探井开展页岩气生产试验。

总体看来，中国海陆过渡相页岩多与煤层伴生，具有高 TOC 含量集中段厚度小、连续性差、储集空间有限、含气量变化大、脆性指数中等的特征。海陆过渡相页岩气勘探开发已有零星发现，前景尚不明朗[1]。

1. 分布与沉积特征

中国海陆过渡相页岩主要形成于石炭纪—二叠纪，主要分布在华北和华南两大陆块。海陆过渡相页岩多呈大面积广泛分布于潮坪、潟湖、沼泽和三角洲环境。页岩单层厚度薄、但累计厚度大，岩相垂向变化大，且常与致密砂岩、煤层等互层[27]。

华北陆块海陆过渡相页岩分布于太原组和山西组，主要发育于潮坪、潟湖、沼泽和三角洲等沉积环境中。主要残留和分布于鄂尔多斯盆地、沁水盆地、南华北盆地和渤海湾盆地。华北陆块太原组和山西组在盆地内稳定分布，岩性主要为页岩、粉砂岩呈不等厚的互层状，常夹有煤层；页岩常位于高水位体系域，累积厚度较大，单层厚度较薄。鄂尔多斯盆地太原组富有机质页岩厚度 0～40m，后期多期构造作用叠加，盆地内页岩埋深变化大，分布在 500～3800m[27]。

华南陆块海陆过渡相页岩形成于晚二叠世吴家坪和长兴期，常见层位有孤峰组、龙潭组、大隆组等层位。东吴运动使华南地壳普遍抬升，差异剥蚀导致东西两侧古隆起夹持、南北两端裂陷槽围限的广阔陆表海环境。海陆过渡相页岩主要位于北部裂陷槽和东西两侧古隆起向中央台地倾斜的滨岸三角洲—潟湖—潮坪环境。南部裂陷槽为海相台盆相[11]。

华北和华南两套海陆过渡相富有机质页岩均形成于构造抬升剥蚀后的沉降期，但古地理环境有所差异。华北陆块太原组和山西组富有机质页岩，形成于陆块内部广阔的滨浅海环境中，其中三角洲前缘、潟湖、沼泽环境，水体安静、阳光充足、温度适宜、环境闭塞，既有陆源有机质的带入，同时植物及微生物大量繁殖，是有机质富集的有利部位。从岩性组合上，山西组—太原组主要为页岩、粉砂岩呈不等厚的互层状，常夹有煤层，故称之为含煤建造型。华南陆块孤峰组—大隆组富有机质页岩主要形成于陆块南北边缘裂陷槽中，以海相页岩为主，常与硅质岩伴生。龙潭组主要形成于东西两端古陆内侧的滨浅海环境，且与煤层共生，称之为含煤建造型。

2. 有机地化特征

1）太原组—山西组页岩有机地球化学特征

华北陆块太原组和山西组碳同位素相近，鄂尔多斯盆地中东部太原组有机质 $\delta^{13}C$

含量分布在 –24.1‰～–23.5‰，山西组有机质 $\delta^{13}C$ 含量分布在 –22.6‰～–22.3‰；沁水盆地太原组有机质 $\delta^{13}C$ 含量分布在 –24.0‰～–23.4‰，山西组有机质 $\delta^{13}C$ 含量分布在 –25.0‰～–23.6‰；南华北盆地太原组有机质 $\delta^{13}C$ 含量分布在 –24.3‰～–23.9‰，山西组有机质 $\delta^{13}C$ 含量分布在 –24.0‰～–23.3‰。依据现有划分标准，华北陆块太原组和山西组页岩的有机质类型均为Ⅲ型，倾向于生成热成因的天然气[27]。

有机质是生烃母体，其丰度决定着生烃强度，同时自身多孔隙性的特征，为游离气提供存储空间。山西组和太原组 TOC 含量均达到国际公认的具有商业开采价值的页岩下限（2%），太原组 TOC 较高，其中鄂尔多斯盆地中东部太原组页岩 TOC 为 2%～4% 占 80%，沁水盆地太原组页岩 TOC 为 2%～4% 占 50%，南华北牟页 1 井太原组和山西组 TOC 大于 2% 连续层段厚度达 47m 和 53m，预示着较好的物质基础和较高的生烃能力。

华北陆块太原组和山西组在不同构造单元差异性较大，主要取决于差异性的构造沉降史。但总体来说，鄂尔多斯、沁水、南华北地区太原组和山西组，均已达到高成熟—过成熟阶段，有利于有机质热解生气。渤海湾盆地热演化相对较低，处于生油—生气阶段。

2）孤峰组—大隆组页岩有机地球化学特征

华南陆块孤峰组—大隆组富有机质页岩，形成于海陆交互过渡相构造背景，其有机质类型，因形成的古地理环境的差异，呈现出复杂多样，总体上孤峰组以Ⅰ型为主，少量Ⅱ型，其中腐泥质占 80%；龙潭组主要为Ⅲ型，少量Ⅱ型，其中惰殖组占 60%～80%；大隆组主要为Ⅱ型和Ⅲ型。同一层位在不同沉积环境有机质类型也有所差异，位于南北裂陷槽环境中的孤峰组—大隆组以Ⅰ型为主，而位于东西两端古陆内侧滨浅海环境中的，则以Ⅲ型为主。华南陆块二叠系海陆过渡相页岩有机碳整体较高，一般在 2%～20% 之间，平均值为 4%～7%。平面上北缘裂陷槽富有机质页岩较高，其中西部龙门山、鄂西较东部下扬子地区高。层位上孤峰组、大隆组较龙潭组略高，反映偏海相环境较偏陆相环境有机质含量高。与四川盆地已开发的五峰组—龙马溪组页岩 TOC 相当，甚至略高，显示具有良好的生烃物质基础。按照烃源岩评价标准，已达到好—中等烃源岩。此外，华南海陆过渡相富有机质页岩热演化程度普遍达到高演化阶段，R_o 为 1.1%～3.16%，均处在良好的生气窗，有利于生成干气[28]。

3. 储层特征

鄂尔多斯盆地和四川盆地 30 余口井统计表明：海陆过渡相页岩具备形成优质页岩气储层的基本条件，即存在高 TOC 含量页岩集中段，发育微纳米级孔—缝体系，富含石英等脆性矿物，含气量高，地层压力适中[11]。据鄂尔多斯盆地东缘大吉 51 井，山西组山 2 段页岩厚 40～80m，TOC 含量 1.0%～3.0%，其中潟湖相页岩段 TOC

含量 2%～12%，平均 3.7%。R_o 为 1.5%～2.6%，处于生气高峰阶段。鄂尔多斯盆地东缘大吉 3-4 井山 2 段页岩厚 36m，TOC 含量 1%～12%，其中潟湖相页岩段 TOC 含量 4.2%～15%，平均 5.7%，R_o 为 1.6%～3%，生气潜力大[27]。

海相页岩中有机质孔是优势储集空间孔隙类型之一，海陆过渡相页岩中有机质孔、无机质孔均衡发育，有机质孔隙比例相对海相要低。198 个样品分析结果，海陆过渡相页岩气储层孔隙体积 14.9～26.7μL/g，小于海相页岩 14.3～35.8μL/g，高于陆相页岩 2.4～25.6μL/g。390 个样品分析结果，海陆过渡相页岩气储层孔隙孔径分布 5～11.4nm，其中潟湖相页岩储层孔隙分布 2～50nm。海陆过渡相页岩与海相页岩储层孔隙的孔径相当 4.6～11.1nm，小于陆相页岩储层孔隙孔径 5.8～20.3nm。海陆过渡相页岩孔隙度为 0.7%～6.3%，陆相页岩孔隙度为 2.1%～5.2%[27]。

海陆过渡相页岩黏土矿物含量 30%～60%，石英 + 长石的含量为 30%～40%，其中潟湖相页岩石英 + 长石含量为 30%～62%，平均 38%。海陆过渡相垂向上页岩、粉砂岩、砂岩、煤岩互层，夹于页岩之间的粉砂岩、砂岩夹层可提高可压性。事实上，脆性较低的页岩也可以是优质的产层，如北美 Niobrara 页岩中夹高孔高渗的白垩层为主要产层，阿根廷 Vaca Muerta 页岩脆性指数比 Los Molles 页岩低，但页岩气主要产自 Vaca Muerta 页岩[27]。

页岩渗透率是页岩内部孔隙发育和连通性的重要表征，其影响因素一方面是组成岩石的矿物成分和结构，另一方面也反映了成岩演化过程。我国海陆过渡相页岩渗透率均低于 0.1mD，具有特低渗透特征，与我国南方龙马溪组海相页岩气相似，为页岩气典型特征[28]。

4. 页岩气富集特征

我国两种类型 5 个层系海陆过渡相页岩，均有良好的生烃物质基础。前面所列的页岩热演化和含气性特征，足以说明二叠系页岩经历了充分的生排烃过程；另外，南北方二叠系页岩一进入成熟和高成熟阶段，显示具备页岩气形成的温床。同时，构造抬升及破坏会造成页岩气运移和散失，一方面取决于页岩顶底板，另一方面取决于断裂裂缝构造的发育程度[28]。

三、中国陆相页岩气地质特征

陆相页岩气是指形成于陆相沉积环境下的页岩层系中所含的天然气。这里的页岩并不仅仅指单纯的页岩，也包括页岩中的粉砂岩、细砂岩、粉砂质泥岩及碳酸盐岩等夹层。研究认为，作为陆相页岩气储层必须具备：（1）页岩单层厚度大于其上下其他岩性层（夹层）的厚度；（2）砂岩或其他岩性夹层厚度小于储层总厚度的 30%；（3）页岩总有机碳含量（TOC）大于 0.5%。与海相页岩相比，陆相页岩普遍发育砂岩或粉砂岩夹层，孔隙类型多样，除页岩中的微孔隙、微裂隙外还包括砂岩或粉砂岩夹层中的各类孔隙[29]。

中国陆相富有机质页岩层系分布广泛。从层系看，主要分布在二叠系、上三叠统、下白垩统、古近系和新近系。从地域看，主要分布在鄂尔多斯盆地、松辽盆地、准噶尔盆地和渤海湾盆地等。陆相泥岩、页岩的有机质丰度变化较大，从烃源岩有效性看，TOC 值下限为 0.5%～0.8%、上限为 8%～10% 甚至更高。作为常规油气藏形成的有效烃源岩，TOC 值主要为 0.5%～0.8% 和 2%～3%。高 TOC 值烃源岩虽然也是常规油气藏的主力源岩，但有两个条件限制了它们的贡献：（1）高 TOC 值页岩集中段排烃不畅，效率偏低，唯有当页岩厚度适中且与储层间互时，排烃效率才高；（2）富有机质页岩主要分布在半深湖—深湖区，且地理位置多在盆地向斜低部位，生、储、盖组合与成藏动力都不利于常规油气藏形成，中高 TOC 值页岩应该是页岩气藏形成的主力烃源岩。把页岩和泥岩作为端元，开展成藏差异研究，对指导即将到来的页岩气勘探“甜点”选区和选层评价有重要意义[30]。

综观全球范围，由于中国独特的陆相沉积盆地背景和油气地质条件，陆相页岩气主要形成和分布于中国境内。不同机构采用类比法、容积法 + 体积法等综合方法，对中国陆相页岩气资源进行了估算，但预测结果相差较大。总体看来，中国陆相页岩气地质资源量为 4.25×10^{12}～$35.26\times10^{12}m^3$，可采资源量为 0.5×10^{12}～$7.92\times10^{12}m^3$。其中，延长石油集团自有矿权区块 $2367.5km^2$ 有利面积内陆相页岩气资源量为 $5630\times10^8m^3$。

目前，虽然在鄂尔多斯盆地、四川盆地、南华北盆地和柴达木盆地等地区发现陆相页岩气的存在，钻遇一些工业气流井，单井初始测试产量总体较低且递减很快，无法形成稳定工业产量，不能建立规模产能。自 2011 年以来，仅在鄂尔多斯盆地延长石油矿权区的甘泉—下寺湾地区实施三叠系延长组陆相页岩气工业化生产示范区建设，初步落实陆相页岩气地质储量 $677\times10^8m^3$，建成 $1.18\times10^8m^3/a$ 生产能力，1 口井投入井口发电生产，日产气约 $0.4\times10^4m^3$[31]。

总体看来，陆相页岩气发展仍处于地质评价、“甜点区”评选及工业化探索阶段。陆相页岩气产量高低悬殊，形成规模产量技术是关键。目前尚未实现规模化工业生产突破，勘探开发前景还需持续探索。

1. 分布与沉积特征

中国各主要含油气盆地陆相页岩分布与特征见表 3-5。层位上，陆相页岩气资源主要分布在石炭系、二叠系、三叠系、侏罗系、白垩系和古近系—新近系众多陆相湖盆区；区域上，鄂尔多斯盆地三叠系、四川盆地侏罗系、渤海湾盆地古近系是陆相页岩气发育的有利区。

陆相页岩在沉积机理、组构、化学组成等方面有明显差异。陆相页岩呈纹层结构，沿层面易剥离，受物源输入和季节性气候波动，藻类及其他有机物、碳酸盐、黏土、粉砂级长石和石英及火山灰等分别形成连续纹层。根据鄂尔多斯盆地长 7 段、松辽盆地青山口组和准噶尔盆地风城组等典型陆相页岩的系统研究发现，页岩的结构、构造、矿物构成、有机质类型及含量、沉积机理都有明显差异[20]（表 3–5）。

表 3–5　中国主要含油气盆地陆相页岩分布与特征[10]

地区	页岩层	时代	埋深 m	页岩厚度 m	TOC %	有机质类型	成熟度 R_o %	石英含量 %	黏土矿物含量 %
准噶尔盆地	风城组	P_1f		50～300	0.4～21.0	Ⅰ—Ⅱ$_1$	0.54～1.41		
	夏子街组	P_2x		50～150	0.4～10.8	Ⅰ—Ⅱ$_1$	0.56～1.31		
	乌尔禾组	$P_{2-3}w$		50～450	0.7～12.8	Ⅰ—Ⅱ$_1$	0.80～1.00		
鄂尔多斯盆地	延长组长 7 段	T_3ch_7	1500～2500	30～160	0.3～36.2	Ⅰ—Ⅱ$_1$	0.70～1.00	43～47	24～31
	延长组长 9 段	T_2ch_9		10～15	0.3～11.3	Ⅰ—Ⅱ$_1$	0.90～1.30	29～56	15～27
松辽盆地	青山口组一段	K_2q_1		50～500	0.4～4.5	Ⅰ—Ⅱ$_1$	0.50～1.50		
	青山口组二段和三段	$K_2q_{2\text{-}3}$		25～360	0.2～1.8	Ⅱ	0.50～1.40		
四川盆地	自流井组	$J_{1\text{-}2}zh$	600～4200	189～273	0.2～23.9	Ⅰ—Ⅱ$_1$	1.5～1.8	52～79	10～45
东营凹陷	沙河街组三段	E_3s_3	1500～4200	10～600	0.5～13.8	Ⅰ—Ⅱ$_1$	0.4～1.2	6～35	13～49
	沙河街组四段	E_3s_4	1576～5200	250～350	1.5～9.2	Ⅰ—Ⅱ$_1$	0.4～2.0	5～51	3～46
泌阳凹陷	核桃园组	Eh	＜3000	80～620	2.0～2.98	Ⅰ—Ⅱ$_1$	1.0～1.7	＞50	＜30

陆相页岩层系发育陆源、内源两种沉积模式，形成两类储集体。陆源沉积为主的湖盆在半深湖—深湖环境发育砂质碎屑流、滑塌体、浊流等储集体，内源沉积为主的湖盆在浅湖区发育石灰岩和白云岩等储层，在半深湖—深湖区发育混积岩、凝灰岩、浊流等储集体。钻探揭示无论是陆源碎屑岩储集体，还是混积岩储集体，储层物性并不差，且单井初产较高。受气候韵律性变化和水动力条件变迁、物源混积、有机质絮凝等多因素综合影响，页岩层系广泛发育纹层构造，为页岩气大面积形成与富集创造了条件，显微观察发现不同岩性类型的页岩均发育纹层结构。因此，纹层状页岩具有较好的储集性能，其孔隙分布呈双峰态，微米孔隙发育。总体而言，纹层状、层状、块状页岩的储集性能依次变差，纹层状页岩相是优质储集岩相。

2. 有机地化特征

中国陆相烃源岩主要发育于淡水和咸化湖盆两类环境，这两类湖盆，发育高 TOC 值页岩。鄂尔多斯盆地长 7 段烃源岩是在淡水湖盆中沉积的富有机质页岩，平均厚度 105m，其中页岩占比 30%～50%，长 7^{1+2} 亚段以泥岩为主，长 7^3 亚段是页岩集中段。从实测数据看，页岩 TOC 平均值分别为 13.81%，18.50% 和 16.40%。根据生排烃模拟实验与计算，页岩平均生烃强度为 $249\times10^4t/km^2$，平均排烃强为 $193\times10^4t/km^2$。准噶尔盆地中二叠统芦草沟组烃源岩发育于咸化湖盆，平均厚度 200～300m，其中页岩占比 30%～50%，TOC 值为 5.0%～16.1%（平均 6.1%），渤海湾盆地沧东凹陷古近系孔店组二段页岩 TOC 值为 2.32%～9.23%[20]（平均 4.87%）。

成熟度控制陆相页岩资源的形成。随着热演化程度的增加，陆相页岩层系中固态有机质逐步转化成烃类物质，滞留液态烃量呈先增后减的变化趋势：（1）R_o 值小于 0.5%，固态有机质未转化阶段，滞留液态烃少；（2）R_o 值为 0.5%～1.0%，固态有机质与滞留液态烃并存阶段，未转化有机质为 40%～90%，滞留于页岩中的液态烃占比 5%～60%，是陆相页岩气赋存窗口之一；（3）R_o 值为 1.0%～1.5%，液态烃与气态烃并存阶段，一般油质较轻、气油比较高、地层能量较足，是陆相页岩气赋存的最佳窗口；（4）R_o 值大于 1.5%，天然气大量生成阶段，是陆相页岩气赋存的主要窗口。

3. 储层特征

中国陆相盆地页岩气储层具有源储共生的特征，同时页岩层系中广泛发育陆源碎屑、碳酸盐岩、混积岩等夹层储集体，也为页岩气富集提供了良好的储集空间。以往认为大多油田页岩无储集性能，仅为烃源岩，未作为勘探的目的层，后经研究得出夹层发育对页岩气产出是积极因素。页岩层系中所含大量微米—纳米孔隙是页岩气重要的储集空间，其中页岩气最主要的储集空间类型有粒间孔、晶间孔、有机质孔、溶蚀孔、微裂缝、层理缝等，富有机质纹层状页岩游离油含量高，具有较大孔径、较好连通性等良好的页岩气储集条件，因此，纹层状岩相是页岩气勘探的有利岩相。纳米级喉道连通微米级孔隙形成簇状复杂孔喉单元，具有较好的三维连通性，有效提高了储集性，而页岩气赋存形式和富集程度与页岩储集空间类型及形成机制有很大关系。页岩中游离烃主要赋存在微裂缝和基质孔中，而束缚烃含量受岩相、有机质丰度和成熟度控制。张金川等则根据页岩气的赋存空间、开发生产等条件将页岩气划分为基质含油型、夹层富集型和裂缝富集型 3 类[32]。中国陆相页岩主要表现出基质孔隙度小、孔喉半径小，渗透率低等特点，属于典型的致密储层物性。其中基质孔及裂缝是页岩气赋存的主要储集空间类型，当裂缝十分发育时，渗透率将大大增加，页岩气富集及

采出条件好，有利于页岩气的规模开采，因此现广泛认为页岩气大量存储在纹层、裂缝发育的物性较好的储层中。

4. 页岩气富集特征

陆相湖盆页岩气富集的控制因素有很多，例如高有机质丰度、高热演化程度、好的物性条件、地层超压等。页岩气的富集不受浮力作用控制，属于非常规油气资源，具有储层物性致密、源内分布、突破常规的二级构造带圈闭理论等特点，页岩气没有明显的油水界面和圈闭界限，因此在研究页岩气形成条件时不需要考虑其运移模式与输送体系。例如，鄂尔多斯盆地致密砂岩储集体与烃源岩互邻共生，在异常高压的持续作用下，油气就近持续充注，形成了大面积连续分布的高含气饱和度页岩气藏。中国石油总结出了 3 种页岩气源储组合，分别为源储一体型、源储分异型、纯页岩型，现均已获油气发现。页岩气一般由本套烃源岩生成，运移过来的外来气很难在本套页岩层系中聚集并具有普遍含气性。根据 Tissot 模型，从腐泥型（Ⅰ型）干酪根到腐殖型（Ⅲ型）干酪根，有机质的生油能力逐渐减弱。陆相半深湖、深湖相是页岩气生成并聚集的有利沉积相环境，因此，盆地沉降与沉积中心以及斜坡凹陷区往往是页岩气形成与富集的有利区域。

岩性变化快是陆相地层显著区别于海相地层的一个重要特征，陆相页岩气层系也存在该特征：页岩层系纵向上岩性变化快，呈薄互层状，单层厚度薄。实验测试发现，页岩层系水平渗透率是垂向渗透率的数十倍至数百倍，利于源内页岩气横向规模运移聚集。以上地质条件导致在储集性能好、烃源品质佳的层段，可形成范围较广的优质烃类富集甜点段，而甜点段上下相邻层段则含油性较差。如准噶尔盆地吉木萨尔凹陷芦草沟组厚度为 246.21m，发育 968 层 54 种岩性，单层厚度平均为 0.25m，以粉细砂岩和泥岩为主，含油显示心长 53.15m（198 层 39 种岩性），显示段厚度占地层厚度的 22%。平面上，鄂尔多斯盆地长 7 段甜点区面积达到 8000～10000km^2，准噶尔盆地吉木萨尔凹陷芦草沟组甜点区面积为 780km^2。

第二节 中国页岩气资源评价

中国拥有众多含油气盆地和类型丰富、分布广泛的泥页岩层系，页岩气资源十分丰富。为宏观了解中国页岩气资源分布状况，本节应用我国现阶段页岩气资源评价技术规范、参数体系与评价标准，从盆地 / 地域、层系、类型和重点探区等方面多层次展示中国页岩气资源分布特征与潜力。

一、页岩气资源评价方法与标准

为揭示中国页岩气资源规模和分布，必须建立相应的评价方法与标准。为此，中国石油第四次资源评价课题组和“十二五”国家油气重大专项课题“页岩气重点地区资源评价”专家组根据我国页岩气地质条件和勘探开发程度制定一套页岩气资源评价方法与参数标准，为摸清中国陆上埋深500～4500m的页岩气资源家底提供了技术支持。

1. 资源评价方法

根据我国页岩气地质特征与勘探开发实践，确定页岩气资源评价方法体系由5种资源量估算方法和1种资源量汇总法共同构成，包括成因法、类比法、EUR法、容积法、总含气量法和特尔菲法（表3–6）。其中，类比法、容积法和含气量法是使用较广泛的方法，用于所有重点盆地（或地区）有利区（埋深500～4500m）页岩气资源估算，EUR法主要用于长宁—威远、昭通和涪陵三个页岩气示范区（埋深500～4500m）资源量精算，成因法则针对少数缺少含气量、富有机质分布数据的盆地进行资源量概算，最后应用特尔菲法对在以上所有/部分方法计算资源量进行综合汇总分析，并得到每个盆地（或地区）最终较可信的资源量。

表3–6　中国重点地区页岩气资源评价方法体系表

序号	方法种类	方法原理或主要特色	计算公式	适用条件	文献
1	成因法	依据有机生烃模拟结果和烃类运聚理论，利用总生气量减去排气量进而得到滞留量（即资源量）	$Q=Q_{总生气量}(1-K_{排})=0.01$ $Sh\rho\cdot \mathrm{TOC}\cdot C_g(1-K_{排})=0.01$ $(Sh\rho\cdot \mathrm{TOC})(C_oO_g+K_g)(1-K_{排})$	低勘探程度区	[1]
2	容积法	根据页岩气赋存状态，通过计算富有机质页岩中游离气量和吸附气量两项之和而得到资源量	$Q=Q_{游}+Q_{吸}$ $Q=\dfrac{Sh\phi S_g}{B_g}+Sh\rho C_s$	有评价井的中低勘探程度区	[1]
3	类比法	由已知页岩气区单位面积页岩气资源丰度，类比确定评价区单位面积页岩气丰度，然后估算整个评价区页岩气资源量	$Q=\sum_{i=1}^{n}(S_i f_i a_i)$	低勘探程度区	[1]
4	总含气量法	根据重点井总含气量数据，利用体积法计算资源量	$Q=Sh\rho C_t$	有评价井的中低勘探程度区	[1]

续表

序号	方法种类	方法原理或主要特色	计算公式	适用条件	文献
5	EUR 法	根据重点井生产数据计算单井最终可采资源量（EUR），再据单井泄气面积预测评价单元钻井数，进而估算评价区页岩气资源量	$Q=N \cdot \mathrm{EUR}$	有生产井的页岩气区	［1］
6	特尔菲法	将上述 5 种方法计算结果进行汇总计算评价区资源量，评价结果以概率分布表示	$Q=\sum_{i=1}^{n} Q_i \times b_i$	新区和勘探成熟区	

注：Q—评价区页岩气资源量，$10^8\mathrm{m}^3$；$Q_{总生气量}$—评价区页岩总生气量，$10^8\mathrm{m}^3$；S—评价单元面积，km^2；h—评价单元富有机质页岩厚度，m；ρ—评价单元富有机质页岩岩石密度，$\mathrm{g/cm}^3$；TOC—评价单元富有机质页岩有机碳含量，%；C_g—页岩有机质总产气率，m^3/kg；C_o—页岩有机质总液态烃产率，kg/kg；O_g—原油裂解产气率，m^3/kg；K_g—干酪根产气率，m^3/kg；$K_{排}$—评价单元页岩排烃率，%；$Q_{游}$—评价单元中游离气资源量，$10^8\mathrm{m}^3$；$Q_{吸}$—评价单元中吸附气资源量，$10^8\mathrm{m}^3$；ϕ—评价单元富有机质页岩总孔隙度，%；S_g—评价单元富有机质页岩含气饱和度，%；B_g—页岩气压缩因子；C_s—评价单元富有机质页岩吸附气含量，m^3/t（岩石）；C_t—评价单元富有机质页岩总含气量，m^3/t（岩石）；S_i—第 i 个评价单元面积，km^2；f_i—第 i 个评价单元所对应的刻度区页岩气资源丰度，$10^8\mathrm{m}^3/\mathrm{km}^2$；$a_i$—第 i 评价单元所对应的刻度区相似系数，$0<a_i\leqslant 1$；n—评价单元个数；N—评价单元中预测的最终生产井数，口；EUR—评价单元中单井 EUR 值，$10^8\mathrm{m}^3$/口；Q_i—第 i 种方法估算的评价区页岩气资源量，$10^8\mathrm{m}^3$；b_i—第 i 种方法的权重系数，$0<b_i\leqslant 1$，$\sum_{i=1}^{n} b_i=1$。

2. 我国页岩气有利区评价标准

1）页岩气有利层段 / 区确定条件与下限标准

中国海相、海陆过渡相—湖沼相和湖相三类页岩气资源分布广，但富集条件和资源品质差异大，主要表现为：海相富有机质岩一般具有连续分布（连续段厚度 20～100m）、岩相总体较均质、TOC 含量高（平均值一般 3%～4%）等典型特征，有机质类型以Ⅰ—Ⅱ型为主，热演化程度适中（R_o 介于 1.5%～3.5%），处在热裂解成气阶段，成气潜力最好［2］；过渡相—湖沼相煤系富有机质页岩一般分布不连续且横向变化快，仅局部存在，厚 5～30m，多为砂泥互层，TOC 含量平均值多小于 2%，有机质类型以Ⅲ型为主，热演化程度适中（R_o 介于 1.0%～2.5%），处于生气高峰阶段，具较好成气潜力；湖相富有机质页岩一般具有准连续分布、厚度大（连续段厚度 20～70m）夹砂岩且岩相横向变化快、TOC 含量变化大（一般介于 1.2%～6.0%，平均值 2%～3%）等典型特征，有机质类型以Ⅰ—Ⅱ型为主，主体处于生油阶段（R_o 介于 0.6%～1.3%），局部达生气范围。针对三类页岩气富集条件和资源特点，本书制定了我国页岩气有利层段 / 区确定条件与下限标准（表 3-7），以此作为中国重点地区页岩气资源量估算和有利区评价的指导标准。

表 3-7　我国页岩气有利层段 / 区确定条件与下限标准表

参数	海相页岩气	过渡相—湖沼相煤系页岩气	湖相页岩气
有机碳含量，%	>2.0	>1.0	>1.0
成熟度（R_o），%	Ⅰ—Ⅱ$_1$>1.1　Ⅱ$_2$>0.9　Ⅲ>0.9		
脆性矿物含量，%	>40	>40	>40
黏土矿物含量，%	<30	<40	<40
孔隙度，%	>2	>2	>2
渗透率，mD	>100	>100	>100
含气量，m^3/t	>2.0	>1.0	>1.0
直井初期日产，10^4m^3	1.0	0.5	0.5
含水饱和度，%	<45	<45	<45
资源丰度，$10^8m^3/km^2$	>2.0	>2.0	>2.0
单井 EUR	0.3	0.3	0.3
地层压力	常压—超压	常压—超压	常压—超压
有效页岩连续厚度，m	>30	>15	>15
夹层厚度，m	<1.0	<3.0	<3.0
砂地比，%	<30	<30	<30
顶底板岩性及厚度，m	非渗透性岩层，>10	非渗透性岩层，>10	非渗透性岩层，>10
保存条件	构造稳定、改造程度低		

2）海相页岩气分级评价标准

海相页岩气是我国非常规油气勘探开发的现实领域，根据美国30余年页岩气勘探开发经验和研究成果，页岩气有效资源主要分布在富集区或“甜点区”。因此，确定海相页岩气资源富集区是页岩气勘探评价的关键。中国海相页岩气勘探处于起步阶段，选区评价尚属于探索过程，需要建立资源有利区、富集区与“甜点区”等分级评价标准。

与北美地台页岩气形成和富集条件对比，中国海相页岩气有利区地质条件更复杂，主要表现为：构造复杂，经历过多期次改造；处于高—过成熟演化阶段，部分层系甚至出现大面积有机质炭化现象[3]；目的层在盆地内部埋深大，在盆地外部因出露

地表而保存条件存在风险。根据我国海相页岩气地质条件和近几年勘探开发成果，并结合北美页岩气有利区评价标准，本书在考虑地质、地表、管网等多项因素基础上建立我国海相页岩气有利区三级评价标准（表 3–8），其中：

表 3–8　海相页岩气有利区分级评价标准

参数		Ⅰ类	Ⅱ类	Ⅲ类
黑色页岩系统厚度，m		＞50	30～50	＜30
富有机页岩厚度，m		＞30	20～30	＜20
地化指标	TOC，%	＞3	2～3	＜2
	R_o，%	1.1～3	3.0～3.5	＞3.5
	有机质类型	Ⅰ—Ⅱ$_1$	Ⅱ$_2$	Ⅲ
储层指标	脆性矿物含量，%	＞55	40～55	＜40
	孔隙类型	基质孔隙和裂缝	基质孔隙为主，少量裂缝	基质孔隙
	孔隙度，%	＞4	2～4	＜2
	裂缝孔隙度，%	＞0.5	0.1～0.5	＜0.1
	含气量，m^3/t	＞3	1.5～3	＜1.5
构造与保存条件		稳定区，存在区域盖层，无通天断层	较稳定区，区域盖层部分剥蚀，通天断层不发育	改造区，页岩地层出露，通天断层发育
压力系数		＞1.4	1.2～1.4	＜1.2
电阻率，Ω·m		＞20	2～20	＜2
埋深，m		1500～3500	500～1500，或 3500～4500	＜500，或 3500～4500
地表		平原，丘陵	山间平坝	高山深谷区 湖泊，沼泽
管网		区内有管网	距离管网较近	距离管网远

Ⅰ类区，即页岩气勘探核心区或“甜点区”，一般需要满足 5 项标准：（1）页岩有机质含量大于 3%，有机质成熟度介于 1.1%～3.0%（富有机质页岩段电阻率在 20Ω·m 以上），可保证页岩中有足够含气量；（2）脆性矿物含量高，石英、长石等矿物含量大于 55% 和黏土矿物含量小于 30%，具有低水敏性，可保证容易压裂形成裂缝系统；（3）基质孔隙和微裂缝发育，孔隙度大于 4%，可保证有较大储气空间以及

流动性；（4）富有机质页岩厚度大于30m、埋藏深度适中（介于1500～3500m）、面积大于500km^2，且构造稳定、保存条件有利，含气页岩段超高压（压力系数在1.4以上）；（5）地表平坦（一般为平原和丘陵）、水资源丰富，区内具有管网设施，可保证页岩气开采有经济效益。

Ⅱ类区，即较有利区，其评价标准较Ⅰ类区略有降低，具体表现为：（1）富有机质页岩具备较高有机质丰度（即TOC含量一般在2.0%以上）、处于高热成熟度阶段（R_o介于3.0%～3.5%，富有机质页岩段电阻率介于2～20Ω·m）；（2）具有较高脆性程度，石英、长石等矿物含量介于40%～55%，黏土矿物含量介于30%～45%；（3）基质孔隙为主，含少量裂缝，孔隙度介于2%～4%；（4）富有机质页岩厚度介于20～30m，且构造较稳定、保存条件较有利，含气层段存在超压（压力系数介于1.2～1.4），埋藏深度介于500～1500m或3500～4500m；（5）地表较平坦（至少为山间平坝），水资源较丰富，距离管网较近。

Ⅲ类区，即风险区，具有一定资源但页岩气赋存条件和实施勘探开发的技术条件总体较差，主要指标较Ⅱ类差，勘探风险大，主要表现为：（1）黑色页岩TOC含量<2.0%、热成熟度R_o>3.5%（即有机质已进入生烃衰竭的炭化阶段，富有机质页岩段电阻率在2Ω·m以下[3]）；（2）脆性较差，石英、长石等矿物含量<40%和黏土矿物含量>45%；（3）基质孔隙为主，孔隙度一般低于2%；（4）富有机质页岩厚度较小（一般低于20m），处于构造强改造区且保存条件较差，含气层段常压或低压（压力系数低于1.2），埋藏深度浅于500m或介于3500～4500m。除地质条件外，地表条件总体较差（一般为高山深谷区、湖泊或沼泽地带），且距离管网远。

二、中国页岩气资源分布

1. 重点盆地（或地区）页岩气资源分布

中国陆上埋深500～4500m的页岩气有利区面积约43.28×10^{4}km^2（表3-9），页岩气总资源量为地质资源量80.45×10^{12}m^3、可采资源量12.85×10^{12}m^3，主要分布于松辽盆地、渤海湾盆地、鄂尔多斯盆地、四川盆地、吐哈盆地、准噶尔盆地、塔里木盆地、渝东—湘鄂西、滇黔桂、中扬子和下扬子等11个盆地或地区。其中四川盆地页岩气规模最大，地质资源量达44.39×10^{12}m^3，占55.2%，其次为鄂尔多斯盆地、渝东—湘鄂西、中扬子和滇黔桂，地质资源量分别为7.73×10^{12}m^3，7.60×10^{12}m^3，7.05×10^{12}m^{3}和6.15×10^{12}m^3，占比分别为9.7%，9.4%，8.8%和7.6%，其他6个盆地或地区资源规模较小，地质资源量一般介于0.3×10^{12}～3×10^{12}m^3（表3-9）。

表 3-9 中国重点盆地（或地区）页岩气资源量预测表

地区 / 盆地	层系	面积 km^2	地质资源量，$10^{12}m^3$			技术可采资源量，$10^{12}m^3$		
			区间值		期望值	区间值		期望值
			P95	P5	P50	P95	P5	P50
松辽	K_1qn	4506	0.26	1.3	0.9	0.03	0.13	0.09
渤海湾	C—P，Es_{3-4}	15961	2.1	2.61	2.03	0.22	0.28	0.22
鄂尔多斯	C—P，T_3y	109163	5.47	9.18	7.78	0.65	1.05	0.9
四川	Z—S，P，T_3x，J	146412	36.56	49.05	44.39	6.23	7.85	7.16
吐哈	J	1222	0.26	0.32	0.3	0.03	0.03	0.03
准噶尔	P，J	3046	0.43	0.96	0.8	0.04	0.1	0.08
塔里木	J	1689	0.35	0.53	0.5	0.03	0.05	0.05
渝东—湘鄂西	Z—S	29906	6.9	8.25	7.6	1.38	1.65	1.52
滇黔桂	Z—C	47574	5.6	6.65	6.15	1.12	1.33	1.23
中扬子	€、S	17565	6.06	7.64	7.05	0.96	1.2	1.11
下扬子	€、S	55757	2.59	3.28	3	0.41	0.51	0.47
合计		432801	66.58	89.78	80.45	11.1	14.18	12.85

2. 主要层系页岩气资源分布

从地层时代分布看，中国陆上页岩气资源主要赋存于古近系、白垩系、侏罗系、三叠系、石炭系—二叠系和下古生界（寒武系—志留系）地层中。其中，寒武系—志留系、石炭系—二叠系和三叠系资源规模居前三，地质资源量分别为 $44.13 \times 10^{12}m^3$，$20.51 \times 10^{12}m^3$ 和 $11.42 \times 10^{12}m^3$，占比分别为 54.9%，25.5% 和 14.2%。其他 3 套层系资源规模较小，地质资源量介于 0.51×10^{12}～$2.74 \times 10^{12}m^3$（表 3-10）。

表 3-10 中国重点盆地（或地区）分层系页岩气资源量预测表

层系	面积 km^2	黑色页岩厚度 m	地质资源量，$10^{12}m^3$			技术可采资源量，$10^{12}m^3$		
			P95	P5	期望值（P50）	P95	P5	期望值（P50）
E	1358	30～130	0.15	0.74	0.51	0.01	0.07	0.05
K	4506	10～70	0.26	1.30	0.89	0.03	0.13	0.09

续表

层系	面积 km^2	黑色页岩厚度 m	地质资源量，$10^{12}m^3$			技术可采资源量，$10^{12}m^3$		
			P95	P5	期望值（P50）	P95	P5	期望值（P50）
J	18095	10～200	1.05	4.14	2.74	0.11	0.43	0.29
T	61418	10～50	8.48	13.27	11.42	0.85	1.33	1.14
C—P	191940	10～150	16.46	22.83	20.51	1.97	2.73	2.45
€—S	147964	30～200	40.08	47.74	44.13	8.02	9.55	8.82
合计	432801		66.58	89.78	80.45	11.10	14.18	12.85

3. 主要类型页岩气资源分布

1）陆相页岩气资源分布

中国陆相页岩气主要分布于松辽盆地、渤海湾盆地、鄂尔多斯盆地、四川盆地、吐哈盆地、准噶尔盆地和塔里木盆地等 7 个盆地的中生界和古近系—新近系，总资源量为地质 $16.56 \times 10^{12}m^3$、可采 $1.66 \times 10^{12}m^3$（表 3–11）。四川盆地陆相页岩气规模最大，分布于三叠系和侏罗系，地质资源量达 $11.38 \times 10^{12}m^3$，占中国陆相页岩气资源的 68.7%，其次为鄂尔多斯盆地、渤海湾盆地、松辽盆地和准噶尔盆地等 4 个盆地，地质资源量分别为 $1.5 \times 10^{12}m^3$，$1.2 \times 10^{12}m^3$，$0.9 \times 10^{12}m^3$ 和 $0.8 \times 10^{12}m^3$，占比分别为 9.1%，7.2%，5.4% 和 4.8%。吐哈盆地和塔里木盆地资源规模较小，地质资源量分别为 $0.3 \times 10^{12}m^3$ 和 $0.5 \times 10^{12}m^3$。

表 3–11　中国重点盆地（或地区）陆相页岩气资源量预测表

地区 / 盆地	层系	面积 km^2	厚度 m	地质资源量，$10^{12}m^3$			技术可采资源量，$10^{12}m^3$		
				区间值		期望值	区间值		期望值
				P95	P5	P50	P95	P5	P50
松辽	K_1qn	4506	10～70	0.26	1.3	0.9	0.03	0.13	0.09
渤海湾	Es^{3-4}	8391.31	30～130	1.45	1.73	1.2	0.15	0.17	0.12
鄂尔多斯	T_3y	9393	10～40	0.43	2.38	1.5	0.04	0.24	0.15
四川	J_1	12466	10～80	0.43	2.38	1.5	0.04	0.24	0.15
	T_3x	52025	5～50	8.05	10.82	9.88	0.8	1.08	0.99
吐哈	J	1222	30～200	0.26	0.32	0.3	0.03	0.03	0.03

续表

地区 / 盆地	层系	面积 km²	厚度 m	地质资源量，$10^{12}m^3$			技术可采资源量，$10^{12}m^3$		
				区间值		期望值	区间值		期望值
				P95	P5	P50	P95	P5	P50
准噶尔	J	2430	10～80	0.35	0.42	0.4	0.03	0.04	0.04
	P_2	616	10～100	0.09	0.54	0.4	0.01	0.05	0.04
塔里木	J	1689	30～200	0.35	0.53	0.5	0.03	0.05	0.05
合计		92738	10～200	11.65	20.41	16.56	1.16	2.04	1.66
占全国比例，%		21		17	22	21	10	14	13

2）海陆过渡相页岩气资源分布

中国海陆过渡相页岩气主要分布于渤海湾、鄂尔多斯、四川和南方其他探区的石炭系—二叠系含煤页岩中，地质资源量为 $19.79\times10^{12}m^3$、技术可采资源量为 $2.37\times10^{12}m^3$（表 3–12）。其中，鄂尔多斯盆地、四川盆地和南方其他探区页岩气规模较大，地质资源量分别为 $6.24\times10^{12}m^3$，$7.32\times10^{12}m^3$ 和 $5.41\times10^{12}m^3$，占比分别为 31.5%，37.0% 和 27.3%。渤海湾盆地资源规模最小，地质资源量仅 $0.83\times10^{12}m^3$。

表 3–12　中国重点盆地（或地区）海陆过渡相页岩气资源量预测表

地区 / 盆地	层系	面积 km²	厚度 m	地质资源量，$10^{12}m^3$			技术可采资源量，$10^{12}m^3$		
				区间值		期望值	区间值		期望值
				P95	P5	P50	P95	P5	P50
四川	P	34462	7～50	5.98	8.05	7.32	0.72	0.97	0.88
南方其他	P	52000	10～150	4.4	5.92	5.41	0.53	0.71	0.65
鄂尔多斯	C—P	99770	10～60	5.05	6.81	6.24	0.61	0.82	0.75
渤海湾	C—P	7570	10～50	0.65	0.88	0.83	0.08	0.11	0.1
合计		193802	7～150	16.08	21.66	19.79	1.93	2.6	2.37
占全国比例，%		45		24	24	25	17	18	18

3）海相页岩气资源分布

中国海相页岩气资源主要分布于南方的古生界页岩地层中，有利区则分布于四川盆地、滇黔桂、渝东—湘鄂西、中扬子和下扬子等 5 大探区，地质资源量为

$44.05\times10^{12}m^3$、技术可采资源量$8.82\times10^{12}m^3$，地质资源量占全国总资源量55%（表3–13）。四川盆地海相页岩气资源规模最大，分布于震旦系至志留系页岩地层中，地质资源量达$25.7\times10^{12}m^3$，在海相页岩气资源占比达58.3%，其次为渝东—湘鄂西、滇黔桂和中扬子等3个探区，地质资源量分别为$7.6\times10^{12}m^3$，$6.15\times10^{12}m^3$和$3.26\times10^{12}m^3$，占比分别为17.2%，13.9%和7.4%。下扬子地区页岩气资源规模最小，地质资源量仅$1.39\times10^{12}m^3$。

表3–13　中国重点盆地（或地区）海相页岩气资源量预测表

地区／盆地	层系	面积 km^2	厚度 m	地质资源量，$10^{12}m^3$			技术可采资源量，$10^{12}m^3$		
				区间值		期望值	区间值		期望值
				P95	P5	P50	P95	P5	P50
四川	Z—S	48872	40～220	23.3	27.8	25.7	4.66	5.56	5.14
滇黔桂	Z—C	43881	40～220	5.6	6.65	6.15	1.12	1.33	1.23
渝东—湘鄂西	Z—S	29406	40～260	6.9	8.25	7.6	1.38	1.65	1.52
中扬子	€，S	17145	30～120	2.98	3.5	3.26	0.6	0.7	0.65
下扬子	€，S	6957	40～200	1.27	1.5	1.39	0.25	0.3	0.28
合计		146261	30～260	40.05	47.7	44.1	8.01	9.54	8.82
占全国比例，%		34		59	53	55	72	67	69

中上扬子地区海相页岩气赋存条件与美国页岩气田具有较大相似性，是我国页岩气勘探开发主战场，其中下志留统龙马溪组（含上奥陶统五峰组）和下寒武统筇竹寺组是页岩气勘探主力层系。评价结果显示：

在中上扬子地区，上奥陶统五峰组至下志留统龙马溪组和筇竹寺组拥有有利区58个，面积$9.65\times10^4km^2$，资源规模为：地质资源量$34.26\times10^{12}m^3$、可采资源量$6.85\times10^{12}m^3$，占全国比例为：地质资源量42.6%、可采资源量53.3%。

中上扬子地区上奥陶统五峰组至下志留统龙马溪组拥有页岩气有利区28个，面积$4.96\times10^4km^2$，地质资源量$25.64\times10^{12}m^3$、可采资源量$5.12\times10^{12}m^3$（图3–21，表3–14）。其中，Ⅰ类区6个，面积$2.38\times10^4km^2$，资源量规模为：地质资源量$16.67\times10^{12}m^3$、可采资源量$3.33\times10^{12}m^3$；Ⅱ类区13个，面积$1.65\times10^4km^2$，资源量规模为：地质资源量$7.50\times10^{12}m^3$、可采资源量$1.50\times10^{12}m^3$；Ⅲ类区9个，面积$0.94\times10^4km^2$，资源量规模：地质资源量$1.47\times10^{12}m^3$、可采资源量$0.29\times10^{12}m^3$。

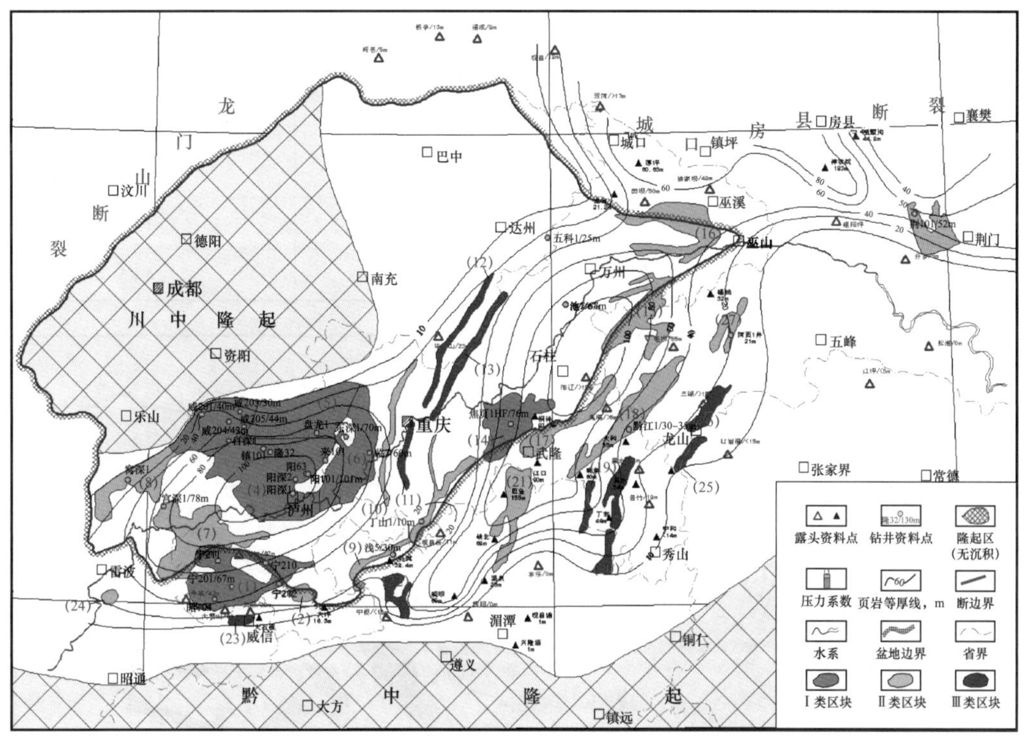

图 3-21　中上扬子地区五峰组—龙马溪组页岩气有利区综合评价图

中上扬子地区筇竹寺组拥有页岩气有利区 30 个，面积 $4.68\times10^4km^2$，资源量为：地质资源量 $8.63\times10^{12}m^3$、可采资源量 $1.73\times10^{12}m^3$（图 3-22，表 3-14）。其中：Ⅰ类区无；Ⅱ类区 1 个，面积 $0.62\times10^4km^2$，资源量规模为：地质资源量 $2.78\times10^{12}m^3$、可采资源量 $0.56\times10^{12}m^3$；Ⅲ类区 29 个，面积 $4.06\times10^4km^2$，资源量规模为：地质资源量 $5.85\times10^{12}m^3$、可采资源量 $1.17\times10^{12}m^3$。

表 3-14　中上扬子地区重点层系页岩气资源量汇总表

层系	资源级别	面积，km^2	地质资源量，$10^{12}m^3$	可采资源量，$10^{12}m^3$
五峰组—龙马溪组	Ⅰ类	23753	16.67	3.33
	Ⅱ类	16460	7.50	1.50
	Ⅲ类	9400	1.47	0.29
	小计	49613	25.64	5.12
筇竹寺组	Ⅰ类			
	Ⅱ类	6244	2.78	0.56
	Ⅲ类	40600	5.85	1.17
	小计	46844	8.63	1.73

续表

层系	资源级别	面积，km^2	地质资源量，$10^{12}m^3$	可采资源量，$10^{12}m^3$
合计	Ⅰ类	23753	16.67	3.33
	Ⅱ类	22704	10.28	2.06
	Ⅲ类	50000	7.32	1.46
	小计	96457	34.26	6.85

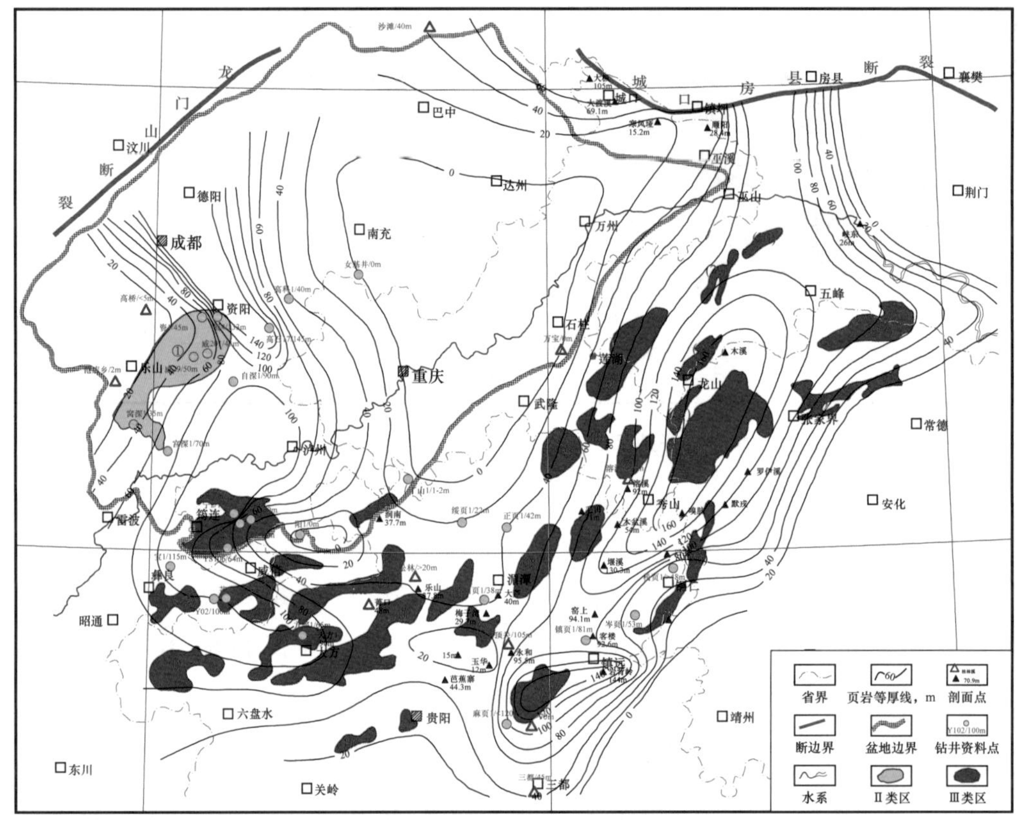

图 3-22　中上扬子地区下寒武统筇竹寺组页岩气有利区综合评价图

4. 四川盆地海相页岩气资源分布

四川盆地海相页岩气资源规模大，且已取得勘探突破，因此是我国页岩气增储上产的现实领域。根据中国石油第四次资源评价结果，四川盆地海相页岩气主要分布于上奥陶统五峰组至下志留统龙马溪组、筇竹寺组等 2 套富有机质页岩中，可供开发的有利资源主要赋存于埋深浅于 4500m 的 19 个有利区（其中志留系 16 个、寒武系 3 个），有利勘探面积 $4.89\times10^4km^2$，地质资源量 $25.69\times10^{12}m^3$，可采资源量 $5.14\times10^{12}m^3$（表 3-15）。

表 3-15　四川盆地海相页岩气有利区评价结果表

层位	评价级别	区块名称	面积 km^2	有效厚度 m	孔隙度 %	埋深 m	含气量 m^3/t	地质资源量 10^8m^3	可采资源量 10^8m^3
龙马溪组	Ⅰ类	长宁	4493	40～80	3.4～8.2/5.4	2000～4500	2.3～5.0/3.5	19657	3931
		威远	2790	20～60	3.9～6.7/5.3	2600～4500	2.9～4.4/3.0	11160	2232
		富顺—永川	6660	80～100	3.0～7.0/4.2	3000～4500	2.3～5.0/3.5	74925	14985
		涪陵	2340	60～90	1.2～7.2/4.5	2200～4500	3.5～6.4/4.5	14333	2867
		内江—大足	3790	40～80	3.4～8.2/5.4	2000～3500	2.3～6.4/3.5	18950	3790
		璧山—江津	3680	40～80	3.4～8.2/5.4	2600～4500	2.3～6.4/3.5	27600	5520
		小计	23753	20～80	1.2～8.2	2000～4500	2.3～6.4	166624	33325
	Ⅱ类	石柱—利川	2360	60～100	1.2～7.2/4.5	2200～4500	2.0～3.5/2.8	11564	2313
		巫山—巫溪	1660	20～60	1.2～7.2/4.5	4000～4500	2.2～5.4/3.0	4980	996
		叙永	300	20～40	3.4～8.2/5.4	2000～3000	2.0～3.5/2.8	630	126
		江安—水富—屏山	3340	60～100	3.4～8.2/5.4	2000～3500	2.4～5.0/3.5	25050	5010
		犍为—马边	1910	10～50	3.4～8.2/5.4	3500～5000	2.0～3.5/2.8	2674	535
		南川—綦江—习水	1470	20～30	3.4～8.2/5.4	1200～4500	2.0～3.5/2.8	2058	412
		江津东线状区块	790	20～40	3.4～8.2/5.4	4000～4500	2.5～5.0/3.5	2074	415
		小计	11830	10～100	1.2～8.2	1200～4500	2.0～5.4	49030	9806
	Ⅲ类	綦江北线状区块	400	20～30	3.4～8.2/5.4	4000～4500	2.5～5.0/3.5	875	175
		江北—邻水	810	20～30	3.4～5.7	3500～4350	2.0～3.5/2.8	1134	227
		长寿—垫江	980	20～30	3.4～5.7	3800～4500	2.0～3.5/2.8	1715	343
		小计	2190	20～30	3.4～8.2	3500～4500	2.0～5.0	3724	745
筇竹寺组	Ⅱ类	威远	6244	20～140	1.2～2.5/1.7	2600～4500	2.0～3.2/2.8	27798	5560
		小计	6244	20～140	1.2～2.5/1.7	2600～4500	2.0～3.2/2.8	27798	5560
	Ⅲ类	长宁	3525	70～100	1.5～2.5	2000～4500	1.8～2.5/2.0	6539	1308
		古蔺—习水	1330	80～100	0.95～1.25/1.1	1500～2500	2.0～3.0/2.5	3172	634
		小计	4855	70～100	0.95～2.5	1500～4500	1.8～2.5	9711	1942
合计			48872	10～140	0.95～8.2	1200～4500	1.8～6.4	256887	51377

上奥陶统五峰组至下志留统龙马溪组为四川盆地页岩气资源规模最大层系，页岩气有利区面积$3.78\times10^4km^2$，地质资源量为$21.94\times10^{12}m^3$、可采资源量为$4.39\times10^{12}m^3$（表3–15，图3–21），占四川盆地海相页岩气资源规模的85.4%。其中：

Ⅰ类区6个，分别为长宁、威远、富顺—永川、涪陵、内江—大足和璧山—江津，总面积$2.38\times10^4km^2$，资源规模为：地质资源量$16.67\times10^{12}m^3$、可采资源量$3.33\times10^{12}m^3$。其中川南坳馅资源规模最大，拥有地质资源量$15.23\times10^{12}m^3$、可采资源量$3.05\times10^{12}m^3$，在Ⅰ类区占比高达91.3%。

Ⅱ类区7个，分别为石柱—利川、巫山—巫溪、叙永、江安—水富—屏山、犍为—马边、南川—綦江—习水和江津东线状区块，总面积$1.18\times10^4km^2$，资源规模为：地质资源量$4.90\times10^{12}m^3$、可采资源量$0.98\times10^{12}m^3$。其中川南资源规模为地质资源量$3.25\times10^{12}m^3$、可采资源量$0.65\times10^{12}m^3$，在Ⅱ类区占比达66.3%。

Ⅲ类区3个，面积$0.21\times10^4km^2$，地质资源量$0.37\times10^{12}m^3$、可采资源量$0.07\times10^{12}m^3$。

筇竹寺组页岩气资源规模总体较小，有利区仅3个，分别为威远、长宁、古蔺—习水区块，面积$1.11\times10^4km^2$，地质资源量$3.75\times10^{12}m^3$、可采资源量$0.75\times10^{12}m^3$（表3–15，图3–22），仅占四川盆地海相页岩气资源规模的14.6%。其中威远区块为Ⅱ类区，面积$0.62\times10^4km^2$，地质资源量$2.78\times10^{12}m^3$、可采资源量$0.56\times10^{12}m^3$；长宁和古蔺—习水区块均为Ⅲ类区，面积分别为$0.35\times10^4km^2$和$0.13\times10^4km^2$，地质资源量分别为$0.65\times10^{12}m^3$和$0.32\times10^{12}m^3$。

第三节　中美页岩气对比分析

美国页岩气革命取得巨大成功，储量产量保持快速增长，2019年下半年基本实现了能源独立。在政府的大力推动下，通过国家石油公司的积极实践，中国页岩气短期内快速实现了重大突破，成为继美国和加拿大之后第三个具有商业化开发页岩气能力的国家。与美国页岩气相比，中国的页岩气存在多个方面的不同：（1）发展经历不同；（2）地质特征不同，包括页岩气层系分布不均，北美页岩气多发育于泥盆系—石炭系，而中国以寒武系、志留系为主，年代较老；资源禀赋不同；工业化页岩气层系的R_o区间值不同；中国页岩气盆地构造复杂，美国页岩气盆地构造背景相对简单；（3）中美页岩气开发技术不同，北美以张性盆地为主，超压与常压均发育，而中国页岩气盆地应力差大，以超压为主；（4）地表特征不同，中国人口密度大，山高坡陡，环境容量有限；（5）中美页岩气潜力与前景不同。

一、中国页岩气地质特殊性

与美国页岩气地质特征相比，中国页岩气地质特征有一定特殊性，具体包括如下

方面：

（1）仅志留系龙马溪组获得商业化开采，其他层系尚待突破。

美国的页岩气具有多盆地、多层系发展的特征，页岩气在阿巴拉契亚盆地、福特沃斯盆地等多个盆地，在寒武系、奥陶系、泥盆系、石炭系、二叠系、侏罗系、白垩系均有发育。同时，在大型盆地中可在多套层系中发育优质页岩气层系，具有多旋回富集的特征。例如，阿巴拉契亚盆地内，奥陶系 Uitca 页岩、奥陶系 Ohio 页岩、泥盆系 Marcellus 页岩均已实现商业化开采。其中 Marcellus 页岩是美国目前储量最大、年产量最高的页岩气层系（表 3-16）。此外，美国页岩层系逐渐呈现超级盆地既富气、又富油、分布面积大、资源量大的特征。例如，二叠盆地 Wolfcamp 是超大型页岩层组，既产油、又产气，支撑了美国页岩气革命与“能源独立”，对美国的天然气工业具有重大意义。

表 3-16　美国主要盆地页岩气层系相关参数 [36]

盆地	经济页岩气层组	时代	面积 10^4km^2	深度 m	净厚度 m	TOC %	有机质类型	R_o %	2018 年产气量 [1,8-9] 10^8m^3
亚巴拉契亚（Applachian）盆地	Ohio	D_3	4.14	600～1500	9～30	0～4.7	Ⅰ—Ⅱ	0.4～1.3	34（1999 年）
	Marcellus	D_2	2.5	914～4511	15～61	3.0～12.0	Ⅱ，Ⅲ	1.5～3.0	2152
	Utica	O_3	1.3	2500	30～50	2.5	Ⅱ	2.2	651
二叠（Permain）盆地	Wolfeamp	P	17.4	2500～3000	60～2150	2.0～9.0	Ⅰ，$Ⅱ_1$	0.7～1.5	934
阿科马（Arkoma）盆地	Fayetteville	C_1	2.3	457～2591	6～61	4.0～9.8	Ⅰ，$Ⅱ_1$	1.2～4.5	142
	Woodford	D_3	1.2	1220～4270	37～67	1.0～14.0	Ⅰ，$Ⅱ_1$	1.1～3.0	368
福特沃斯（Fort Worth）盆地	Barnell	C_1	1.7	1981～2591	15～60	2.0～6.0	$Ⅱ_1$	1.1～2.1	340
路易斯安那（Lonisiana）盆地	Hynesyllic	J	2.3	3048～4511	61～91	0.7～6.2	Ⅰ，$Ⅱ_1$	2.2～3.2	736
西湾（Western Gulf）盆地	Eagle Ford	K_2	0.3	1220～4270	61	4.3	Ⅱ	0.5～2.0	566
阿纳达科（Anadarko）盆地	Woodford	D_3	0.18	3500～4420	60	4.0～7.0	Ⅱ	1.1～3.5	375
密执安（Michigan）盆地	Antmm	D_1	0.3	183～671	21～37	1.0～2.0	Ⅰ	0.4～0.6	22
伊利诺斯（Illinois）盆地	New Albany	D_3—C_1	11.3	180～1500	30～122	1.0～25.0	Ⅱ	0.4～0.8	8.5（2011 年）
威利斯顿（Williston）盆地	Bakken	D_3—C_1	1.69	1370～2290	20～50	10.0～20.0	Ⅱ	0.7～1.3	243

与美国的多盆地、多层系、多旋回的特征相比，中国页岩气在多个盆地、多个层系、多种沉积相中获得了页岩气发现，海相、海陆过渡相和陆相页岩分布广泛，自震旦系至白垩系均有分布。四川盆地具有超级盆地的特征，富有机质页岩发育规模最大，地质资源量达 $44.39\times10^{12}m^3$，占全国的 55.2%。迄今，中国仅在四川盆地奥陶系五峰组—志留系龙马溪组实现了商业化开采。此外，目前已在震旦系陡山沱组、寒武系筇竹寺组、寒武系牛蹄塘组、二叠系须家河组分别获得页岩气产量 $5.53\times10^4m^3/d$（鄂阳页 2HF 井）、$2.46\times10^4m^3/d$（威 5 井）、$7.84\times10^4m^3/d$（鄂阳页 1HF 井）、$4811\times10^4m^3/d$（新页 2 井），在海陆过渡相梁山组—龙潭组、陆相自流井组等页岩探井中亦发现页岩气显示。但除奥陶系五峰组—志留系龙马溪组之外，在其他层系尚未实现商业化开采。

此外，中国页岩气的特殊性在于，在海相页岩取得商业化开采的同时，中国的海陆过渡相页岩气资源丰富，并已体现了良好势头[27]。全球的常规油气储层以海相储层为主，中国“陆相生油”理论的提出为中国陆相中找到大量油气提供了依据，支撑了中国石油行业的大发展，是石油地质学的重要组成部分。目前，全球页岩气产层中海相占绝对优势，但近年来中国海陆过渡相页岩气的一系列发现，展现了良好的页岩气资源潜力和勘探前景。在鄂尔多斯、四川和渤海湾等盆地中已发现了石炭系—二叠系海陆过渡相页岩气（表 3–17）。目前鄂尔多斯盆地二叠系山西组水平井最高测试产量超过 $6\times10^4m^3/d$。2019 年完钻吉平 1H 井，该井水平段长 1760m，含气页岩累计长度 1427m，含气页岩钻遇率 81.08%。该井 2020 年 8 月 24 日投产，至 2020 年 12 月 14 日，累计产气 $288.8\times10^4m^3$，折日产气量 $2.7\times10^4m^3$，最高日产量 $3.65\times10^4m^3$，预测动态可采储量 $6484\times10^4m^3$，单井 EUR 为 $4440\times10^4m^3$，展示出良好的开发前景[27]。按照页岩气学习曲线，随着技术的不断进步，有望实现商业化开采。此外，在南华北盆地山西组、涟源凹陷龙潭组多口井获稳定的页岩气流，但产量较低。在沁水盆地、中扬子地区、下扬子地区及四川盆地等二叠系钻井见良好页岩气显示，岩心实测含气量最高达到 $8.78m^3/t$。四川盆地二叠系龙潭组海陆过渡相页岩气前景值得关注，50 多口常规天然气老井二叠系龙潭组页岩段发现气测异常、井涌、井喷等非常活跃的气显示。

表 3–17　主要海陆过渡相页岩特征[27]

盆地	页岩年代 / 层系	代表井 / 剖面	优势沉积相	平均厚度 m	总有机碳（TOC） 平均值，%	干酪根 类型
鄂尔多斯盆地	二叠系太原—山西组	大吉 51 井	潟湖、潮坪、三角洲	88.6	4.91	Ⅱ—Ⅲ
南华北盆地	石炭—二叠系太原—山西组	牟页 1 井	潟湖、三角洲	102.5	2.67	Ⅲ

续表

盆地	页岩年代 / 层系	代表井 / 剖面	优势沉积相	平均厚度 m	总有机碳（TOC） 平均值，%	干酪根 类型
渤海湾盆地	石炭—二叠系 太原—山西组	秦皇岛剖面	潟湖、沼泽	35	3	Ⅱ—Ⅲ
四川盆地	二叠系龙潭组	西页 1 井 东页深 1 井	潟湖、障壁岛	175	2.43	Ⅱ—Ⅲ
湘中盆地	二叠系龙潭组—大隆组	2015H—D6 井 湘页 1 井	潟湖、沼泽、滨海	65	2.63	Ⅱ—Ⅲ
柴达木盆地	上石炭统 克鲁克组	柴页 2 井 石灰沟剖面	潟湖、潮坪、沼泽	576	3.46	Ⅱ—Ⅲ
沁水盆地	石炭—二叠系 太原—山西组	柿状北 306 井 寿阳 Y01 井	潟湖、潮坪、三角洲	38.5	3.72	Ⅱ—Ⅲ
琼东南盆地	渐新统崖城组	YC13–2 井	三角洲		2.43	Ⅲ
北卡那封盆地	上三叠统 Mungaroo 组		三角洲			
波拿巴盆地	上侏罗统 Frigate 组		三角洲			

（2）中国页岩气构造复杂，断裂发育。

北美地台整体稳定，页岩气盆地构造运动比较简单、一次抬升、断裂较少；中国页岩气盆地构造运动复杂，多次抬升，断裂发育（图 3–23）。整体而言，北美页岩气盆地的保存条件比中国优越。北美以张性盆地为主，超压与常压均发育，而我国页岩气盆地应力差大，以超压为主。

断裂对于页岩气藏的影响具有两面性[36]：一方面，裂缝是页岩气运移的重要通道，适度发育的裂缝有利于后期的压裂改造，更容易形成有效缝网，从而提高页岩气产量；另一方面，页岩经历裂解生气阶段后，天然气可以沿着裂缝运移至相邻的孔隙度和渗透率更高的地层，进而形成常规气藏，或是沿着裂缝直接散逸，破坏页岩气藏的“自生自储”封闭体系。相对于北美页岩气稳定的构造背景，中国页岩气区经历多期构造活动改造，从而导致页岩气藏规模小于北美，且开发难度大大增加。

（3）多为中高成熟度页岩产层。

美国页岩气层系多，各层系处在不同的成熟度区间，页岩气的类型包含生物气、裂解干气等。例如，Fayetteville 页岩 R_o 的区间值为 1.5%～4.5%，而 Antrim 页岩 R_o 区间值为 0.4%～0.6%。整体而言，北美各大页岩的 R_o 一般处于 1%～2% 之间，而中国奥陶系五峰组—志留系龙马溪组的 R_o 区间值为 3.3%（图 3–24），最小值为 1.65%（黔浅 1 井），最大为 4.91%，盆地周缘露头区最小值为 1.28%，区间值为 3.31%。

涪陵、长宁—昭通、威远和威荣 4 个页岩气田的 R_o 值为 2.1%～4.44%，区间值为 2.34%，以过成熟裂解干气为主[36]。

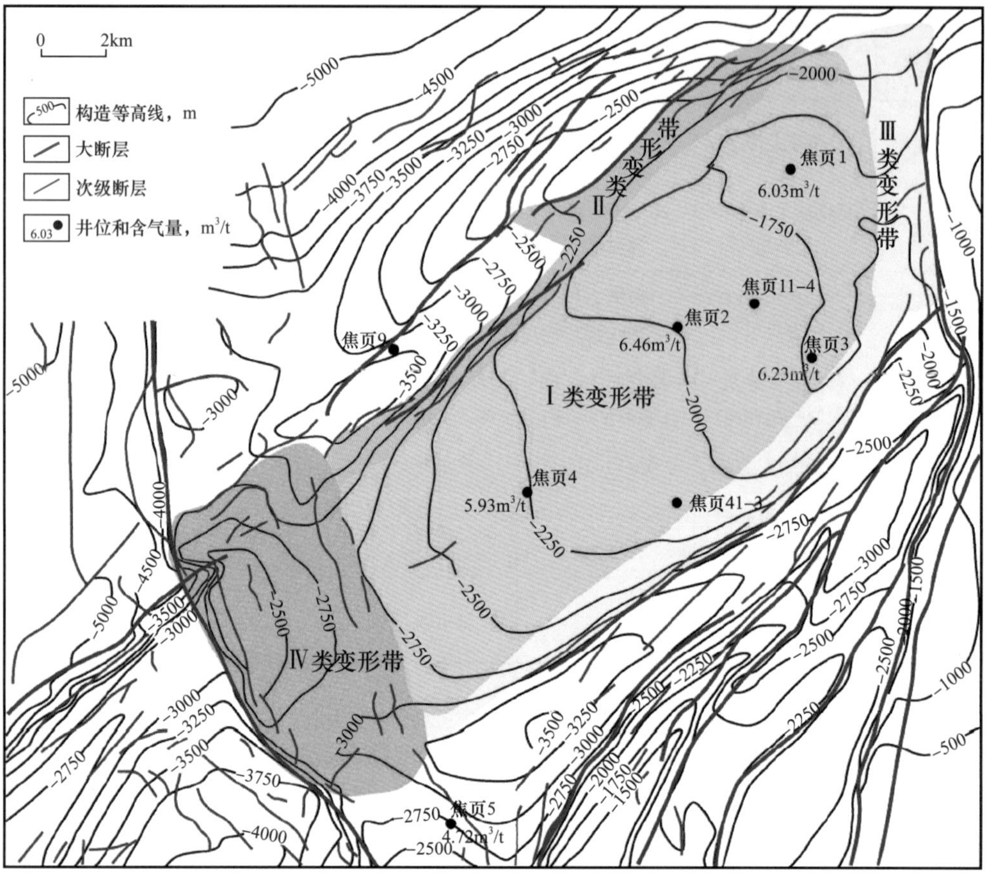

图 3-23 四川盆地涪陵页岩气田焦石坝构造变形带划分[36，38]

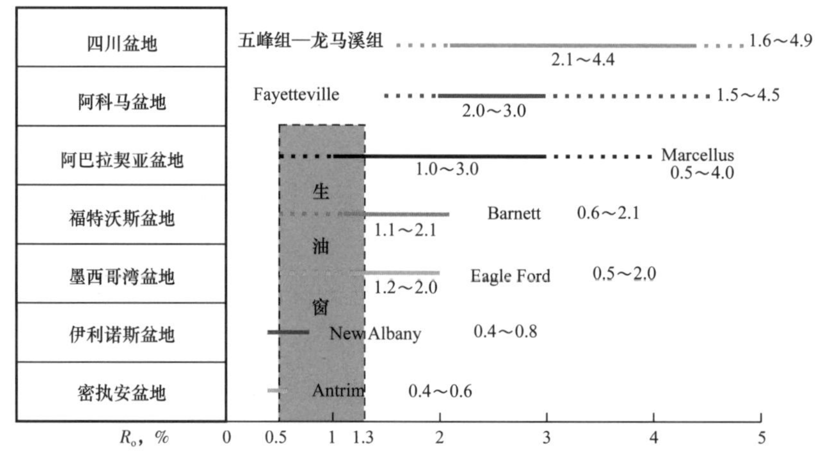

图 3-24 中美主要页岩气层系 R_o 对比[36]

二、中国页岩气勘探开发技术挑战

中国页岩气地质条件较北美差异较大，造成页岩气开发工程技术难度大，北美页岩气开发技术不完全适应川南页岩气工程地质条件。壳牌公司和 BP 公司等国际公司应用北美开发技术，在我国川南上奥陶统五峰组至下志留统龙马溪组页岩气的开发中未达预期，目前均已退出。其中壳牌公司 2009 年进入中国，在泸州地区富顺—永川区块，完成投资约 40 亿元，完成压裂井 20 口，水平井平均测试产量 $12\times10^4m^3/d$，未达到开发预期，于 2016 年退出。BP 公司自 2016 年进入内江—大足、荣昌北区块，累计投入超过 10 亿元，完成三维地震 165km^2，评价井 10 口，水平井测试井 3 口，获得测试产量 3×10^4～$7\times10^4m^3/d$，平均水平段长 750m，明显偏低，并于 2019 年退出。造成这两家老牌油气公司在中国川南地区页岩气开发失利，“败走麦城”的主要原因如下：

（1）壳牌公司的水平井部署未充分考虑川南地区地质复杂性。

壳牌公司未认识到上奥陶统五峰组至下志留统龙马溪组页岩纵向上的非均质，真正的五峰组—龙马溪组页岩气“甜点段”（图 3–25），设计的水平井靶体太宽，垂向高度 20～60m。同时，川南地区地应力方向变化快，未按垂直最大水平主应力部署，采用沿构造轴向钻进（图 3–26），不利于压裂形成体积缝；未实施三维地震，“甜点段”靶体钻遇率低。

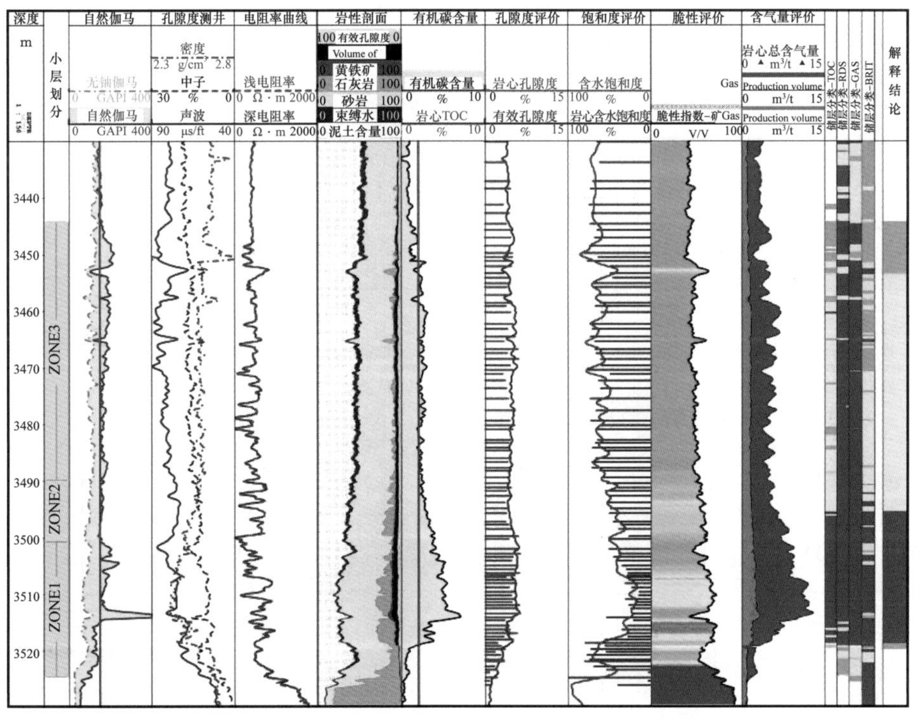

图 3–25　壳牌公司上奥陶统五峰组至下志留统龙马溪组小层划分图

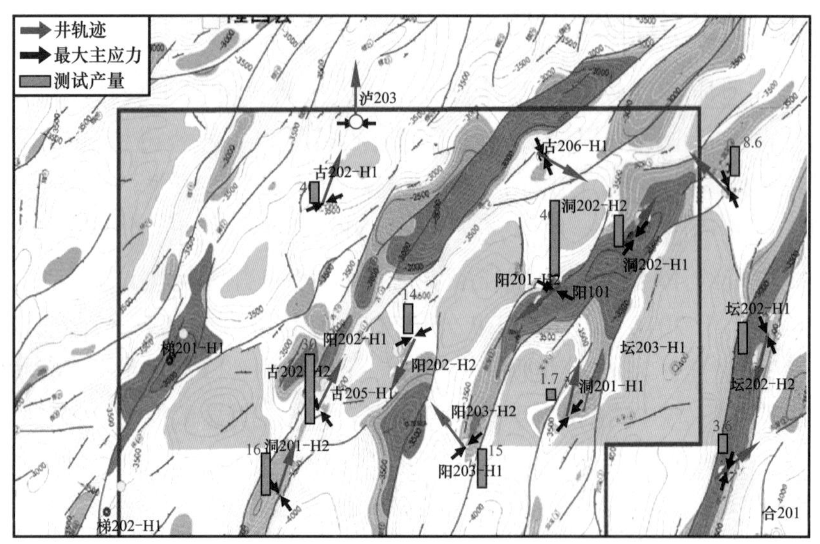

图 3-26 壳牌公司各井井轨迹与最大水平主应力方向平面示意图

（2）壳牌公司采用的压裂工艺不适应川南深层，压裂效果差。

高黏冻胶 + 长分段 + 低排量压裂主体工艺不足以实现体积复杂缝网改造（表 3-18）。其中分段长度：段长 90～120m，水平段改造不充分，难以“打碎储层”；主体工艺：主体采用胶液，平均达 54.0%，不利于形成复杂缝；施工排量：施工排量 7～12m^3/min 成复杂缝；水力裂缝延伸有限、复杂程度低；改造强度：用液强度 10m 裂缝、加砂强度 1.3t/m，改造强度较低。

表 3-18 岩石力学脆性与裂缝形态的关系

脆性指数，%	液体体系	裂缝形态图
70	滑溜水	
60	滑溜水	
50	混合压裂	
40	线性胶	
30	泡沫压裂液	
20	交联压裂液	
10	交联压裂液	

（3）BP公司采用压裂方案借鉴北美工艺及参数，未达到预期效果。

BP公司采用北美压裂主体工艺及关键压裂参数，其中主体工艺为“多簇+转向+连续加砂”的高密度压裂方案，采用的关键压裂参数为分段长100m，段内11簇，排量12～14m³/min、加砂强度平均3t/m。在川南地区共计压裂3口井，均出现套管变形，最大丢段长422m。其中威206-H1井获储层改造体积（Stimulated Reservoir Volume，SRV）$2244\times10^4m^3$（图3-30），威206-H2井获SRV $2066\times10^4m^3$，而这两口井均试产效果差，威206-H1井测试获气$4\times10^4m^3/d$，威206-H2井测试获气$4.66\times10^4m^3/d$。

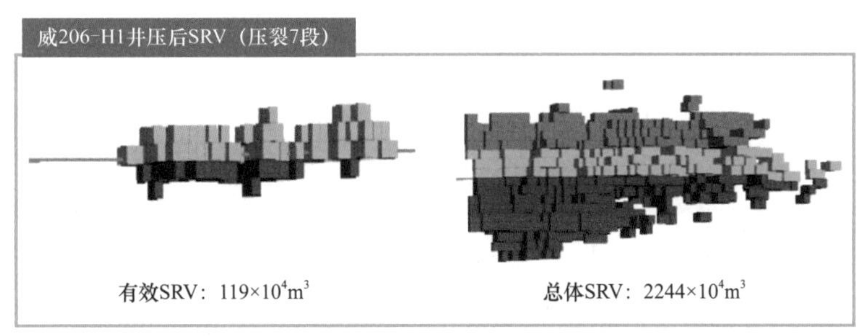

图3-27 BP公司借鉴北美压裂工艺在川南压后效果示意图

总体来讲，我国页岩气资源量虽大，但资源禀赋相对差，在地质认识与工程技术方面仍然充满挑战。但是我们抓住机遇，在短期内实现了快速发展，2020年页岩气产量达$200\times10^8m^3$。可以预见，通过不断探索和实践，以及技术引进和自主创新，我国的页岩气定将迎来爆发式的增长。页岩气在国家整个能源领域的地位也会日益凸显。相信页岩气会为推进我国绿色发展发挥更大的作用，中国页岩气将迎来大发展。

参考文献

[1]董大忠，王玉满，黄旭楠，等．中国页岩气地质特征、资源评价方法及关键参数［J］．天然气地球科学，2016，27（9）：1583-1601.

[2]董大忠，邹才能，李建忠，等．页岩气资源潜力与勘探开发前景［J］．地质通报，2011，31（2）：324-336.

[3]关德师，牛嘉玉，郭丽娜．中国非常规油气地质［M］．北京：石油工业出版社，1995.

[4]王世谦，陈更生，董大忠，等．四川盆地下古生界页岩气藏形成条件与勘探前景［J］．天然气工业，2009，29（5）：51-58.

[5]梁狄刚，郭彤楼，边立曾，等．中国南方海相生烃成藏研究的若干新进展（三）南方四套区域性海相烃源岩的沉积相及发育的控制因素［J］．海相油气地质，2009，14（2）：1-19.

[6]邹才能，董大忠，王玉满，等．中国页岩气特征、挑战及前景（一）［J］．石油勘探与开发，2015，42（6）：689-701.

[7] 马新华 . 四川盆地南部页岩气富集规律与规模有效开发探索［J］. 天然气工业, 2018a, 38（10）: 1–10.

[8] 聂海宽，金之钧，马鑫，等 . 四川盆地及邻区上奥陶统五峰组—下志留统龙马溪组底部笔石带及沉积特征［J］. 石油学报，2017，38（2）: 160–174.

[9] 龙胜祥，冯动军，李凤霞，等 . 四川盆地南部深层海相页岩气勘探开发前景［J］. 天然气地球科学，2018，29（4）: 443–451.

[10] 董大忠，邹才能，杨桦，等 . 中国页岩气勘探开发进展与发展前景［J］. 石油学报，2012，33（S1）: 107–114.

[11] 邹才能 . 非常规油气地质学［M］. 北京：地质出版社，2014.

[12] Curtis J B. Fractured Shale–gas Systems［J］. AAPG，2002，86（11）: 1921—1938.

[13] 管全中，董大忠，张华玲，等 . 基于改进的岩石物理模型表征页岩天然裂缝特征［J］. 天然气工业，2021，41（2）: 56–64.

[14] 邱振，邹才能 . 非常规油气沉积学：内涵与展望［J］. 沉积学报，2020，38（1）: 1–29.

[15] Ross D J K，Mare Bustin R. The Importance of Shale Composition and Pore Structure upon Gas Storage Potential of Shale Gas Reservoirs［J］. Marine and Petroleum Geology，2009，26（6）: 916–927.

[16] Wang F P，Reed R M，John A. Pore Networks and Fluid Flow in Gas Shales［R］. Tulsa : SPE Annual Technical Conference and Exhibition，2009.

[17] Loucks R G，Reed R M，Ruppel S C，et al. Spectrum of Pore Types and Networks in Mudrocks and a Descriptive Classification for Matrix–related Mudrock Pores［J］. AAPG Bulletin，2002，96（6）: 1071–1098.

[18] 马新华，谢军，雍锐 . 四川盆地南部龙马溪组页岩气地质特征及高产控制因素［J］. 石油勘探与开发，2020，47（5）: 1–15.

[19] 曹瑞骥，唐天福，薛耀松，等 . 扬子区震旦纪含矿地层研究［M］. 南京：南京大学出版社，1989: 1–94.

[20] 赵文智，李建忠，杨涛，等 . 中国南方海相页岩气成藏差异性比较与意义［J］. 石油勘探与开发，2016，43（4）: 499–510.

[21] 马新华，谢军 . 川南地区页岩气勘探开发进展及发展前景［J］. 石油勘探与开发，2018b，45（1）: 161–169.

[22] 张国伟，郭安林，王岳军，等 . 中国华南大陆构造与问题［J］. 中国科学：地球科学, 2013, 43（10）: 1553–1582.

[23] 郭旭升 . 涪陵页岩气田焦石坝区块富集机理与勘探技术［M］. 北京：科学出版社，2014: 1–300.

[24] 梁峰，王红岩，拜文华，等 . 川南地区五峰组—龙马溪组页岩笔石带对比及沉积特征［J］. 天然气工业，2017，37（7）: 20–26.

[25] 郭少斌，付娟娟，高丹，等 . 中国海陆交互相页岩气研究现状与展望［J］. 石油实验地质，2015，37（5）: 535–540.

[26] 王中鹏，张金川，孙睿 . 西页 1 井龙潭组海陆过渡相页岩含气性分析［J］. 地学前缘, 2015, 22（2）:

243–250.

[27] 董大忠，邱振，张磊夫，等 . 海陆过渡相页岩气层系沉积研究进展与页岩气新发现 [J]. 沉积学报，2021，39（1）：29–45.

[28] 翟刚毅，王玉芳，刘国恒，等 . 中国二叠系海陆交互相页岩气富集成藏特征及前景分析 [J]. 沉积与特提斯地质，2020，40（3）：102–117.

[29] 王香增，高胜利，高潮 . 鄂尔多斯盆地南部中生界陆相页岩气地质特征 [J]. 石油勘探与开发，2014，27（3）：294–304.

[30] 赵文智，贾爱林，位云生，等 . 中国页岩气勘探开发进展及发展展望 [J]. 中国石油勘探，2020，25（1）：31–44.

[31] 王香增，张丽霞，高潮 . 鄂尔多斯盆地下寺湾地区延长组页岩气储层非均质性特征 [J]. 地学前缘，2016，12（1）：134–145.

[32] 张金川，姜生玲，唐玄，等 . 我国页岩气富集类型及资源特点 [J]. 天然气工业，2009，29（12）：109–114.

[33] 董大忠，程克明，王世谦，等 . 页岩气资源评价方法及其在四川盆地的应用 [J]. 天然气工业，2009，29（5）：33–39.

[34] 邹才能，董大忠，王玉满，等 . 中国页岩气进展、挑战及前景（一）[J]. 石油勘探与开发，2015，42（6）：689–701.

[35] 王玉满，李新景，陈波，等 . 海相页岩有机质炭化的热成熟度下限及勘探风险 [J]. 石油勘探与开发，2018，45（3）：385–395.

[36] 戴金星，董大忠，倪云燕，等 . 中国页岩气地质和地球化学研究的若干问题 [J]. 天然气地球科学，2020，31（6）：5–20.

[37] 戴金星，裴锡古，戚厚发 . 中国天然气地质学（卷二）[M]. 北京：石油工业出版社，1996，1–264.

[38] 马永生，蔡勋育，赵培荣 . 中国页岩气勘探开发理论认识与实践 [J]. 石油勘探与开发，2018，45（4）：561–574.

第四章

中国页岩气探索与突破

我国于20世纪60年代在四川盆地筇竹寺组发现了油气显示，但受制于理念和技术的瓶颈，错失了页岩气发展的开拓性机遇。近年来，国家大力扶持页岩气产业，基础理论和勘探开发技术取得长足进步。本章对前期研究及发展进行了阐述，介绍了国家、企业等多个层面的推动及国家级页岩气示范区的建设成效。

第一节　早期学术研究奠基与起步

我国在近70年的常规油气勘探开发中，多个含油气盆地的页岩层系中发现了页岩（油）气流或丰富的油气显示。松辽盆地古龙凹陷、柴达木盆地、花海—金塔、渤海湾盆地歧口凹陷、四川盆地威远、阳高寺和九奎山等地区，尤其是四川盆地威远地区钻探常规油气的158口井中发现了页岩气显示，有些井页岩段气测异常高达80%。1966年，在四川盆地威远构造钻探的威5井，在下寒武统九老洞组（即筇竹寺组）页岩段发生气侵与井喷，裸眼测试日产天然气$2.46\times10^4m^3$，但当时没有对此引起重视。

如今，中国是继美国和加拿大之后，第三个成功实现页岩气商业勘探开发的国家。2000—2008年，我国就开始密切跟踪美国页岩气勘探开发进展，做了大量的前期地质评价、资源排查工作。之后，国土资源部联合国有油公司、相关高校，组织开展了我国第一轮全国页岩气资源调查、前景和战略选区，为我国“页岩气发展”起步奠定了良好基础。

一、早期学术研究

与美国的早期研究类似，我国研究者早期使用“泥页岩油气藏”“泥岩裂缝油气藏”以及“裂缝性油气藏”等术语，对该类气藏进行描述和研究，并在主体上将该类油气藏理解为“聚集于泥页岩裂缝中的游离相油气”，认为其中的油气存在主要受裂缝控制而较少考虑其中的吸附作用[1-2]。随着研究程度的深入，美国的“页岩气”概念自20世纪80年代中期以来发生了概念上和认识上的重大变化，页岩气被赋予了新

的含义[3]，与通常意义上理解的泥页岩裂缝油气不同。现代概念意义上的页岩气在概念、内涵、页岩气成因、赋存方式及聚集模式等方面，都具有较强的特殊性，尤其是吸附气吸附机理和游离气成藏特点的认识，极大地丰富了页岩气成藏的多样性，扩大了天然气勘探的领域和范围。

页岩气作为自生自储的非常规天然气资源，研究其成藏机理的基础是研究页岩储层特征。中国南方龙马溪组海相页岩储层，众多学者对其从有机地球化学特征、矿物岩石学特征、孔渗及孔裂隙结构特征等方面展开研究。高瑞祺[22]对泥岩异常高压带油气的生成和排出特征及泥岩裂缝油气藏的形成进行过探讨；张绍海等认为页岩气储层物性致密、含气特征（含烃饱和度、储存方式及压力系统）差异较大、产量低但生产周期长等[5]；关德师等和戴金星等将泥页岩气的基本地质特征总结为自身构成一套生、储、盖体系，多具高压异常、储集空间多样以裂缝为主、圈闭类型以非背斜和岩性为主、单个储量小、产能低等[6-7]；张金功等研究认为，开启的超压泥质岩裂隙是在一定深度区间内集中发育的，超压泥质岩裂隙开启的条件是泥质岩中的流体热增压要超过泥质岩抗压强度，控制上述条件的主要因素是泥质岩孔隙度、地温与埋深[2]；王德新等从钻井和完井技术角度出发，将泥页岩裂缝性油气藏的特点归结为：油气分布主要受裂缝系统控制、油气分布范围不规则、单井产量变化较大（产量不稳定、递减快）以及既是烃（气）源岩又是储层等[1]；刘魁元等认为，沾化凹陷“自生自储”泥岩油气藏的泥岩储层形成于半深水—深水、低能、强还原环境中[8]；徐福刚等进一步对沾化凹陷油气藏进行研究并指出，厚层富含有机质的暗色生油岩是油气储层之一，泥质岩油气显示段主要分布在斜坡带上靠近断层附近并具有高压异常[9]；马新华等认为，中国东部一些地区（如东濮和沾化凹陷）已在页岩中获得商业气流[10]；慕小水等探讨了东濮凹陷泥岩裂隙油气藏的形成条件及其分布特点，指出高压区及超高压区、盐岩分布区和构造转换带是寻找该类油气藏的有利地区，稳定的泥岩标志层可以作为寻找该类油气藏的有利层段[11]；王志刚指出，泥岩裂缝性油藏的成藏机理服从流体封存箱成藏机制和流体异常高压成藏机制的复合作用，斜坡带的断鼻构造部位是发育裂缝性泥质岩圈闭的最有利部位[12]。关德师等和戴金星等在对泥页岩气论述基础上，分析了中国的泥页岩气勘探前景[6-7]。张爱云等对海相暗色页岩建造的地球化学特点进行了研究，指出中国南方早古生代发育着一套分布广泛的黑色页岩建造，具有一定的找矿地质意义。由于其中的有机碳含量达到了5%～20%，因此具有很高的页岩气成藏意义[13]。范柏江[23]等结合北美成功勘探开发页岩气资料和四川盆地页岩气勘探开发资料进一步深入研究了页岩气成藏条件、成藏特征，为页岩气勘探开发有利选区提供了充分的理论基础依据。针对页岩储层的研究中[14]，蒋裕强等从有机质特征、矿物组分、物性特征及储渗空间特征等方面分析了页岩储层[15]；刘树根等认为页岩储层的形成机理主要为有利矿物组合、成岩作用和有机质热裂解作用[16]；

聂海宽等通过显微薄皮、扫描电镜及X衍射等实验分析，认为页岩气藏储集类型主要有裂缝和孔隙两类[17]；马文辛等认为页岩微孔隙主要有自生方解石晶间孔、黏土矿物晶间孔、长石溶蚀孔和泥岩内部陆源碎屑粒间孔等[18]；胡昌蓬等研究了页岩气储层的评价优选包括成藏控制因素：总有机碳含量、储层厚度、有机质成熟度、矿物组成、温度、压力、孔渗参数等，后期储层改造因素：埋深、裂缝、岩石力学性质等[19]。邹才能等指出中国页岩气成藏、地质情况与美国略有不同，在页岩气储层优选上可以借鉴但不能照搬美国模式[20]。

2002年Curtis[3]和2003年Martini[24]等提出了吸附作用是页岩气聚集的基本属性之一后，国内许多研究者也越来越注意到了页岩气的勘探开发价值，在研究过程中注意到了泥页岩中天然气存在的吸附性问题。张金川和金之钧等认为，与深盆气和煤层气并行，页岩气是三大类非常规天然气聚集机理类型之一，并进行了页岩气成藏机理及分布特点的初步探讨[21]；2005—2008年，董大忠和陈更生等通过南方海相页岩露头广泛地质调查、四川盆地川南古生界老井页岩气资源复查，2009年在《天然气工业》第5期上组织发表了我国有史以来一期页岩气研究专刊，从页岩气概念、成藏特征、赋存规律等多个方面，对页岩气地质理论、资源评价方法、勘探开发技术及页岩气发展前景等进行了系统论述，展示了中国页岩气资源潜力和勘探开发前景，正式将美国现代页岩气理念引入中国，促进了四川盆地五峰组—龙马溪组页岩气突破，掀起了中国页岩气发展热潮。

“十二五”期间，国家能源局先后在四川盆地、滇黔地区和鄂尔多斯盆地设立了4个页岩气开发示范区，并在重庆涪陵、四川长宁—威远地区获得了较好的页岩气产能。“十三五”期间，国家能源局对中国海相、海陆交互相及陆相页岩气继续加大投入，力争取得技术性突破，进一步形成多个页岩气商业化建产区。

二、初步探索和评价

2008年11月，中国石油勘探开发研究院在四川盆地南部边缘长宁构造钻探了中国陆上第一口页岩气地质评价井——长芯1井，证实了五峰组—龙马溪组页岩层段具有含气性，揭示了随埋深增加含气量增高，发现了高TOC含量页岩层段，确立了有利于页岩气勘探开发的地位（中国石油报，2008）。2009年12月，钻探了我国陆上第一口页岩气工业评价井——威201井（图4-1）。2010年8月，对威201井下寒武统筇竹寺组和上奥陶统五峰组—下志留统龙马溪组页岩层段直井压裂，测试分别获页岩气产量$1.08\times10^4m^3/d$和$0.26\times10^4m^3/d$，实现了中国页岩气首口井突破，发现了中国第一个页岩气田——威远页岩气田。2010年，中国石油化工集团有限公司在湖北建南气田钻探的建页HF-1井，在4100m井深的下侏罗统大安寨段页岩层，分段压裂测试获页岩气产量$1.00\times10^4m^3/d$。2011年，中国石油在威远页岩气田开展水平井试验，在

威 201 井区第一次钻探了中国的页岩气水平井 2 口——威 201-H1 井和威 201-H3 井，完井分段水力压裂，测试获工业气流。2011 年，陕西延长石油（集团）有限责任公司（简称“延长石油”）在鄂尔多斯盆地东南缘钻探了 2 口页岩气井，均在延长组长 7 段砂页岩互层地层中发现了页岩气。2011 年 12 月，依据上述工作取得的成果和认识，以及由国土资源部出资、中国地质大学（北京）组织实施在重庆渝中南地区钻探的渝页 1 井资料，将页岩气报经国务院批准了设立为新的 172 号独立矿种。2012 年，中国石油在四川盆地南缘长宁地区钻探的水平井宁 201H1 井，在五峰组—龙马溪组获得 $15.0\times10^4m^3/d$ 的高产页岩气流，成为我国钻获的第一口具商业价值的高产页岩气井。2012 年 12 月，中国石化在涪陵地区焦石坝构造五峰组—龙马溪组钻探的焦页 HF1 进一步获得 $20.3\times10^4m^3/d$ 的高产页岩气流。上述钻探成功推动中国迅速拉开了页岩气工业化勘探开发之大幕。

图 4-1　中国第一口页岩气井——威 201 井

自 2012 年以后，我国在加快页岩气勘探开发节奏的同时，也明显地放宽了页岩气勘探开发相关政策，包括出台了页岩气发展规划、实施了两轮次页岩气探矿权出让招标等官方行为，形成了中国页岩气勘探开发热潮。在相关企业和政府部门的大力推动下，经过近 5 年的努力，率先在四川盆地古生界五峰组—龙马溪组取得页岩气勘探开发突破，在涪陵焦石坝探明首个千亿立方米级整装页岩气田，探明储量快速增长，并进入规模化开发，勘探开发技术逐步实现国产化。至 2018 年底，在四川盆地形成了涪陵、长宁、威远和昭通 4 大页岩气产区，在鄂尔多斯盆地建立了延长页岩气示范区。2018 年中国的页岩气年产量为 $108.9\times10^8m^3$，约占中国天然气总产量的 6%。2019 年页岩气产量为 $153.84\times10^8m^3$，同比增长 41.4%；2020 年产量突破 $200\times10^8m^3$，同比增长超 30%，在国产气占比中首次超过 10%。如今，我国页岩气产量已位居世界第二。

虽然我国页岩气开采量与美国相比还有很大距离，但已经在短时间内实现了巨大跨越，且在近10年的努力攻关之下，有些关键装备已经基本实现了国产化，基本掌握了页岩气的地球物理、水平井钻井、完井、压裂和试气等勘探开发技术。但同时，中国页岩区的构造改造强、地应力复杂、埋藏较深、地表条件特殊等复杂性，使得中国的页岩气勘探开采难度更高，决定了中国不能简单地复制美国页岩气的成功，需要探索走适合中国自己的页岩气勘探开发自主创新之路。

美国EIA（2013）评价中国页岩气技术可采资源量与美国接近，但开采情况还不乐观，中国的页岩气勘探开发承受着高成本压力。根据第四次全国油气资源评价统计，我国页岩气可采资源量为$12.85\times10^{12}m^3$。直到2014年我国才开始有页岩气探明地质储量（$1068\times10^8m^3$），2018年即超过$1\times10^{12}m^3$，2019年页岩气新增探明地质储量为$7644.24\times10^8m^3$，截至2020年底，页岩气探明地质储量突破$2\times10^{12}m^3$，但我国页岩气的探明率仅有5.72%，仍然处于勘探开发初期。中国石油页岩气勘探开发初期单井成本近1亿元，中国石化涪陵页岩气田勘探开发早期单井成本也在8000万元之上。开采成本高的原因除我国页岩气区地质条件异常复杂外，未掌握关键技术与装备也是造成成本高的重要因素。美国页岩气井钻井包括直井和水平井两种方式，直井主要目的用于试验，了解页岩气层特征，获得钻井、压裂和投产的经验，为水平井钻完井、储层压裂改造方案优化提供关键参数。水平井主要用于页岩气开采生产，以获得更大的储层泄流面积，得到更高的页岩气产量。我国尚未掌握页岩气勘探开采核心技术，主要靠从美国引进，耗费巨大成本。

我国南方地区海相页岩地层埋深、厚度和有机碳含量等关键地质参数与美国主要页岩储层有明显差异，且形成时代老、热演化程度高、构造改造程度强、地表条件复杂。中国页岩气勘探开发初期按照美国选区指标优选的有利区，由于构造改造强勘探井并未获气。国家能源页岩气研发（实验）中心通过大量理论研究及勘探实践总结，提出超压页岩气富集新认识，明确在我国复杂构造背景下，构造稳定区页岩气层超压表示后期保存条件好。以此为指导，在长宁、威远、昭通和涪陵地区海相页岩气勘探开发取得重要突破，实现了规模建产，单井产量逐年提高，高产井模式逐步形成。

中国海陆过渡相和陆相页岩分布广，有机碳含量高，成熟度达到生气窗后均可生气，具备页岩气成藏基本条件，但海陆过渡相和陆相页岩都存在单层厚度小、横向变化较大、硅质矿物含量低、含气量低等特征。延长石油在鄂尔多斯盆地东南部地区三叠系延长组开展的陆相页岩气勘探评价，直井初期页岩气日产量$2000m^3$，水平井初期页岩气日产量$5000m^3$，都没有实现经济开采。中联煤层气有限责任公司（以下简称“中联煤”）在沁水盆地针对山西组和太原组海相过渡相页岩进行的勘探评价，没有获得工业气流。因此，海陆过渡相和陆相页岩气成藏理论及选区评价目前还没有形成，有待进一步探索攻关。

综上所述，经初步探索、全国页岩气资源潜力初步评价，表明我国页岩气发展潜力大，但地质条件复杂，技术要求高，勘探开发难度大。

第二节　政府推动页岩气产业发展

国家财政加大对页岩气资源战略调查的投入，鼓励社会资金投入页岩气资源战略调查；减免页岩气探矿权和采矿权使用费；对页岩气开采企业增值税实行先征后退政策，企业所得税实行优惠；页岩气勘探开发关键设备免征进口环节增值税和关税；对页岩气开采给予定额补贴；对关键技术研发和推广应用给予优惠等，积极引导和推动页岩气产业化、规模化发展。

加快制定页岩气相关技术标准和规范。加强政府引导，依托页岩气资源战略调查重大项目和勘探开发先导试验区的实施，加快页岩气资源战略调查和勘探开发相关技术标准和规范体系建设，促进信息资料共享和规范管理。同时，加强知识产权保护，积极参与页岩气国际标准制定。

国土资源部油气资源战略研究中心作为早期国家层面从事油气资源战略与政策研究、规划布局、选区调查、资源评价及油气资源管理、监督、保护和合理利用等基础建设、支撑工作的部门之一，2009 年以来致力于页岩气资源战略调查与评价研究，组织有关力量进行攻关，解决页岩气勘探开发的基础性、战略性问题，开展了先行性的资源调查研究、资源评价示范推广。2009—2010 年，国土资源部油气资源战略研究中心从在川渝鄂、苏浙皖及中国部分北方地区共 40×10^4km^2 范围内开展页岩气资源调查、勘查示范研究。在示范研究的基础上，2011 年，国土资源部油气资源战略研究中心在全国部署页岩气资源潜力调查，开展勘查基本理论、方法和产业政策研究，2011 年底完成了全国页岩气资源初步评估，为页岩气勘探开发规划、政策制定、矿业权招标出让、资源勘查提供了基本依据。同时，按照国土资源部“调查先行，规划调控，招标出让，多元投入，加快突破”的找矿机制，国土资源部油气资源战略研究中心还积极开展相关政策、矿业权招标出让研究，推动了页岩气资源的勘探开发进程。

一、政府高屋建瓴制定新政加快页岩气发展

中国政府高度重视我国页岩气资源勘探开发，多次做出重要批示和指示，将页岩气摆到了能源勘探开发重要位置。2009 年 11 月 15 日，美国奥巴马总统首次访问中国，中美签署了《中美关于在页岩气领域开展合作的谅解备忘录》，把中国页岩气基础研究的迫切性上升到了国家层面。2010 年 5 月 30 日，中美在 2009 年备忘录的基础上，进一步签署了《美国国务院和中国国家能源局关于中美页岩气资源工作行动计划》，商定运用美方在开发非常规天然气方面的经验，在符合中国有关法律法规的前提下，

就页岩气资源评价、勘探开发技术及相关政策等方面开展合作，以促进中国页岩气资源开发。中美宣布第 5 次中美能源政策对话和第 10 届中美油气工业论坛于 2010 年 9 月在美国召开。此次油气论坛的议程以开发页岩气为主，包括到美国页岩气田参观调研。国土资源部油气资源战略研究中心是我国具体从事油气资源战略政策研究、规划布局、选区调查、资源评价以及油气资源管理、监督、保护和合理利用等基础建设、支撑工作的部门，2009 年起致力于页岩气的勘探开发研究工作，组织有关石油企业、高校及相关科研力量进行资源调查与资源前景评价，解决勘探开发的基础性、战略性问题，开展了先行性资源调查研究、资源调查示范推广。

2010 年 8 月，国家能源页岩气研发（实验）中心落户中国石油勘探开发研究院，目的是加快推进我国页岩气资源的勘探开发。同时，在“十二五”国家“大型油气田及煤层气开发”科技重大专项中专门设立了“页岩气勘探开发关键技术”攻关项目，以突破页岩气勘探开发核心技术。在国民经济和社会发展“十二五”规划中也明确要求“推进页岩气等非常规油气资源开发利用”，国土资源部相继出台了一系列措施以支持我国页岩气发展，简列如下：

（1）将页岩气确定为独立矿种（172 号新矿种），鼓励多种投资主体进入页岩气勘查开发领域，并出台了价格、财税补贴及专项资金等政策，以促进页岩气行业快速发展。

页岩气勘探开发前，按照《中华人民共和国矿产资源法》规定，开采石油、天然气、放射性矿产等特定矿种，都需由国务院授权的有关主管部门审批，并颁发采矿许可证。目前的油气采矿许可证主要集中在中国石油、中国石化、中国海油等三大国有石油企业手中。

（2）开展页岩气探矿权招标出让，页岩气探矿权采用竞争方式招标取得。在页岩气区块评价优选基础上，2011 年完成了第一批 2 个页岩气探矿权区块的招标出让，2012 年完成了第二批 19 个页岩气探矿权招标出让。

（3）将页岩气纳入找矿突破战略行动主要矿种范围，由中华人民共和国国土资源部、发展与改革委员会（简称国家发改委）、财政部和科学技术部共同编制，国务院批准的《找矿突破战略行动纲要（2011—2020 年）》中，将页岩气作为重点能源矿产，进行重点部署，全面推进页岩气战略调查和重点地区的勘探开发。

（4）政府为页岩气勘探开发提供社会服务，有利于各企业加快页岩气勘探开发和地方政府掌握页岩气资源情况，为相关科研院所、高等院校和社会公众了解页岩气资源提供了基础资料和重要信息。

与此同时，天然气价格实现了改革破冰。国家发改委发出通知，自 2011 年 12 月起，在广东省、广西壮族自治区开展天然气价格形成机制改革试点，我国天然气价改最终目标是放开天然气出厂价格，由市场竞争形成，政府只对具有自然垄断性质的天

然气管道运输价格进行管理。对于页岩气、煤层气和煤制气三种非常规天然气的出厂价格实行市场调节，由供需双方协商确定，进入长输管道混合输送的，执行统一的门站价格。

2012 年，财政部和国家能源局联合出台页岩气开发利用补贴政策，即 2012 年至 2015 年，中央财政按 0.4 元 /m^3 的标准对页岩气开采企业给予补贴；2015 年，财政部、国家能源局两部门明确“十三五”期间页岩气开发利用继续享受中央财政补贴，补贴标准调整为前 3 年 0.3 元 /m^3、后 2 年 0.2 元 /m^3。2013 年 10 月，国家能源局公布《页岩气产业政策》，将页岩气纳入国家战略新兴产业，对页岩气开采企业提供减免矿产资源补偿费、矿权使用费等激励政策。

2013 年，国家发改委关于调整天然气价格的通知中明确规定“页岩气、煤层气、煤制气出厂价格，以及液化天然气气源价格放开，由供需双方协商确定”。延长石油研究院院长高瑞民曾表示，中国在页岩气开发过程中，最大的难点就是成本问题。中国页岩气勘探开发成本要大大高于常规天然气（与美国相反），在价格没放开前无论成本多高都只能统一卖一个价，所以资本投入页岩气的积极性不高，只有当允许页岩气能卖出高于常规天然气价格时，才能刺激资本的流入，用于扩大再生产，推动页岩气产业健康发展、良性循环。

其次是财税政策改革。资源税方面，自 2018 年 4 月 1 日至 2021 年 3 月 31 日，我国对页岩气资源税减征 30%。增值税方面，自 2017 年 7 月 1 日起简并增值税税率结构，一般纳税人销售或进口页岩气使用增值税税率从 13% 降至 11%。2018 年 5 月 1 日起将 11% 增值税税率下调至 10%。明确在“十四五”期间继续给予页岩气开发财政补贴的政策。2020 年 7 月 1 日，财政部发布《清洁能源发展专项资金管理办法》，对页岩气等非常规天然气开采利用给予奖补，按照“多增多补”的原则分配，实施期限为 2020 年至 2024 年，到期后还可申请延期。此外，页岩气田区块公平开放改革也成为其增储上产的关键节点，对于页岩气在“十四五”期间的规模化发展至关重要。

2019 年，自然资源部下发的《自然资源部关于推进矿产资源管理改革若干事项的意见（试行）》中明确规定：开放油气勘查开采市场，多渠道引入社会资金开展油气勘探开发；实行更加严格区块退出，督促企业加大勘探开发力度；实行油气探采合一制度，从制度层面保障企业勘探获得发现后直接进入油气开采等。

其实，自 2011 年以来，我国开展了 8 次国内油气勘查区块竞争性出让，其中四轮是页岩气区块竞争性出让。最近一次是 2020 年 11 月，国家自然资源部和贵州省公共资源交易云平台在其官网发布了《2020 年贵州页岩气探矿权挂牌出让公告》，对贵州正安中观、遵义新舟等 6 个区块的页岩气探矿权进行挂牌出让。这次出让最小区块面积为 56.819km^2，最大的区块面积为 159.216km^2；挂牌起始价最高 80 万元，最低仅有 29 万元。

二、政府统筹部署开展调研助推页岩气攻关

1. 资源调查评价

2010—2011 年，国土资源部油气资源战略研究中心从川渝鄂、苏浙皖及中国北方部分地区共 40×10^4km^2 范围内开展调查、勘查示范研究，在全国部署页岩气资源潜力调查，开展勘查基本理论、方法和产业政策研究，力争在 2012 年初拿出初步评估成果，为页岩气勘探开发规划、政策制定、矿业权招标出让、资源勘查提供基本依据。同时，按照国土资源部“调查先行，规划调控，招标出让，多元投入，加快突破”的找矿机制，国土资源部油气资源战略研究中心还积极开展相关政策、矿业权招标出让研究，促进页岩气资源的勘探开发。中国地质大学（北京）、中国石油大学（北京）等高校作为较早参与页岩气资源调查与研究的高校，先后参加了全国油气资源战略选区调查与评价等国家专项、国家自然科学基金项目以及国家科技重大项目等的研究任务，在基础理论创新研究上取得了一定成果。

2012 年 3 月 2 日，国土资源部发布了全国页岩气资源评估报告。这次评价和优选，将中国陆域划分为“上扬子及滇黔桂区、中下扬子及东南区、华北及东北区、西北区、青藏区”5 大区，范围涵盖了 41 个盆地和地区、87 个评价单元、57 套含气页岩层段。初步评价认为，中国陆域（不含青藏区）页岩气地质资源潜力为 134.42×10^{12}m^3，可采资源潜力为 25.08×10^{12}m^3。其中，已获工业气流或有页岩气发现的评价单元面积约 88×10^4km^2，地质资源量为 93.01×10^{12}m^3，可采资源量为 15.95×10^{12}m^3。该评价结果第一次系统阐述了中国页岩气资源潜力，意义重大。

国土资源部于 2012 年公布的《全国页岩气资源潜力评价》结果表明，贵州省页岩气地质资源量为 10.48×10^8m^3，占全国的 12.79%，在全国排名仅次于四川省、新疆维吾尔自治区和重庆市。2012—2013 年，由贵州省国土资源厅立项，率先在全国启动了贵州省页岩气资源勘探调查评价，按照“黔北突破、带动两翼、兼顾黔南”的战略思路，投资 1.5 亿元，实施了资源调查井 26 口，开展了二维电法、音频大地电磁测深等部分物探工作。由省财政出资对全省范围内的页岩气资源调查评价，这一做法对全国页岩气资源调查、勘探和开发具有示范意义。

初步评价认为，贵州省页岩气层位可能有震旦系、下古生界（寒武系、志留系）、上古生界（泥盆系、石炭系、二叠系）、中生界等。根据贵州省区域地质背景及地质构造单元，全省具体划分为“黔北区、黔西北区、黔南区、黔西南区”4 个工作区。页岩气资源调查的主要任务：地质构造特征、沉积特征、层系剖面特征、平面分布特征等；有机质页岩发育地质特征、分布规律、页岩含气条件；页岩气资源评价和有利目标区优选，资源评价参数分析、资源评价、可能的“甜点”等。

经过一年多的调查评价，基本查明贵州省有利页岩层系 7 个，页岩气地质资源量 $13.54\times10^{12}m^3$、可采资源量 $1.95\times10^{12}m^3$。

黔北试验区位于贵州省北部，行政区域以遵义市为主，是国土资源部首批“全国页岩气战略调查先导实验区建设”重点战略调查区之一。区内共实施调查井 13 口（含调查评价井）、探井 4 口、参数井 1 口、压裂试气与排采井 1 口（丁页 2HF 井）。试验区除实施 19 口钻井外，仅开展了少量的地质调查、二维地震勘探，目前勘查程度仍较低。

在黔北试验区内，第二轮中标区块有 4 个，自 2012 年以来，开展了少量地质调查、二维地震，实施钻井 7 口。总体上，4 个区块的勘查工程布置少、投入低，至 2015 年，累计投入资金 2.52 亿元。

其中，试验区北部正安—务川地区的页岩气调查评价，完成二维地震 121km，龙马溪组页岩钻井 1 口。2013 年，中国石化还在试验区北部綦江南区块习水丁山钻探了以龙马溪组为目的层系的丁页 2HF 井（图 4–2），该井压裂测试，日产气 $7.72\times10^4m^3$，试采稳定日产气 0.5×10^4～$1.5\times10^4m^3$，累计产气 $1052\times10^4m^3$。丁页 2HF 井是黔北试验区，也是贵州省龙马溪组获工业气流的首口页岩气井。

图 4–2　丁页 2HF 井压裂现场

重庆市也于 2009 年率先启动了全国首个页岩气资源勘查项目，国土资源部将重庆市列为国家页岩气资源勘查先导区，拉开了页岩气勘探开发序幕。2012 年 11 月，中国石化在重庆市涪陵区焦石坝构造钻探的焦页 1HF 井在龙马溪组获得高产页岩气流。2013 年 9 月，国家能源局批准设立重庆市涪陵国家级页岩气示范区。2014 年 6 月，国土资源部、重庆市、中国石化联合设立重庆涪陵页岩气勘查开发示范基地。

重庆市页岩气资源调查评价初步估算重庆辖区页岩气地质资源量为 $12.75\times10^{12}m^3$，可采资源量 $2.05\times10^{12}m^3$，位居全国第三。页岩气有利区 29 个、目标区 5 个。

2010 年，国土资源部设置的川渝黔鄂页岩气资源战略调查先导试验区，重庆市的渝东南和渝东北两个区块被列入首批全国页岩气资源战略选区调查评价范围。2010 年 10 月，国家油气资源与探测重点实验室与重庆市地方政府合作成立了“重庆页岩气研究中心”。2013 年 3 月，中国国际页岩气勘探开发暨市场高峰论坛在重庆市召开，与会专家论证评估认为，中国陆域页岩气地质资源量达 $36\times10^{12}m^3$（不含青藏地区），其中重庆地区页岩气资源丰富。根据国土资源部油气中心的评价，重庆綦江、武隆、彭水、秀山等区县是页岩气资源最丰富的地带。

至 2012 年底，重庆市页岩气资源调查评价项目累计完成 1：10 万页岩气路线地质调查 2376km，1：1000 地层剖面 104.29km，1：500 目的层剖面测量 33.20km，二维地震 726.8km，音频大地电磁和大地电磁测深 252km，钻井 18 口，黔页 1 井测试龙马溪组获瞬时流量 $308m^3/h$。

重庆市页岩气勘探开发自 2009 年拉开序幕以来，到 2015 年底，吸引 5 家企业先后完成了页岩气井近 200 口，在涪陵、彭水、綦江、梁平、永川、酉阳、黔江等区块具有不同程度页岩气流发现，其中涪陵、彭水、綦江、永川投产页岩气井 94 口，日产能力突破 $600\times10^4m^3$，建成产能 $25\times10^8m^3/a$，初步形成了规模化、商业化生产格局。按照规划，重庆市页岩气产业实施“勘探开发、管网建设和综合利用”纵向一体化战略，装备制造与纵向产业链各环节配套，推进横向一体化战略，实现页岩气全产业链集群式发展，打造国家级页岩气开发利用综合示范区。

2012 年后，涪陵页岩气田的发现，重庆一举成为中国页岩气勘探开发“主战场”之一，是中国首个大型商业化勘探开发的页岩气田，主力产层为上奥陶统五峰组—下志留系龙马溪组页岩，埋深小于 4000m 范围页岩气地质资源量约 $4800\times10^8m^3$，规划一期建设 $50\times10^8m^3/a$ 产能，二期建设 $50\times10^8m^3/a$ 产能，累计建成 $100\times10^8m^3/a$ 产能。

2. 科研项目攻关

通过早期探索、实践，发现要想实现页岩气的规模有效开发，需要动用各方力量开展大量的科研攻关，“十二五”和“十三五”期间，国家部委、地方政府、企业统筹规划、加大投入，持续开展科研攻关，助推页岩气勘探开发。

1）页岩气列入“十二五”“十三五”国家重大专项

（1）“十二五”期间的国家级项目。

①“页岩气勘探开发关键技术”项目。“页岩气勘探开发关键技术”攻关项目为“十二五”国家科技重大专项，由中国石油勘探开发研究院承担。项目一共设置 6 个攻关课题，分别为“重点地区页岩气资源评价”“页岩气储层特征研究与目标优

选”“页岩气地球物理技术”“页岩气储层增产改造技术”“页岩气开发机理及技术政策研究”“南方海相页岩气开采试验”。主要研究任务为：完成全国三大海相和五大陆相重点地区页岩气资源评价；建立页岩气有利区优选方法及标准体系；形成适合页岩气特点的地震识别及综合预测技术；形成水平井分段多簇压裂工艺技术、微地震裂缝诊断及解释技术；形成页岩气渗流模拟、经济评价一体化的产能综合分析技术；研发高精度含气量测试、孔渗模拟、开采物理模拟等装置。

②“深层油气成藏规律、关键技术及目标预测”项目。“十二五”国家重大专项“深层油气成藏规律、关键技术及目标预测”项目的课题“深层油气、非常规天然气成藏规律与有利勘探区评价技术”的专题“鄂尔多斯盆地东南部页岩气成藏规律与有利勘探区评价”针对陆相页岩气成藏规律与有利勘探区评价进行研究，由延长石油集团承担。专题主要研究内容为研究延长组页岩中天然气的成因，地层矿物特征、地化特征、储层特征，建立页岩气资源量的估算方法。

③“中国南方古生界页岩气赋存富集机理和资源潜力评价”项目。“中国南方古生界页岩气赋存富集机理和资源潜力评价”是国家“973”计划在“十二五”期间设立的基础研究项目，由中国科学院承担。项目主要研究内容为开展南方古生界页岩气赋存富集机理与资源潜力评价的基础性研究，通过对页岩的含气性评价与主控因素、保存条件与含气性关系、孔隙结构与储气机理等方面研究，建立页岩气形成、赋存、富集成藏的地质理论；研究页岩气的评价指标与方法，建立页岩气资源潜力评价理论体系，并对中国南方古生界页岩的资源潜力进行评价；结合实际勘探，评价扬子地区典型区块古生界页岩气的勘探潜力，圈定页岩气的有利勘探开发区。

④“中国南方海相页岩气高效开发的基础研究”项目。“中国南方海相页岩气高效开发的基础研究”是国家“973”计划在“十二五”期间设立的另一个基础研究项目，由中国石油勘探开发研究院承担，项目主要研究内容为页岩气优质储层形成机制与定量表征、页岩气多场耦合非线性渗流理论研究；建立储层评价方法与标准，建立页岩气开发分区动用程度表征方法，构建井眼优化和保护一体的水平井钻完井工程理论与方法，形成地质工程一体化压裂缝网优化理论与设计方法。

⑤“页岩气勘探开发新技术”项目。“页岩气勘探开发新技术”是国家“863”计划在“十二五”期间设立的首个页岩气基础研究项目，由陕西延长石油（集团）有限责任公司牵头承担，项目总体目标是：以“陕西延长页岩气高效开发示范基地”为依托，通过开展陆相页岩气储层评价、钻完井、储层改造、产能预测等关键技术研究，形成适合陆相页岩气地质特点的勘探开发核心技术，为页岩气工业化开采提供技术支撑。

（2）“十三五”期间的国家级项目。

随着“十二五”国家重大专项等国家级项目的深入研究，以及涪陵、长宁和威远等页岩气田产能建设的快速推进，发现还有很多问题急需在“十三五”期间解决，为此，设立了“页岩气区带目标评价与勘探技术”“页岩气气藏工程与采气工艺技术”等一批新的国家重大专项（表4–1），为页岩气的勘探开发、增储上产提供强劲的技术支撑。

表4–1 “十三五”期间国家级项目重点攻关项目统计表

序号	项目名称	设立时间
1	涪陵页岩气开发示范工程	2016年
2	长宁—威远页岩气开发示范工程	2016年
3	彭水地区常压页岩气勘探开发示范工程	2016年
4	昭通页岩气勘探开发示范工程	2017年
5	页岩气资源评价方法与勘查技术攻关	2016年
6	四川盆地及周缘页岩气形成富集条件与选区评价技术	2017年
7	页岩气区带目标评价与勘探技术	2017年
8	页岩气气藏工程及采气工艺技术	2016年
9	延安地区陆相页岩气勘探开发关键技术	2017年
10	页岩气等非常规油气开发环境检测与保护关键技术	2016年

2）省部级设立重点攻关项目

为推动我国页岩气产业发展，国土资源部、地质调查局油气中心、重庆市政府以及四川省和陕西省科技厅设立了“四川盆地下古生界页岩气资源潜力评价及选区”等科研攻关和地质调查项目（表4–2）。

表4–2 部分省部级重点攻关项目统计表

序号	单位	项目名称	时间
1	四川省科技厅	四川盆地下古生界页岩气资源潜力评价及选区	2015—2017年
2	国土资源部	上扬子及滇黔桂区页岩气资源调查评价与选区	2010—2013年
3	国土资源部	涪陵及邻区页岩气形成条件与勘探评价技术	2014—2015年
4	国土资源部	渝黔南川区块页岩气形成富集条件与勘查进展	2014—2016年
5	国土资源部	涪陵页岩气勘探开发技术攻关与示范应用	2016—2017年
6	地质调查局油气中心	四川盆地西南部志留系页岩气勘查评价试验	2015—2016年
7	成都地质调查中心	川东页岩气基础地质调查	2016—2017年
8	成都地质调查中心	川南页岩气基础地质调查	2014—2015年
9	重庆市房管局	重庆市页岩气勘探有利区带优选及资源评价	2015—2016年
10	陕西省科技厅	陆相页岩气资源地质研究与勘探开发关键技术攻关	2012—2015年

第三节　多种主体投入页岩气开发

自从国内掀起页岩气“热”之后，石油公司积极投入了页岩气勘探开发。在页岩气成为独立矿种后，更多的国企、民企参加了矿权区块的招投标，也希望能加入页岩气勘探开发大军，众多科研机构及高等院校采取多种形式加大非常规油气开采技术的革新。多种主体的深度参与大大地推动着我国页岩气行业的蓬勃发展。

一、石油企业拉开商业开发序幕

为了能及时引进北美页岩气开发技术，国内油田企业与国外油公司、服务公司开展了大量联合研究工作。

2007 年 12 月，中国石油与美国新田石油公司签署了中国页岩气第一个联合研究协议《威远地区页岩气联合研究》，对四川盆地威远地区寒武系九老洞组和志留系龙马溪组两套海相页岩地层开展联合研究，旨在借鉴北美地质评价方法，认识威远区块页岩气地质特征、评价开发潜力。通过两年的共同工作，完成了野外地质剖面观察，利用威远区块约 20 口井的岩心、测井、录井等资料完成了以九老洞组（筇竹寺组）为主的地质综合研究和资源评价。

2009 年 11 月，中国石油与壳牌（中国）勘探与生产有限公司签署《四川盆地富顺—永川区块页岩气联合评价协议》。富顺—永川区块主要位于四川盆地南部四川省与重庆直辖市接壤区域，面积约 $4000km^2$，在两年多的评价期内，钻探了珙县 1 井和华蓥 2D 两口资料井，完成了阳 101 等 5 口评价井的钻探（其中直井 2 口、水平井 3 口），直井阳 101 井测试产气 $6\times10^4m^3$，水平井阳 201-H2 井测试产气 $43\times10^4m^3$，创造了当时国内页岩气直井和水平井测试产量的最高纪录。

中国石化自 2009 年开始与 BP 公司、美国雪佛龙公司和美国新田石油公司等开展了合作，在南方海相优选宣城—桐庐、湘鄂西、黄平、涟源区块实施了宣页 1 井、河页 1 井、黄页 1 井和湘页 1 井以及彭页 1 井，其中仅彭页 1 井于 2012 年 5 月测试获 $2.52\times10^4m^3/d$ 页岩气流，也是中国石化第一口获得工业气流的海相页岩气探井。

2013 年 2 月，中国石油与康菲石油（中国）有限公司签署《内江—大足区块联合研究协议》，对区块内志留系顶部到寒武系底部的页岩气开发潜力进行评估。研究组对区内的志留系龙马溪组进行了地质综合评价及资源评估，于 2015 年 2 月提交了联合研究报告。

2013 年 3 月，中国石油与埃尼（中国）公司签署《荣昌北区块联合研究协议》，埃尼公司在完成了协议的第一阶段工作后，于 2014 年 5 月结束了工作。

1. 中国石油初期在油气区块内开展的页岩气区域评价

中国石油的页岩气勘探开发以四川盆地古生界寒武系、志留系为重点。迄今，中国石油在四川盆地及周缘拥有页岩气矿权11个，面积$5.1\times10^4km^2$，筇竹寺组和五峰组—龙马溪组页岩气总资源量$19.7\times10^{12}m^3$，主要分布在四川省、重庆市和云南省三个行政区境内。

2005年，中国石油率先在四川盆地寻找并研究页岩气富集区，历经评层选区、先导试验和示范区建设等阶段，实现了起步就锁定四川盆地及周缘为重点区域、古生界海相页岩为重点领域，开展页岩气勘探开发工作，快速实现工业突破，快速跨入工业化规模开发新时期。以四川盆地古生界海相页岩为重点，开展了富有机质页岩区域排查、页岩气资源估算、页岩气勘探开发技术攻关、装备研制、钻探评价与开发先导试验工作。从2008年钻探第一口地质评价井，至2013年，在四川盆地及邻区完成二维地震5641km、三维地震$358km^2$、完钻页岩气井33口（其中水平井13口，3口水平井初期日产页岩气超过$10\times10^4m^3$），累计实现页岩气商业产量$6000\times10^4m^3$。

2005年，中国石油勘探开发研究院设立了第一个页岩气院级科研项目“北美页岩气勘探开发形势调研与分析”。当年在中国石油高层研讨会上，就首次提出了勘探开发页岩气等非常规油气资源的设想。随后组团考察了美国页岩气开采现场，并翻译出版了页岩气相关技术资料和文献报告。以四川盆地古生界筇竹寺组、五峰组—龙马溪组为重点，开展了老井复查与露头地质调查，初步评价了两套页岩地层发育情况及钻井页岩气显示特征。

2006年底，中国石油与美国新田石油公司在北京香山举办了我国第一次页岩气勘探开发技术国际研讨会。

2007年，中国石油与美国新田石油公司联合开展了第一个页岩气国际研究项目——四川盆地威远气田寒武系九老洞组和志留系龙马溪组页岩气资源潜力研究，在威远气田钻探的注水井—威001-2井在寒武系九老洞组页岩层段取心，开展页岩气共同研究，对川南地区钻遇上述两套页岩层段的井进行系统研究。

2008年，中国石油勘探开发研究院，经四川盆地周缘及南部滇黔北地区页岩露头地质调查和研究，在四川盆地南缘长宁构造北翼钻探了中国第一口页岩气地质评价井——长芯1井，由此确立了五峰组—龙马溪组页岩气主力勘探层系地位。同时，在四川盆地周边建立了第一批共三条页岩地层露头地质标准数字化剖面，为页岩气源岩研究、储层评价、甜点段识别奠定了良好基础。在四川盆地及周缘优选出了我国第一批页岩气勘探开发有利区带：威远、富顺：永川、长宁、滇东北（昭通）和黔北道真等。

2009年，中国石油在川南、滇黔北拉开了“川南、昭通”两个页岩气勘探开发示

范区建设序幕。同年，首次参加在挪威召开的页岩气国际研讨会，开始了真正意义上的页岩气勘探开发探索。2009 年，中国石油申请了我国第一个页岩气探矿权区块—云南昭通区块，开钻了我国第一口页岩气评价井——威 201 井，2010 年经压裂在筇竹寺组和龙马溪组获工业页岩气流。

2010 年，中国石油与壳牌公司合作开发页岩气，签署了我国第一个国际页岩气合作勘探开发项目协议——四川盆地富顺—永川区块页岩气联合评价项目协议。2010 年 5 月，中美两国发表了能源安全合作联合声明，就页岩气资源评价、勘探开发技术及相关政策等方面开展合作。

2010 年，国家能源局在中国石油勘探开发研究院设立国家能源页岩气研发（实验）中心，中国石油钻探我国第一口页岩气水平井——威 201–H1 井，分段压裂获工业页岩气流。

2011 年，中国石油在长宁、昭通区块钻探宁 201 等 3 口直井、壳牌在富顺—永川合作区钻探了阳 101 等 3 口井，压裂均获工业页岩气流。

2012 年，中国石油在长宁区块钻探宁 201–H1 井、壳牌公司在富顺—永川合作区钻探阳 201–H2 井等 4 口水平井，分段压裂获得高产工业页岩气流，成为我国第一批具有商业价值的页岩气水平井。

2012 年，国家能源局在中国石油首先设立了 2 个国家级海相页岩气勘探开发示范区——长宁—威远页岩气勘探开发示范区、云南昭通页岩气勘探开发示范区，从此中国的页岩气勘探开发走上了工业化发展之路。

2. 中国石化初期在油气区块内开展的页岩气区域评价

2009—2014 年，受美国页岩气革命快速发展和成功经验的影响，中国石化启动了页岩气勘探评价工作，将发展非常规资源列为重大发展战略，加快了页岩气勘探步伐。

2009 年，中国石化着手页岩气勘探前期评价和开发技术攻关，经历了选区评价、钻探评价、产能评价和商业开发。一开始选区评价依据的标准是照搬，把美国的页岩厚度、有机质含量、热演化程度、埋藏深度等参数引用过来，在中国南方地区，包括四川盆地及周缘进行评价应用。2009 年，中国石化勘探公司南方分公司成立了专门的研究管理机构，按照“立足盆内、突破周缘、准备外围”的总体思路，以四川盆地及周缘为重点，开展页岩气勘探选区评价研究。

（1）选区评价：2010 年至 2012 年，中国石化开展了“上扬子及滇黔桂区页岩气资源调查评价与选区”“勘探南方探区页岩气选区及目标评价”“南方分公司探区页岩油气资源评价及选区研究”“四川盆地周缘区块下组合页岩气形成条件与有利区带评价研究”等多个重大科研项目研究，逐步形成了中国南方复杂地区海相页岩气富集理论认识与选区评价体系，为南方复杂区海相页岩气选区评价提供了地质理论支撑。

2010 年 5 月，首先在安徽宣城针对下寒武统筇竹寺组钻探了宣页 1 井，2011 年陆续钻探河页 1 井、黄页 1 井和湘页 1 井，在页岩层段见到了一些气流，但产气量并不高。评价论证认为中国南方一些地区热演化程度较高，地下页岩气已经演化成炭了，有些地方保存程度差。分析认为整个南方地区只有四川盆地保存条件较好，随即将页岩气有利勘探方向转向四川盆地。

（2）钻探突破：2011 年，中国石化对前期优选出来的焦石坝—綦江—五指山区块开展深入评价，落实了四川盆地内焦石坝、南天湖、南川、丁山及林滩场—仁怀等 5 个有利勘探目标。在明确有利目标后，2012 年以来，在四川盆地开展了两方面工作：① 开始以四川盆地侏罗系—三叠系陆相页岩为目标，在涪陵、元坝等地区实施钻探。利用四川盆地常规天然气老井，先对这些老井进行普查，普查后钻探了一批新井，包括建页 1 井和建页 2 井等，这些井陆续完钻，普遍见到 2000～6000m^3/d 低产气流，个别井获得高产，日产上万立方米，元坝 21 井日产达 $50\times10^4m^3$。② 针对海相页岩，一方面开展老井测试，另一方面钻探了焦页 1 井和彭页 1 井等一批新井。2012 年初，在彭水钻探的彭页 1 井压裂获日产气量 $2.5\times10^4m^3$，实现了中国石化 2010 年钻探页岩气井以来取得的最好效果，后来该井转入试采阶段，稳定产量约 $1.5\times10^4m^3/d$。根据彭页 1 井成果，钻探的彭页 2 井和彭页 3 井，产量基本稳定在 $2\times10^4m^3/d$ 左右。至 2012 年底，焦页 1 井实现了重大突破。2012 年初在涪陵地区焦石坝构造上部署了焦页 1 井，2012 年 11 月 28 日，焦页 1 井对五峰组—龙马溪组页岩层段分 15 段压裂试气，测试产量达 $20.3\times10^4m^3/d$，稳定产量 $11\times10^4m^3/d$，与焦页 1 井相邻的丁页 2 井水平井段约 1000m 分 12 段压裂获得 $10\times10^4m^3/d$，上述钻探成果是中国石化页岩气的勘探成果，也进一步证实中国页岩气勘探的重大突破。

2012 年，在最有利的焦石坝目标区钻探的第一口海相页岩气探井——焦页 1 井，2012 年 11 月 28 日焦页 1 井实现重大突破后，选择 2395～2415m 优质页岩层段作为侧钻水平井段靶窗，实施侧钻水平井——焦页 1HF 井。焦页 1HF 井突破后，迅速在其南部甩开钻探了焦页 2 井、焦页 3 井和焦页 4 井三口评价井。3 口评价井评价不同水平井段长和埋藏深度的页岩气产能，3 口井测试分别获得日产页岩气流 $33.69\times10^4m^3$，$11.55\times10^4m^3$ 和 $25.83\times10^4m^3$，实现了涪陵页岩气田焦石坝区块主体的控制。焦石坝主体勘探区埋深小于 3500m，整体部署了 594.50km^2 三维地震，开展构造精细解释、优质页岩气层厚度预测、压力预测、TOC 含量分布预测、页岩气甜点预测等，为整体开发建产奠定了扎实资料基础。

2013 年初，在焦石坝构造部署了一个实验井组一共 18 口井，2013 年底完井 13 口。13 口井合计日产气 $180\times10^4m^3$，建成页岩气产能 $5\times10^8m^3/a$，2013 年实现页岩气产量 $1.43\times10^8m^3$。其后，优选出 28.7km^2 有利区，进行开发试验和产能评价，共

部署钻井平台 10 个，钻井 26 口，利用探井 4 口，单井产能 $7\times10^4m^3/d$，新建产能 $5.0\times10^8m^3/a$。产能评价主要内容包括水平井段长度 1000m 和 1500m 以及水平井轨迹方位开发试验；开展压裂改造工程工艺技术试验，评价不同压裂段数、压裂规模对单井产能的影响，确定合理的单井产能。

2013 年 9 月，经国家能源局批复设立了涪陵国家级海相页岩气示范区，涪陵页岩气田正式启动国家级示范区建设。2013 年 11 月，中国石化通过了“涪陵页岩气田焦石坝区块一期产能建设方案”。涪陵页岩气田焦石坝区块一期将建成页岩气产能 $50\times10^8m^3/a$。

2014 年国土资源部通过相关评审，再次授予涪陵“页岩气勘查开发示范基地”称号。国土资源部组织的评审认定涪陵页岩气田储层厚度大、丰度高、分布稳定、埋深适中，是典型的优质海相页岩气田，新增探明地质储量 $1067.5\times10^8m^3$。

2013 年涪陵页岩气田进入商业开发，2014 年加快了页岩气田建设步伐，2015 年建成产能 $50\times10^8m^3/a$。

2010—2014 年，中国石化还在南方盆地、渤海湾盆地、泌阳盆地及地区开展大量页岩气勘探评价工作（表 4–3），累计完钻页岩气评价井 23 口，其中海相 12 口、陆相 3 口，实施二维地震 448.85km，三维地震 $999.496km^2$。

表 4–3　中国石化在四川盆地及周缘重点区块页岩气勘探开发工作量统计表

区块		目的层	二维地震 km	三维地震 km^2	钻井		进尺 m	兼探、复试井 数量，口
					井型	数量 口		
海相	涪陵	下志留统	200.73	594.496	水平井、直井	9	20487.69	
	綦江	下志留统			水平井、直井	1	5700	
	綦江南	下志留统	125.88	405	水平井、直井	1	3336	
	五指山—美姑	下志留统				1		
	镇巴	下志留统、下寒武统	122.24					
	南江	下寒武统				1		
陆相	川东北元坝	下侏罗统			水平井	1	4982	6
	川东南涪陵	下侏罗统			水平井、直井	2	12062	5
总计			448.85	999.496		16	46567.69	11

3. 延长石油集团在油气区块内开展区域评价

延长石油集团页岩气勘探开发工作主要在鄂尔多斯盆地延安地区开展。自2008年，延长石油开始页岩气调研研究与评价，优选了页岩气勘探有利目标层系及有利区，在此基础上，开展钻完井及大规模压裂技术探索。2011年4月，成功压裂了中国第一口陆相页岩气井——柳评177井，获日产气2350m^3，实现了中生界延长组长7段陆相页岩出气关。

通过水平井钻探，试气获日产气8000～16000m^3，展示出中生界良好的页岩气勘探潜力。上古生界山西组海陆过渡相页岩气层完钻井现场解析含气量1.8～5.7m^3/t，水平井段长1000m，测井综合解释气层852m/4层。2012年，经国家能源局批准在延安建设国家级陆相页岩气勘探开发示范区。

截至2013年，延长石油在鄂尔多斯盆地累计实施三维地震50km^2、完钻页岩气井39口。其中，直井32口（中生界28口、上古生界4口）、丛式定向井3口、水平井4口；共压裂页岩气井34口，其中直井28口、丛式定向井3口、水平井3口，均获页岩气流。在下寺湾柳评177—延页12井区钻探页岩气井22口，通过精细地层对比，明确了以长7富有机质页岩为主的页岩气勘探目的层，厚度40～55m，有机质类型以Ⅱ$_1$型和Ⅱ$_2$型为主，热演化程度R_o为0.56%～1.42%、处于成熟阶段，微观储集空间主要为原生孔隙及孔缝、粒间粒内溶蚀孔、有机质内微孔等。页岩层温度48～54℃，平均压力系数为0.68。直井压裂日产气1779～2413m^3，气体组分甲烷含量62%～88.93%。初步评价，确定延长组长7段页岩含气面积130km^2，页岩气地质储量约290×10^8m^3。

4. 中国海油在油气区块内开展的区域评价

相对而言，中国海油在页岩气勘探开发上的工作不多。但初期也在安徽芜湖地区开展了一些页岩气勘探评价工作。在芜湖近5000 km^{2}的页岩气矿权区内，实施了二维地震500km、三维地震100km^2，钻地质浅井5口。

5. 其他企业在油气区块内开展的区域评价

实际上，除上述石油企业外，我国页岩气勘探开发初期，还有许多地方政府和企业都对页岩气勘探开发做了许多有益工作。中联煤层气有限责任公司在沁水盆地钻探3口页岩气勘探井，河南煤层气公司中标秀山页岩气勘查区块，实施二维地震524km，钻地质浅井1口。2011年，重庆市在黔江地区钻探黔页1井和黔页2井两口页岩气井，其中黔页1井压裂试气最高日产气量3000m^3。2012年，贵州省、湖南省与中国华电集团有限公司成立页岩气公司，开展页岩气勘探开发。江西省、湖南省、贵州省、重

庆市等省市也成立了页岩气勘探开发相关机构。除传统油气企业以外，中国非油气企业也纷纷对页岩气的勘探开发表现出极大热情，尤其是在国土资源部第二次页岩气矿权区块招标时，众多非油气企业，如电力、煤炭、投资、设备制造等企业，纷纷以各种方式参加到页岩气勘探开发招投标区块中，其中主要方式包括与地方政府签署战略合作协议、与国内实体公司合作开发或独立开发等。

二、社会各类投资主体公开招标

为加快我国页岩气勘探开发，国土资源部对页岩气探矿权获取方式做了重大改革，采取公开招投标方式竞争取得。“十二五”期间，国土资源部于 2011 年 6 月进行的第一轮页岩气探矿权出让采用邀请招标方式，首批优选出了 4 个区块邀请了 6 家石油或煤层气国企投标，其中中国石化和河南省煤层气开发利用有限公司各中标一区块，其余两块被放弃。

2012 年 5 月，国土资源部再次启动了第二轮页岩气探矿权招标投标工作。2012 年 9 月，国土资源部在官方网站发布公告，面向社会各类投资主体公开招标出让页岩气探矿权。这次页岩气探矿权招标出让共优选出 20 个区块，总面积为 20002km^2，分布在重庆市、贵州省、湖北省、湖南省、江西省、浙江省、安徽省、河南省等 8 个省（市）（图 4–3）。2012 年 10 月，国土资源部在北京市举行了 2012 年页岩气探矿权招

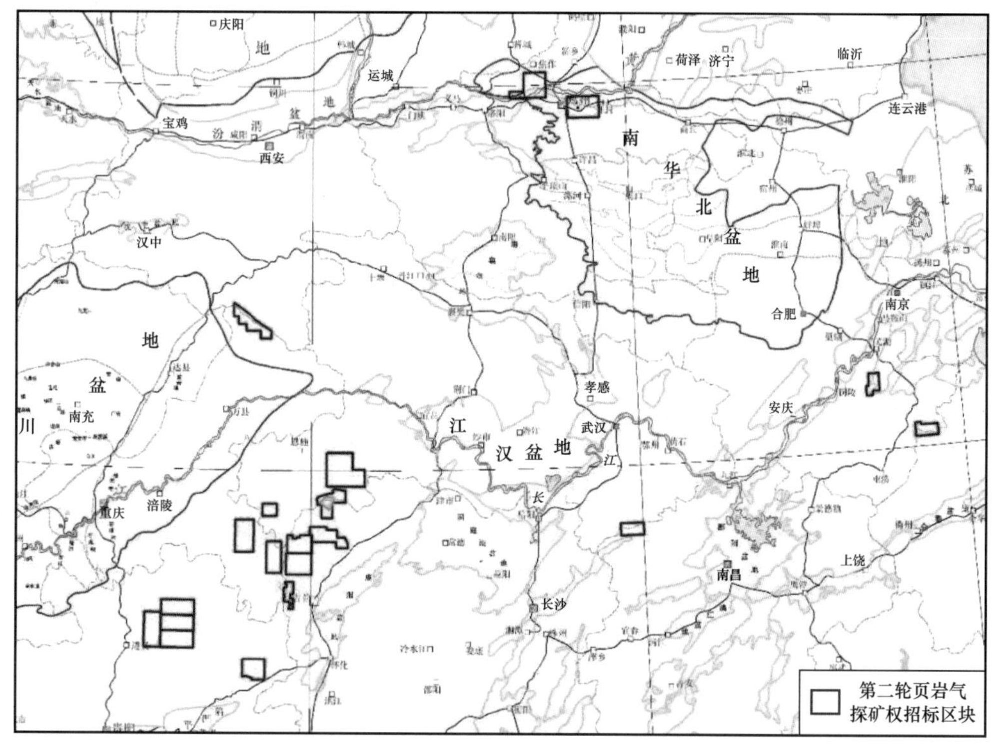

图 4–3　全国第二轮页岩气探矿权招标区块位置图

标出让开标。83家企业竞争20个页岩气区块的探矿权，除其中一个区块投标人不足规定的3家公司而流标外，其余19个区块全部得到招标出让。2012年12月，国土资源部向社会公示了2012年页岩气探矿权出让招标各区块前三名中标候选企业。19个中标区块中，2个区块由民营企业中标，17个区块由国有企业中标。两家民营企业——华瀛山西能源投资有限公司和北京泰坦通源天然气资源技术有限公司分别中标贵州凤冈页岩气二区块和凤冈页岩气三区块。中煤地质总公司、华电煤业集团有限公司、神华地质勘查有限责任公司、国家开发投资公司等国有企业及重庆市能源投资集团公司、铜仁市能源投资有限公司等地方投资能源集团中标了其余17个区块的探矿权。

经过几年的勘探开发实践，除中国地质调查局油气调查中心在贵州省的安场构造、湖北省宜昌区块的黄陵隆起有探井发现页岩气流外，在南方全部21个招标区块中，中标企业积极开展了页岩气勘探工作，较好地完成了地面地质勘探、地震勘探工程、地质调查井和参数井等实物工作量投入，在页岩气评价标准、页岩气富集规律及钻井压裂工程工艺体系等方面取得了重要认识和成果。但在四川盆地外的复杂构造区的页岩气勘探开发仍整体进展不大，只有临近四川盆地的贵州岑巩、湖南龙山和保靖、重庆黔江、河南中牟、湖北来凤咸丰和鹤峰等区块钻井在页岩层段见到零星气显示。

根据中标企业三年勘探周期的数据显示，所有中标企业都没能够在承诺的投入期内完成勘查投入，没有能够在探矿权到期时取得实质性的收获。第二轮招标区块实施结果表明，南方复杂构造区页岩气藏形成条件，尤其是保存条件面临极大挑战。究其原因是在前期工作程度低，勘探开发难度认识不足，中标企业无从下手。从地质条件看，除重庆市外，湖南省、湖北省和江西省等地都不是过去认为的天然气资源富集区。此外，中标企业无一例外地都是第一次涉足有关油气（页岩气）勘探开发，在油气（页岩气）勘探开发技术和经验的影响也不容忽视。南方复杂构造区页岩气勘探开发遭遇的地质和技术难题，制约了南方地区页岩气勘探工作的持续推进。

2017年8月，经过200余轮的竞买人叫价，中国页岩气探矿权拍卖全国“第一槌”在贵州省敲响，贵州产业投资（集团）有限责任公司以12.9亿元的价格成功竞得贵州正安页岩气勘查区块探矿权（含已钻探的安页1井）。这是国土资源部2011年和2012年两轮探矿权区块招标后，首宗以拍卖方式出让的页岩气勘查区块探矿权，是按照《中华人民共和国矿产资源法》和《中华人民共和国拍卖法》等有关法律、法规和有关规定，通过公开拍卖方式确定贵州省正安页岩气勘查区块探矿权人。本次拍卖共有4家单位参加竞买，拍卖起始价为4236万元，探矿权设立期限为3年，从勘查许可证有效期开始之日起算。买受人在3年内完成勘查实施方案设计的工作量，达到“三年落实储量、实现规模开发”目标的，可申请延续，每次延续时间为2年，延续时须提交新的勘查实施方案，延续期间，最低勘查投入每年每平方千米不低于5万元。

2015年以来，为贯彻落实党中央关于保障国家能源安全、优化能源结构的要求，在国家财政部的大力支持下，在国土资源部的统一领导下，按照中国地质调查局统一部署，中国地质调查局油气调查中心以实现南方油气重大突破为目标，瞄准久攻未克的复杂地质构造区，优选贵州省安场向斜页岩气有利区，联合贵州省国土资源厅、贵州黔能页岩气开发有限责任公司，实施了安页1井钻探，发现4个含油气层段，包括五峰组—龙马溪组页岩气。其中在石牛栏组致密泥晶灰岩、泥质灰岩及黑色的灰质泥岩、泥岩薄互层段，发现致密灰岩气层两层，埋藏深度2105～2206m，测试初产气$16.9\times10^4m^3/d$，稳定日产气$10.22\times10^4m^3$，开辟了油气勘查的新区、新层系和新类型。

三、科研机构及高校参与研究

自中美签署《中美关于在页岩气领域开展合作的谅解备忘录》和中国页岩气勘探开发起步后，国内科研机构和大学采取多种形式，开展页岩气国际学术交流活动：一是国内从事页岩气工作科技人员、学者或页岩气管理人员到美国进行页岩气考察，了解美国在页岩气方面的学术动态、技术进展等；二是邀请美国专家学者就页岩气技术和最新进展来华讲学；三是与国外有关机构和专家共同承担页岩气研究或委派页岩气技术人员到国外参与页岩气研究项目；四是参加国际页岩气学术会议；五是就有关页岩气图书和相关资料及其他传媒、信息进行交流等。

近10年来，中国相关油田公司、科研机构和大学相继派出页岩气专业人员或学生，到美国进行页岩气技术或页岩气管理方面的学习。美国有的大学还接收或联合培养留学生，为我国页岩气产业发展培养了大量的人才。

同时，国内许多高校关注页岩气研究，相继成立了相关研究机构。中国地质大学（北京）成立了油气资源实验室和页岩气研究基地；中国石油大学（北京）成立了新能源研究所；长江大学成立了长江大学 Harding Shelton 页岩气研究中心，建立了专门的页岩气实验室；东北石油大学将非常规油气领域作为未来的重要研究方向；西安石油大学成立了石油天然气地质研究所；西南石油大学重点研究非常规气藏的开发技术（钻井技术）；北京大学与国外合作侧重于页岩气开发；西北大学和成都理工大学等院校都设立了页岩气研究组织，开展了大量相关工作。

我国页岩气勘探工作起步较晚，科技工作者抓住时机、坚定前行、迎头赶上。通过赴美学习参观、交流与培训，对比中美页岩气地质条件，扎实开展我国页岩气地质调查评价，在较短时间里取得了长足进步，总结我国富有机质页岩类型、分布规律及页岩气富集特征，确定了页岩气主要领域及重点层系，创新使用页岩气勘探开发地球物理、钻完井、水平井压裂改造等技术，探索形成具有中国特色的页岩气勘探开发理论体系和技术系列，实现我国页岩气勘探开发的重大突破和迅速崛起。

第四节　国家级页岩气示范区建设

为加快页岩气勘探开发技术集成和突破，形成相应的开采工程技术系列标准和规范，探索页岩气勘探开发的经济政策和更有效的环境保护方法，实现我国页岩气规模效益开发，国家发展和改革委员会和国家能源局在2012—2013年期间，先后批复设立“长宁—威远国家级页岩气示范区”“昭通国家级页岩气示范区”“延安国家级陆相页岩气示范区”和“涪陵国家级页岩气示范区”（表4–4）。

表4–4　国家级页岩气示范区设立时间和承建单位

示范区名称	设立时间	承建单位
长宁—威远国家级页岩气示范区	2012年3月	中国石油西南油气田公司
昭通国家级页岩气示范区	2012年3月	中国石油浙江油田公司
延安国家级陆相页岩气示范区	2012年9月	陕西延长石油（集团）有限责任公司
涪陵国家级页岩气示范区	2013年9月	中国石化江汉油田公司

页岩气示范区的设立具有重大的战略意义：

（1）优化能源结构，促进节能减排。开发利用页岩气可以为目前不堪重负的煤炭产业“减负”，为中国北方的冬季保供提供充足的气源。而页岩气相对于煤炭是一种更为清洁的能源，推广使用页岩气将有利于减少温室气体排放，助推美丽中国建设。

（2）保障能源安全，促进经济发展。能源是中国全面建设小康社会、实现现代化和富民强国的重要物质基础。能源安全对于国家发展至关重要，页岩气的高效开发将有利于国家能源安全得到保障。加强页岩气示范区产能建设，不仅能促进示范区所在地形成“页岩气开发”产业链，从而提升当地经济发展水平，更能为一带一路建设和“长江经济带”建设等国民经济发展提供有力支持。

开发利用好页岩气，将使中国的能源需求在很大程度上实现自给，这对整个国民经济发展具有重大战略意义。

一、长宁—威远国家级页岩气示范区

2012年3月，国家发展和改革委员会和国家能源局批复设立“长宁—威远国家级页岩气示范区”，面积6534km^2（其中长宁区块4230km^2、威远区块2304km^2）。

1. 长宁区块

长宁区块位于四川盆地西南部，横跨四川省宜宾市长宁县、珙县、兴文县、筠连县境内，属于水富—叙永矿权区（图4–4）。区内地表属于山地地形，地貌以中低山

地和丘陵为主。长宁区块位于川南低陡构造带和娄山褶皱带交界处，发育向斜构造及多个不同规模的背斜构造，其中建武向斜为一近东西向宽缓向斜，为现阶段主力建产区；背斜构造中长宁背斜构造规模最大，其核部在喜马拉雅期遭受剥蚀而出露中寒武统，背斜轴向整体呈北西西—南东东向，南西翼较平缓，北东翼较陡（图 4–5）。

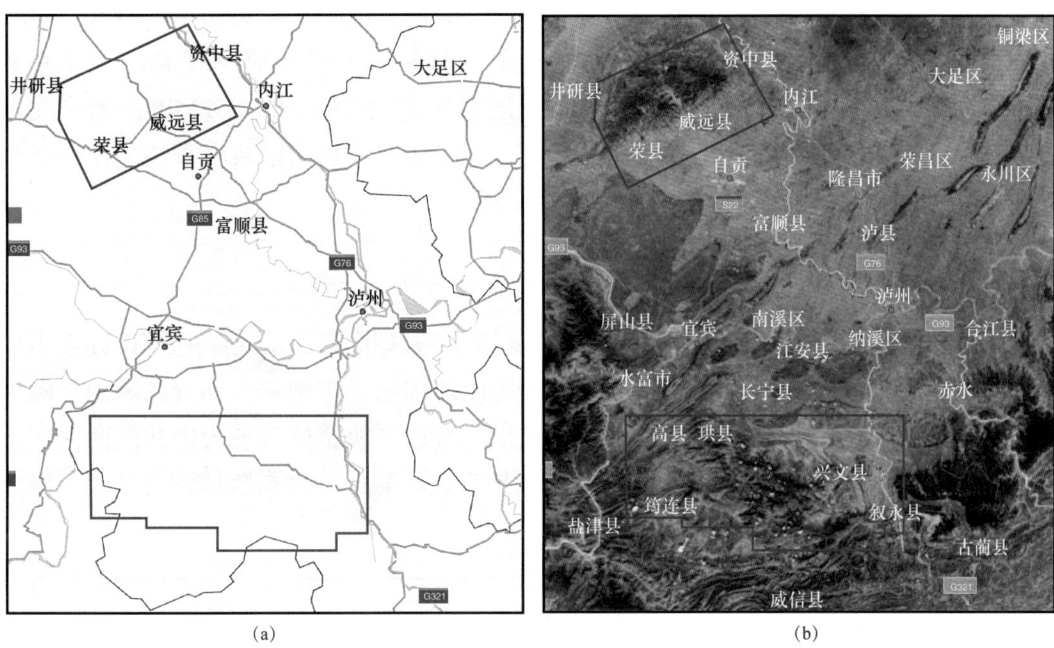

图 4–4　长宁—威远示范区地理位置图（a）和地形地貌图（b）

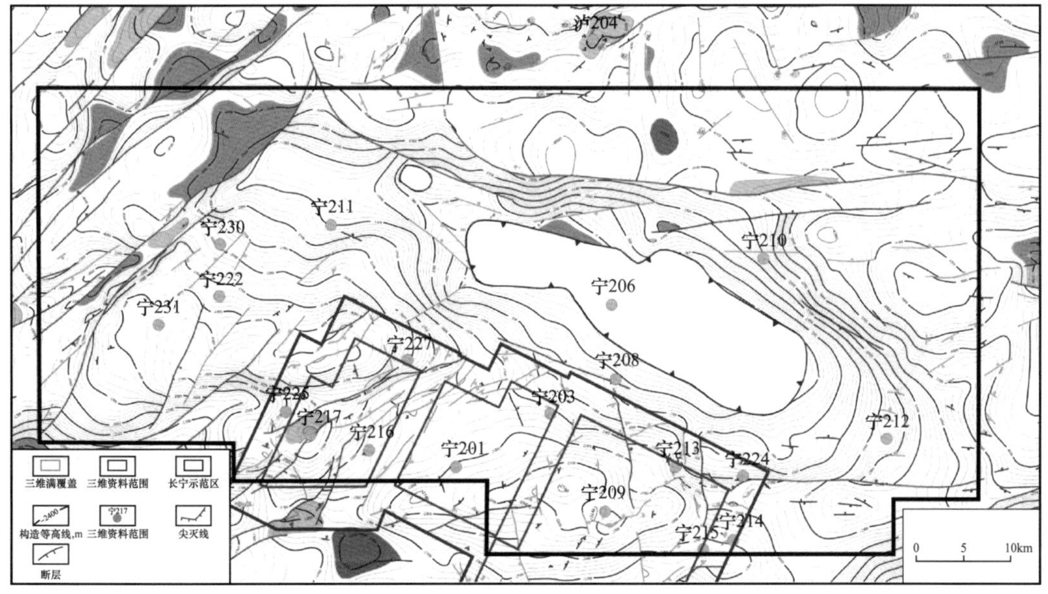

图 4–5　长宁区块奥陶系五峰组底界地震反射构造图

区内上奥陶统五峰组—下志留统龙马溪组为连续沉积地层，是现阶段页岩气勘探开发的目标层系，龙马溪组厚度主要为200～350m，五峰组厚度一般介于2～13m，五峰组底界埋深主要介于1500～4000m。在储层特征方面，长宁区块五峰组—龙一$_1$亚段Ⅰ+Ⅱ类储层各小层脆性矿物含量均值介于61.3%～72.4%；孔隙度分布在4.0%～7.5%之间；总含气量分布在4.0～7.5m^3/t。页岩气烃类组成以甲烷为主，平均98%以上，重烃含量低，低含CO_2，不含H_2S；天然气成熟度高，干燥系数（C_1/C_{2+}）为134.65～282.98。实测产层中深地层压力为18.41～61.02MPa，地层温度为79.1～110.6℃。地层压力系数较高，介于1.35～2.03，表明区块内页岩气保存条件较好。

2. 威远区块

威远区块位于四川盆地西南部，行政区划属内江市威远县、资中县和自贡市荣县境内，涵盖内江—犍为矿权区。区块北部为山地地貌，中南部大部分区域为丘陵地貌，地势自北西向南东倾斜，低山、丘陵各半。威远区块整体表现为由北西向南东方向倾斜的大型宽缓单斜构造，局部发育鼻状构造（图4-6）。地层整体较为平缓，倾角小，断裂整体不发育。

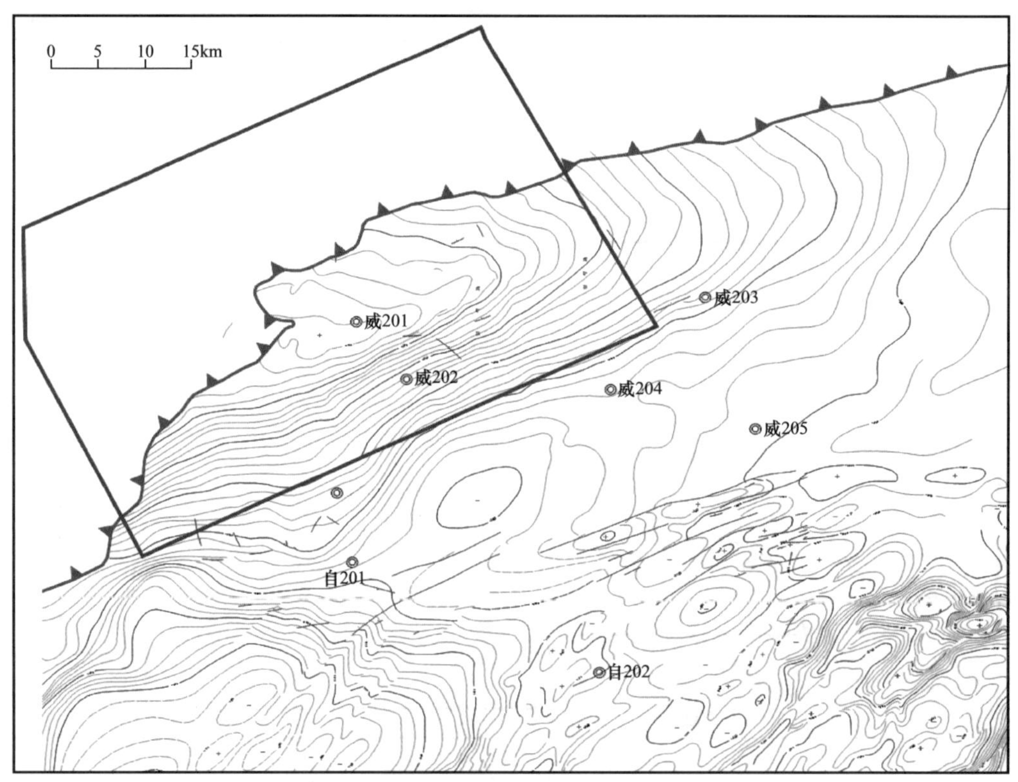

图4-6　威远区块奥陶系五峰组底界地震反射构造图

威远整体地层层序与长宁区块一致，受加里东运动影响，乐山—龙女寺古隆起范围龙马溪组遭受剥蚀，工作区内龙马溪组残余厚度主要为180～450m，五峰组厚度一般介于1～9m。五峰组底界埋深为1500～4000m，由威远背斜自北西向南东方向埋深逐渐增加。在储层特征方面，威远区块各小层脆性矿物含量均值介于60%～82%，平均为74%。五峰组—龙一$_1$亚段页岩Ⅰ+Ⅱ类储层有机质丰度较高，介于2.7%～3.6%，平均为3.2%；孔隙度均值介于5.2%～6.7%，平均5.9%；含气量均值介于3.3～8.5m^3/t。页岩气烃类组成以甲烷为主，占比97%以上，重烃含量很低，不含H_2S，CO_2含量为0.22%～1.5%。天然气成熟度高，干燥系数（C_1/C_{2+}）为138.49～221.32。实测产层中深地层压力为13.79～73.31MPa，压力系数介于1.4～1.99，页岩气保存条件较好，地层温度为71.8～133.92℃。

为了实现工业化大规模开采，长宁—威远国家级页岩气示范区通过不懈探索和持续攻关，从无到有，创新建立了适合中国南方多期构造演化海相页岩气勘探开发六大关键技术，包括综合地质评价技术、开发优化技术、水平井优快钻井技术、水平井体积压裂技术、水平井工厂化作业技术以及高效清洁开采技术。建立并推广应用页岩气特色“六化”模式（即“井位部署平台化”“钻井压裂工厂化”“工程服务市场化”“采输作业橇装化”“生产管理数字化”和“组织管理一体化”），转变了传统的生产作业方式，在提升效率、降低成本方面发挥了巨大作用。

自2014年以来，中国石油天然气股份有限公司先后批复了长宁页岩气示范区3轮开发方案，连续滚动实施产能建设工作。2017年，在长宁区块编制了《长宁页岩气田年产$50\times10^8m^3$开发方案》，建产区面积540km^2，动用五峰组—龙一$_1$亚段Ⅰ+Ⅱ类储层地质储量$2831.26\times10^8m^3$。威远页岩气示范区先后批复了3轮开发方案，连续滚动实施产能建设工作。2017年，在威远区块编制了《威远页岩气田年产$50\times10^8m^3$开发方案》，建产区面积为595km^2，动用地质储量$3080\times10^8m^3$。截至2019年底，长宁区块累计开钻461口井，压裂216口井，投产207口井，区块日产气量$1300\times10^4m^3$，年产气$34.8\times10^8m^3$，累计产气$83.5\times10^8m^3$。威远区块累计开钻416口井，压裂249口井，投产242口井，日产气量$1000\times10^4m^3$，年产气$31.8\times10^8m^3$，累计产气$71.1\times10^8m^3$。

目前，长宁区块页岩气井单井成本为6803万元。其中钻前工程费用836万元，占比12.29%；钻井工程费用2472万元，占比36.34%；压裂工程费用2795万元，占比41.08%；地面建设工程费用700万元，占比10.29%。钻井费用和压裂费用占较大比例。按投资项目现金流量法测算，同比开发方案投资口径，2014—2018年项目内部收益率为12.29%，高于页岩气开发项目基准收益率（8%）。威远区块页岩气井单井成本为6353万元，其中钻井费用2098万元，占比33.02%；压裂费用2913万元，占比45.85%；地面建设500万元，占比7.87%；其他费用621万元，占比9.77%，包括测井费用、录井费用、固井费用、清洁化费用等。按投资项目现金流量法测算，同比开发方案投资口径，2014—2018 年该项目内部收益率为 9.25%，高于页岩气开发项目基准收益率（8%）。

二、昭通国家级页岩气示范区

2012 年 3 月 21 日，国家发展和改革委员会和国家能源局正式批准设立“滇黔北昭通国家级页岩气示范区”，示范区总面积 15078km^2。昭通国家级页岩气示范区跨四川省、云南省和贵州省三省，分布于四川省宜宾市筠连县、珙县、兴文县和泸州市叙永县、古蔺县，云南省昭通市盐津县、彝良县、威信县、镇雄县，贵州省毕节市、威宁彝族回族苗族自治县、赫章县等市县境内。区内地表属山地地形，地貌以云贵高原山地—丘陵地貌为特征。示范区构造主体位于扬子板块西南部的滇黔北坳陷，属扬子地台一级构造单元，北接四川盆地，东与武陵坳陷相邻，南与滇东黔中隆起相接，西邻康滇隆起，处于以下震旦统为基底的准克拉通构造背景（图 4–7）。

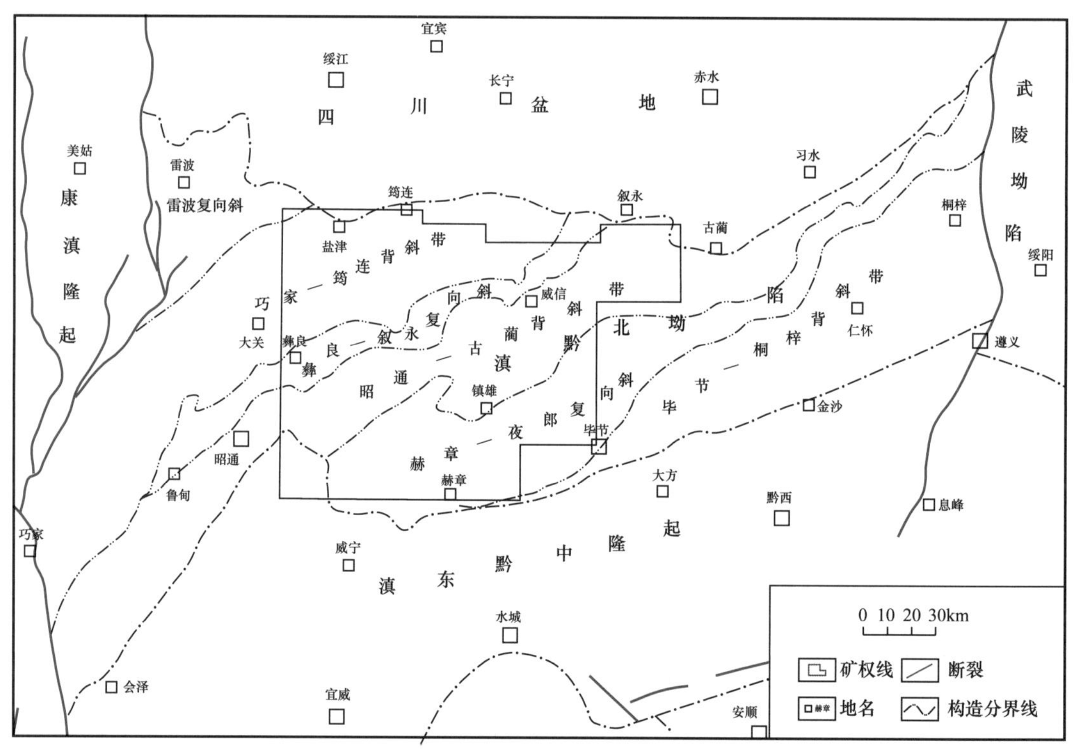

图 4–7　滇黔北坳陷区域构造位置及构造区划分图

昭通示范区上奥陶统五峰组—下志留统龙马溪组分布稳定、厚度大、有机质丰度高、保存较好，是本区页岩气勘探开发的主要层系，其主体埋深 1000～3500m。在储层特征方面，昭通示范区Ⅰ+Ⅱ类储层脆性矿物含量呈现自上而下逐渐增高的

特点，各小层脆性矿物含量均值介于69%～73%，平均为71%。五峰组—龙一$_1$亚段页岩Ⅰ+Ⅱ类储层有机质丰度较高，介于1.3%～7.4%，平均为3.9%；孔隙度均值介于1.3%～7.4%，平均4.0%；含气量均值介于1.3～7.6m^3/t，龙一$_1^1$小层总含气量最高。页岩气烃类组分以甲烷为主，重烃含量低。烃类组分中甲烷含量96.76%～98.86%，平均含量97.62%，不含H_2S。天然气成熟度高，干燥系数（C_1/C_{2+}）为189.13～220.24。地温梯度普遍介于2.5～3.5℃/100m之间；五峰组—龙一$_1$亚段压力系数在平面上变化较大，黄金坝气田压力系数约为1.75～1.98，紫金坝气田约为1.35～1.80，大寨地区约为1.03～1.60，整体保存条件较好。

在昭通示范区的建设过程中形成了以地质工程一体化综合评价技术、山地页岩气水平井工厂化作业技术、产能评价及配套采输技术为特色的六大技术，为指导井位部署、井轨迹优化、地质导向、高效钻井、压裂方案优化、生产制度优化和高效生产提供可靠依据，缩短了整个钻井施工作业周期等。

2014年，在昭通黄金坝区块编制了《昭通示范区黄金坝YS108井区龙马溪组$5\times10^8m^3/a$页岩气开发方案》，建产区面积为154km^2，动用地质储量$582\times10^8m^3$。2017年，在昭通紫金坝区块编制了《昭通国家级示范区紫金坝YS112井区龙马溪组$4.8\times10^8m^3/a$页岩气开发方案》，建产区面积为85km^2，动用地质储量$278\times10^8m^3$。2018年，在昭通太阳区块编制《昭通国家级示范区太阳—大寨区块龙马溪组$8\times10^8m^3/a$浅层页岩气开发方案》，建产区面积为157km^2，动用地质储量$618\times10^8m^3$。截至2019年底，昭通区块累计开钻182口井，压裂130口井，投产117口井，日产气量$320\times10^4m^3$，年产气$13.1\times10^8m^3$。

三、涪陵国家级页岩气示范区

2013年9月，国家能源局批复设立涪陵国家级页岩气示范区，示范区位于四川盆地东南部，探矿权勘查面积7307.77km^2（图4-8）。示范区横跨重庆市南川区、武隆区、涪陵区、丰都县、长寿县、垫江县、忠县、梁平区和万州区九区县，地处四川盆地和盆边山地过渡地带，境内地势以低山丘陵为主，横跨长江南北、纵贯乌江东西两岸。目前有三个产建区：一期为焦石坝区块（地处涪陵境内），二期为江东区块（地处涪陵境内），三期为平桥区块（地处南川区及武隆区境内）。示范区位于四川盆地川东隔档式褶皱带南段石柱复向斜、方斗山复背斜和重庆市万州区复向斜等多个构造单元的结合部（图4-9）。

本区页岩气勘探开发的主要层系是上奥陶统五峰组—下志留统龙马溪组，焦石坝气藏和平桥气藏脆性矿物总量平均值分别为66.1%和54.8%，成分以硅质矿物为主，平均含量为42.1%和35.8%；碳酸盐矿物平均含量分别为9.5%和9.7%。北部焦石坝气藏9口井页岩气层的泥页岩样品有机碳含量（TOC）分布在0.29%～6.79%，平

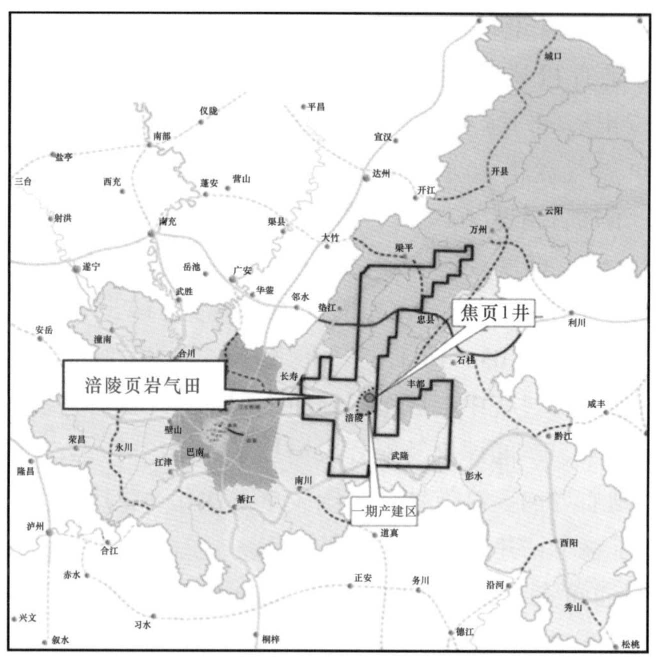

图 4-8　涪陵国家级页岩气示范区地理位置图

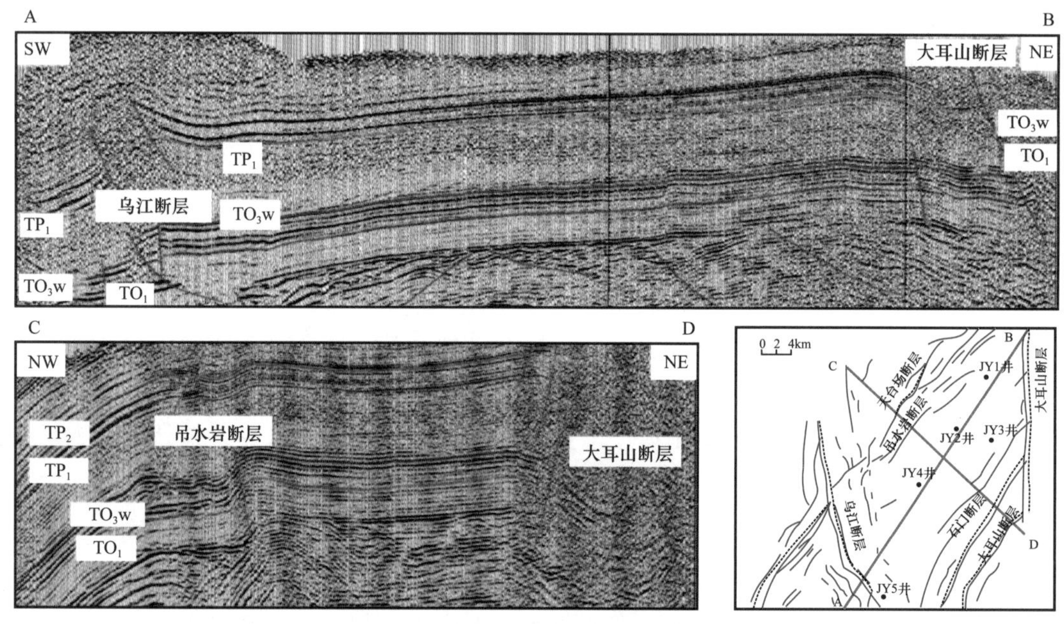

图 4-9　涪陵页岩气田焦石坝似箱状断背斜构造地震剖面图

均 2.73%；南部平桥焦页 8 井等 4 口井样品 TOC 含量分布在 0.67%～6.71%，平均 2.00%；孔隙度主要介于 3%～7%，渗透率多小于 0.1mD，总体表现出低孔隙度、特低渗透—低渗透特征。焦石坝气藏 8 口井现场含气量值主要分布在 1.10～9.63m^3/t，平均为 4.51m^3/t，其中含气量≥2m^3/t 的样品频率达到 97.2%；南部平桥气藏含气量

总体相对于焦石坝气藏略有偏低的现象，焦页 8 井 66 个现场含气量值主要分布在 1.88～6.89m^3/t，平均为 3.1m^3/t，两个气藏现场总含气量在纵向上都具有向页岩沉积建造底部层段明显增大的特征，即在五峰组—龙马溪组一段一亚段最高。涪陵示范区页岩气相对密度 0.5593～0.5668，成分以甲烷为主，平均含量>98%，含 CO_2 低，不含 H_2S，为优质干气气藏。焦石坝气藏和平桥气藏都为连续型、中深层、低地温梯度、高压页岩气藏。其中焦石坝气藏含气面积 466.41km^2，气藏含气高度 2200m，单元中部埋深为 3250m，平均地温梯度为 2.75℃ /100m，地层压力系数为 1.55。平桥气藏含气面积 109.51km^2，气藏含气高度 1500m，中部埋深为 3457m，平均地温梯度为 2.75℃ /100m，压力系数为 1.56，保存条件较好。

示范区开展了大量的现场试验，在此基础上通过地质研究和数值模拟等手段相结合，创新形成了具有涪陵页岩气特色的五大配套技术体系，制定了百余项技术标准，实现了 3500m 以浅超压页岩气藏高效开发、3500～4000m 有效开发。示范区目前主要靶体位置为五峰组—龙马溪组①—③小层，主体采用 1500m 水平段长度，合理开发井距为 400～600m。从应力敏感和现场管理两个方面分析，气井宜采用“先定产降压、后定压递减”的方式生产。

方案设计年产能 $100\times10^8m^3$，按照 $65\times10^8m^3$ 年产量组织生产，单井 EUR0.8～$1.5\times10^8m^3$。截至 2020 年底，涪陵页岩气田已探明页岩气地质储量 $7926.41\times10^8m^3$，投产 540 口井，采用定产降压生产制度，单井配产 6×10^4～$12\times10^4m^3$/d，气田日产量 $2100\times10^4m^3$/d，年产气 $67\times10^8m^3$，累计产气量超过 $300\times10^8m^3$。

四、延安国家级陆相页岩气示范区

2012 年 9 月 11 日，国家发展和改革委员会批准设立“延长石油延安国家级陆相页岩气示范区”，示范区建设主体单位为陕西延长石油（集团）有限责任公司，示范区面积为 2000km^2。

延长石油延安国家级陆相页岩气示范区（以下简称“延长示范区”）位于鄂尔多斯盆地陕北斜坡东南部，行政区域上主要分布于陕西省延安市（图 4-10）。延长示范区位于鄂尔多斯盆地陕北斜坡东南部，构造总体为一平缓的西倾单斜，并具有继承性发育的特点，东高西低，坡降为 6.4～8.0m/km，平均倾角不超过 2°。局部发育鼻状构造，断层不发育。延长组、山西组和本溪组构造等高线均为南北走向，东高西低。

延长示范区内沉积层主要包括中—新元古界和下古生界的海相碳酸盐岩层和上古生界—中生界的滨海相、海陆过渡相及陆相碎屑岩层，新生界仅在局部地区分布。示范区页岩气目标层位主要位于延长组长 7 段和长 9 段，上古生界山西组、本溪组。

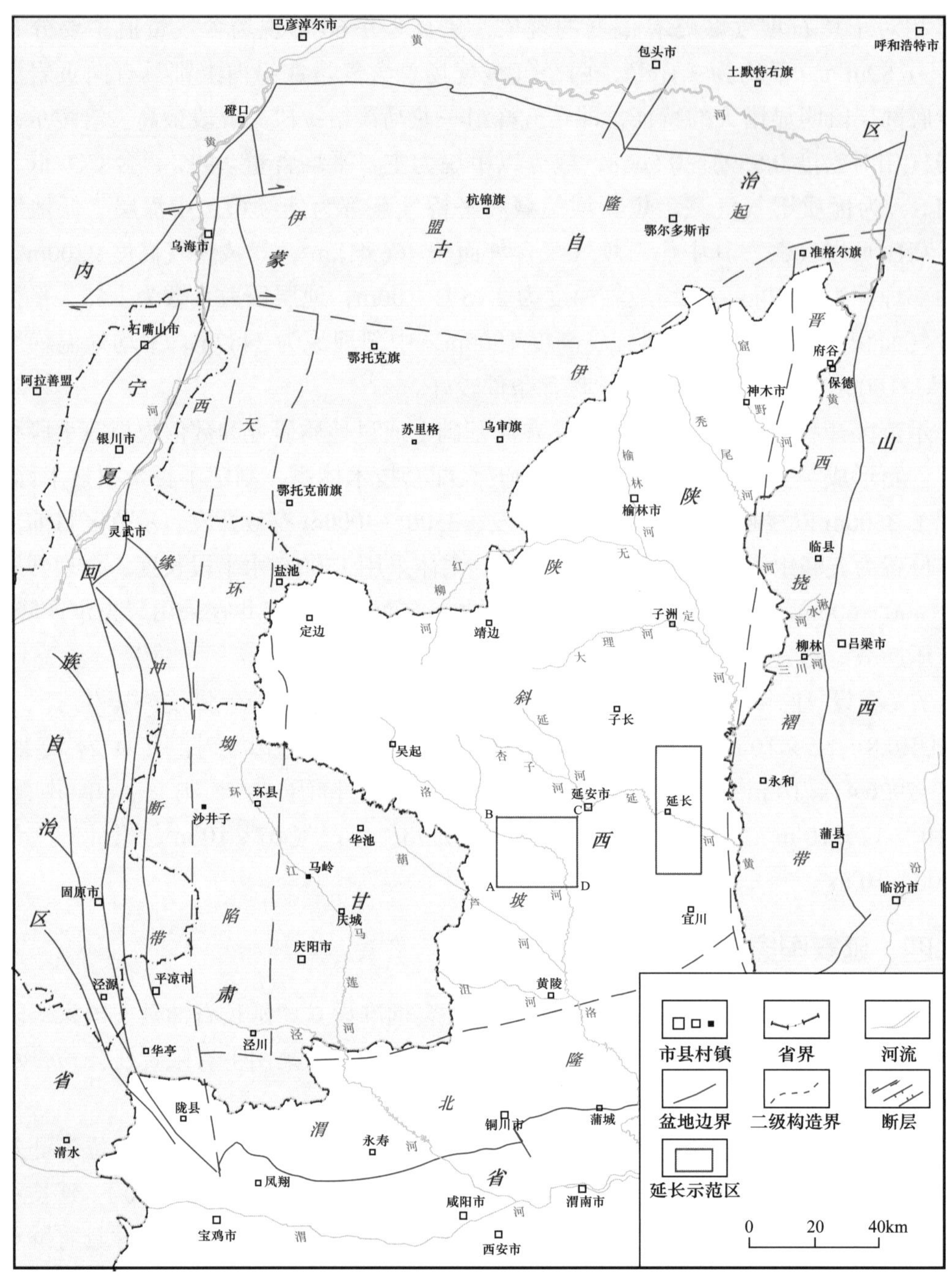

图 4–10　延长石油延安国家级陆相页岩气示范区位置图

示范区长 7 油层组富有机质页岩矿物成分主要为石英和黏土矿物，还有少量的长石、碳酸盐岩和黄铁矿，石英含量为 15%～56%，平均为 31.1%，黏土矿物含量为 20%～77%，平均为 44.5%。山西组泥页岩矿物石英平均含量为 36.9%，其他脆性矿物如长石、方解石和白云石等含量相对较低，平均含量低于 5.0%。本溪组富有机质

泥页岩储层矿物组成主要为黏土矿物、碎屑矿物石英和长石，含少量黄铁矿、菱铁矿等矿物，其中石英含量为35%。在有机地化特征方面，延长组长7油层组暗色泥页岩TOC在湖盆中心相对较高，由湖盆向周边地区延伸，TOC逐渐降低，主要介于0.34%～11%；上古生界山西组页岩气储层非均质性较强，有机质含量纵向分布具有较大差异，分布在0.4%～2.8%之间。在储集物性特征方面，长7油层组泥页岩储层孔隙度主要分布在0.16%～5.12%之间，平均值为2.11%；山西组泥页岩岩心孔隙度总体很小，而且变化范围较大，孔隙度为0.4%～1.5%，平均值仅为0.77%。在含气量方面，长7油层组页岩含气量为2.57～6.93m^3/t，山西组含气量为0.52～2.67m^3/t，平均约1.20m^3/t，本溪组含气量为0.2～1.41 m^3/t，平均约0.76m^3/t。山西组和本溪组页岩气藏天然气的组分主要为甲烷，含量均在95%以上，且不含H_2S，属无硫干气。山西组山1段、山2段和本溪组气藏的平均温度分别为86.86℃，87.09℃和83.69℃，平均温度梯度分别为2.90℃/100m，2.82℃/100m和2.77℃/100m。山西组平均压力梯度为0.14MPa/100m，压力系数为0.81；本溪组平均压力梯度为0.16MPa/100m，压力系数为0.96。本溪组页岩气藏属于常压低温异常，山2和山1气藏属于低压低温异常。

延长示范区陆相页岩气具有明显的“两高三低”的特点，即“高吸附气比例、高黏土矿物含量”和“低热演化程度、低压、低脆性矿物含量”，地质条件差异明显且更为复杂，没有成熟的理论和技术供参考。通过持续理论研究和技术攻关，逐步形成了以陆相页岩气综合地质评价技术、陆相页岩气水平井钻完井技术、陆相页岩气体积压裂改造技术、陆相页岩气CO_2压裂技术、压裂返排液回收处理—利用技术为核心的主体技术体系，在陆相页岩气勘探中取得了良好的应用效果。

示范区初步落实陆相页岩含气面积为611km^2，新增页岩气地质储量$1654\times10^8m^3$，新增石油地质储量3140×10^4t，新增天然气地质储量$533.7\times10^8m^3$。

目前，延长示范区仍处于勘探开发试验阶段，尚未实现规模化生产，暂不具备进行页岩气开发项目经济评价的条件，故仅对现有的页岩气井已发生成本进行整理、分析，探索成本变化趋势。目前，延长示范区页岩气井已发生成本仅限于钻完井成本，包括钻井、压裂和试气成本。经过多年探索，随着工艺技术进步，页岩气钻完井成本逐年降低，直井钻完井成本降低了40%，水平井降低了35%。单井钻完井成本由最初的8000万～10000万元降低至目前的6000万元左右。

第五节　页岩气开发管理模式创新

中国页岩气历经10余年探索，不仅建立了本土化的页岩气勘探开发技术体系，生产组织管理方面也形成了独具特色的做法。包括形成了以“产量+效益”为核心的“油公司”管理模式，强化“工程设计、技术政策、关键工具”等重要环节的甲方主导作用，系统定制提产量、控成本、提效率的关键技术政策和综合性措施，推广“345”管理准则、“定好井、钻好井、压好井、管好井”4个成功做法、页岩气特色“六化”管理模式，促进了页岩气规模建设和快速上产。

与常规气生产组织相比，中国页岩气开发过程中在运行组织、物资筹备、要素保障和内外协调等方面都存在不同程度的困难，主要表现在4个方面：一是作业队伍多，川南地区高峰期动用钻机170台，达到了四川盆地历史最高，并且作业队伍涵盖中国石油、中国石化和民营，统筹组织管理难度较大；二是建井周期长，页岩气开发是从0到1，新队伍、新技术本土化适应周期长，同时页岩气建井工序工艺复杂，单平台投产周期平均400天以上；三是建产节奏快，页岩气较常规气递减更快，需持续补充新井稳定产量，同时其作为未来天然气主要增量，需持续加快上产；四是涉及面广，页岩气开发涉及川渝滇15市（区）与29县，资源、政策、环境有一定差异，规模开发跨技术、跨专业、跨领域较多，水、电、路、通信支撑网络庞大。

针对以上问题，在习近平新时代中国特色社会主义思想引领下，借鉴北美成功开发理念，吸收国内油气会战经验，开拓创新、持续完善，形成了中国页岩气一体化会战管理模式。

一、一体化组织：多级管理+多种作业模式探索，发挥整体优势，调动多方积极性

1. 主要措施

（1）为加强页岩气大规模上产的现场组织与进度管理，成立近年来首个油气勘探开发前线机构——川渝页岩气前线指挥部，形成三级管理体制。

（2）打破油气上游项目的传统思维定式，加强国际国内合作及混合所有制改革，建立4种作业机制，形成2家油田企业、9家钻探公司、12家油建公司、12家研究机构、百台钻机万人会战的局面，调动社会行业的积极性。

（3）在多种作业机制的探索实践中，孕育出以长宁公司为代表的一批“油公司”，建立了“甲方主导、合作共赢、制度健全、决策高效”的市场化管理模式。

（4）探索试验“日费制”工程服务模式，有效缩短了工期、提高了质量、降低了费用、锻炼了甲方管理队伍。

2. 取得成效

（1）业务协同高效：“司令部、指挥部、作战部”三级机构一体化高效运行，参建单位一体化协同作战，形成了上层科学决策、中层统筹推动、下层执行有力的良好态势。

（2）甲方规模上产：甲方以“产量＋效益”为核心，广泛吸收内外部优势资源，形成油公司市场化格局，通过科学决策、技术引领、精准激励等方式，产量与 EUR 不断攀升，实现了效益最大化、产业链最优化目标。

（3）乙方活力迸发：在成本倒逼和市场化竞争的机制下，乙方不断激发内生动力，通过开展技术攻关与管理革新，其核心竞争力与效益显著提升，为今后抵御更大风险、开拓更大市场、创造更好效益强身健体。

二、一体化研发：甲方主导自主研发体系建设创建本土化理论技术体系

1. 主要措施

问题导向和目标导向相结合，明确技术攻关方向与途径，组织页岩气勘探开发技术体系，明确了待完善和需攻关技术，变技术“短板”为攻关“清单”。瞄准页岩气可持续发展的目标，从国家级到省部级再到公司级，积极布局“基础、战略、应用”研究项目。构建了甲方主导型创新生态，一体化研发成效显著。

研发与引进相结合，在集团内部搭建了页岩气技术支持体系，组建了 4 名院士领衔的院士工作站，与国内知名高校建立特色技术研究中心，引入国内外研究机构及团队等方式，发挥了集团内外优势力量。

2. 取得成效

自主创新页岩气高产富集理论并攻关勘探开发主体技术，大幅提升勘探开发成功率。形成了“沉积成岩控制、保存条件控藏、I 类储层连续厚度控产”的“三控”富集高产理论，地质评价实现“优中选甜”，有利勘探开发目标更加落实。形成了本土化勘探开发六大主体技术，解决了复杂地质工程条件下提高单井产量的难题。

三、一体化保障：多层次市场化保要素提升生产要素的数量和质量

1. 主要措施

（1）要素保障：聚内部，发挥内部整体优势，统筹调配，优选内部五大钻探最强力量，迅速投入第一批产能建设；拖外部，健全完善市场准入管理、招投标管理，允许部分技术强、管理精的中国石化、民营队伍参与页岩气开发；保物资，建立物资管理共享平台，全面启动两大现场库，累计节约资金 5 亿元，区域集中配送效率提高 30%；强质量，成立井工程要素保障领导小组，编制区域技术标准，开展作业质量量化考核，近年来已陆续淘汰 20 余支“低分”队伍。

（2）运行保障：统筹抓好运行组织各环节保障，实现全生命周期提质提效。① 打

造标准模板：建立国内首套地面标准化设计，钻前地面一体化设计施工提速，工程建设模块化作业提效；② 优化运行衔接：强化政策解读落地、征地时间下降 60%，加强钻机运维协调、搬安周期下降 30%，坚持钻试无缝衔接、压裂效率提升 15%，优化压裂队伍撤离、投产周期下降 30%；③ 做好配套保障：推广“油改电”，优化供水管网、全面实现压裂不等供水，统一道路运维、确保作业车辆安全运转，加快信息化建设、打造智慧页岩气田；④ 强化产销结合：统筹管网运行、实现全产全销，用好补贴政策、将销售向利用端延伸，加强就地利用，推动资源地 LNG 建设。

（3）安全环保保障：全面执行国家现行法规和行业标准，实现绿色、安全、可持续发展；建立跨公司的区域应急联动机制，设置区域应急保障中心，夯实安全防线；统一编制复杂处理模板，构建作业现场监管体系，形成多项安全技术标准。

2. 取得成效

（1）提升了能源安全保障能力，2020 年川南地区页岩气日产量达到 $4000\times10^4m^3$，为冬季保供提供重要补充。

（2）拉动了经济与产业链发展，“十三五”末川南地区年生产页岩气 $275\times10^8m^3$，累计拉动地区 GDP 2368 亿元，推进资源就地转化，促进当地群众就业。

（3）助力蓝天保卫战，“十三五”末川南页岩气累计产量 $275\times10^8m^3$，可替代标煤 3699×10^4t，减少综合污染物约 6600×10^4t。

四、一体化实施：甲方主导地质工程一体化提质量，工厂化作业降本增效

1. 推行全过程地质工程一体化，确保开发效果

构建地质工程一体化平台，打造透明油气藏，支撑设计和实施优化，通过一体化迭代，不断提高模型精度和准确度，抓好基础研究、方案质量、设计执行，确保定好井、钻好井、压好井和管好井，实现高产量、高 EUR、高采收率目标。

2. 推广应用工厂化作业模式，提高作业效率

按照批量实施、资源共享、标准作业、工序衔接、学习优化的模式实施工厂化作业，大幅提升作业效率

五、一体化协调：企地协调机制与安全环保标准建设，实现清洁、高效、和谐开发

1. 建立省、市、县三级协调机制

定期向所在省市主要领导汇报，及时通报、协调重大事项；统一各区域协调标准

与规范，建立区域联动联管机制；派驻专兼职员工到地方政府挂职工作，分层分级迅速协调；与部分资源地政府共同成立页岩气勘探开发推进小组。

2. 健全企地间共建共享机制

成立多个企地合资公司，实现就地纳税和利润分成；领导亲自推动，初步建立页岩气开发利益共享机制；试点用气指标留存和居民气价优惠、共建页岩气工区干线道路、雇佣符合条件的当地人才和劳动力，提升资源地获得感。近年来组织地方干部群众近万人参加科普培训，百余篇新闻信息在国家级媒体刊播，为川南页岩气开发营造良好的舆论导向。

参考文献

[1] 王德新，江裕彬．在泥页岩中寻找裂缝油、气藏的一些看法［J］．西部探矿工程，1996，8（2）：12–14.

[2] 张金功，杨雷，袁政文．中国陆相盆地泥质岩裂缝油气藏的资源潜力［C］// 21 世纪中国油气勘探国际研讨会．中国石油学会，2002.

[3] Curtis J B.Fractured Shale-gas Systems［J］．AAPG，2002，86（11）：1921–1938.

[4] 高瑞祺．泥岩异常高压带油气的生成排出特征与泥岩裂缝油气藏的形成［J］．大庆石油地质与开发，1984（1）：165–172.

[5] 张绍海，李昭仁．世界油气资源前景展望（续完）［J］．世界石油工业，1993（11）：9–11，7.

[6] 关德师，牛嘉玉，郭丽娜．中国非常规油气地质［M］．北京：石油工业出版社，1995：1–121.

[7] 戴金星，宋岩，张厚福．中国大中型气田形成的主要控制因素［J］．中国科学（D 辑：地球科学），1996（6）：481–487.

[8] 刘魁元，武恒志，康仁华，等．沾化、车镇凹陷泥岩油气藏储集特征分析［J］．油气地质与采收率，2001，8（6）：9–12.

[9] 徐福刚，李琦，康仁华，等．沾化凹陷泥岩裂缝油气藏研究［J］．矿物岩石，2003，23（1）：74–76.

[10] 马新华，魏国齐，钱凯，等．我国中西部前陆盆地天然气勘探的几点认识［J］．石油与天然气地质，2000（2）：114–117.

[11] 慕小水，苑晓荣，贾贻芳，等．东濮凹陷泥岩裂缝油气藏形成条件及分布特点［J］．断块油气田，2003，10（1）：12–14，89–90.

[12] 王志刚．东营凹陷北部陡坡构造岩相带油气成藏模式［J］．石油勘探与开发，2003，30（4）：10–12.

[13] 张爱云．海相黑色页岩建造地球化学与成矿意义［M］．北京：科学出版社，1987.

[14] 范柏江，师良，庞雄奇．页岩气成藏特点及勘探选区条件［J］．油气地质与采收率，2011（6）：13–17，115.

[15] 蒋裕强，董大忠，漆麟，等．页岩气储层的基本特征及其评价［J］．天然气工业，2010（10）：14–

19，120–121.

[16]刘树根，秦川，孙玮，等．四川盆地震旦系灯影组油气四中心耦合成藏过程［J］．岩石学报，2011，28（3）：879–888.

[17]聂海宽，张金川．页岩气储层类型和特征研究——以四川盆地及其周缘下古生界为例［J］．石油实验地质，2011（3）：219–225，232.

[18]马文辛，刘树根，黄文明，等．鄂西渝东志留系储层特征及非常规气勘探前景［J］．西南石油大学学报（自然科学版），2012（6）：27–37.

[19]胡昌蓬，徐大喜．页岩气储层评价因素研究［J］．天然气与石油，2012（5）：38–42.

[20]邹才能，陶士振，杨智，等．中国非常规油气勘探与研究新进展［J］．矿物岩石地球化学通报，2012，31（4）：312–322.

[21]张金川，金之钧，袁明生．页岩气成藏机理和分布［J］．天然气工业，2004（7）：15–18，131–132.

[22]高瑞祺．泥岩异常高压带油气的生成排出特征与泥岩裂缝油气藏的形成［J］．大庆石油地质与开发，1984（01）：165–172.

[23]范柏江，师良，庞雄奇．页岩气成藏特点及勘探选区条件［J］．油气地质与采收率，2011（06）：13–17，115.

[24]Martini A M，Walter L M，Ku T C W，et al. Microbial production and modification of gases in sedimentary basins：A geochemical case study from a Devonian shale gas play，Michigan basin［J］. AAPG Bulletin，2003，87（8）：1355-1375.

第五章

中国页岩气理论与技术

国内页岩气规模化的勘探开发在近10年势头迅猛，对于页岩气的认识则起步于更早的时期。从引进页岩气概念开始，国内众多学者先后对页岩气的定义、成藏特征、资源潜力等进行研究，随着国内海相页岩气的规模化开发和陆相、海陆过渡相页岩气勘探的推进，对有关页岩、页岩气的形成与渗流等方面机理与认识也越来越深入。

第一节　页岩气勘探开发理论进展

页岩气是以吸附和游离状态同时赋存于泥页岩层系地层（包括泥页岩地层本身、夹层及相邻的地层等）、以自生自储为成藏特征的天然气聚集[1, 2]。页岩气藏储层具有低孔隙度、低渗透率的特征，区域性上呈多样性分布，受多种因素共同影响。

与常规油气圈闭聚集理论不同，非常规油气强调连续性油气聚集。页岩气属于典型的连续性油气聚集成藏，其大范围连续分布于盆地中心和斜坡区的页岩地层中，源储共生，没有明显的圈闭界限，突破了常规油气“藏”的概念，勘探战略转向“甜点”。四川盆地海相优质页岩总体为缺氧环境沉积[3-6]，其中筇竹寺组页岩主要沿成都—泸州“裂陷槽”大面积分布，五峰组—龙马溪组页岩发育于半闭塞滞留海盆。除川中古隆起遭受剥蚀外，其他地区均有沉积，发育川北、川东—鄂西和川南3个深水沉积区。根据岩相组合、沉积构造等特征，筇竹寺组沉积期和龙马溪组沉积期陆棚相可分为深水和浅水陆棚亚相，深水陆棚亚相为静水强还原沉积，水动力条件弱，底部静水环境适合有机质保存，有利于富有机质页岩形成。基于沉积环境的控制背景，在综合考虑烃源岩供气条件、孔隙储集条件和顶底板的保存条件，寻找富有机质黑色页岩层段内，经过人工改造可形成具有工业价值的页岩气高产“甜点段”和具有工业开采价值的非常规油气高产富集“甜点区”。

目前，国内页岩气的勘探开发理论主要围绕页岩气地质富集理论、页岩气开发渗流理论和页岩气人工改造形成压裂缝网三个方面发展。通过高产富集理论认识的基础，证实了川南地区优质页岩的展布范围，结合开发渗流理论的创新方法，优选出储层品质好、压力系数高、资源潜力大的铂金靶体，依托人工改造形成复杂缝网的先进技术，实现了川南地区五峰组—龙马溪组页岩气的规模效益开发。

一、页岩气地质富集理论

国内众多学者对扬子地区古生界海相页岩气的富集主控因素及其富集规律进行了大量的研究，取得了很多的认识，提出了南方海相页岩气的多种富集模式，重点从页岩烃源岩品质、储集空间类型、封闭条件对保存能力的影响几个方面对页岩气的富集规律进行了研究和总结。主要包括郭旭升提出的“二元富集”规律，王志刚的“三元富集”理论，金之钧的“五性一体”富集理论，聂海宽的“源—盖控藏”富集理论，以及马新华的“双控”“三控”富集理论[7-12]。总结归纳其研究观点，可认为中国南方海相页岩气富集的主控因素包括以下几点：首先优质的烃源岩是页岩气富集的物质基础，针对上扬子地区五峰组—龙马溪组页岩的研究发现，泥页岩主要发育于陆棚相，而深水陆棚相优质泥页岩具有更好的生烃潜能，是页岩气富集的基础；其次，适中的热演化程度有利于海相页岩有机质孔的形成，为页岩气的富集提供了有利的储集空间，且与微裂缝形成的孔—缝体系组成了页岩复杂的储集空间，即页岩气富集需要一定的储集能力；第三，对于多期构造演化的叠合型四川盆地而言，保存条件则是页岩气富集高产的关键因素[7-16]，页岩气富集保存条件具体表现在顶底板条件、页岩自封闭以及构造运动三个方面的优劣，在相同的古地理沉积背景下的页岩，保存条件好的区域，则页岩气富集高产，否则页岩气很可能大面积逃逸而形成较差的勘探区域。另外，也有少部分学者，如聂海宽等[10]以及何治亮等[16]对页岩气富集的动态规律及其演化特征提出了一些观点，认为“源—盖”空间匹配关系的数量（静态匹配）和质量（动态匹配）控制着页岩气富集位置和富集程度，并且提出了页岩气“建造—改造”的富集评价思路（表 5–1）。

表 5–1　国内页岩气主要富集理论演变[7-12]

提出人	时间	理论名称	理论内容
郭旭升	2014 年	南方海相页岩气“二元富集”理论	深水陆棚泥页岩发育是页岩气“成烃控储”的物质基础
			保存条件是页岩气“成藏控产”的关键
王志刚	2015 年	南方海相页岩气“三元富集”理论	深水陆棚相优质页岩是富集基础
			有机孔发育为页岩气富集提供空间
			保存条件是页岩气富集高产的关键
金之钧	2016 年	南方海相页岩气“五性一体”理论	原始沉积条件，页岩气选区评价
			后期保存条件，富集高产能力评价
			生气能力、储集能力、天然渗流能力、可压裂性和压力系数的内在成因联系和空间分布关系

续表

提出人	时间	理论名称	理论内容
聂海宽	2016 年	页岩气“源—盖控藏”富集理论	页岩物质基础控制页岩生烃能力和储集能力
			源盖静态匹配和动态匹配控制页岩气富集位置和程度
马新华	2018 年	川南页岩气“双控”富集理论	沉积相控储，构造演化控藏
马新华	2020 年	川南页岩气“三控”富集理论	沉积相控储，构造演化控藏，I 类储层连续厚度控产

综上，关于页岩气富集主控因素的研究可概括为页岩气的富集主要受控于页岩的沉积相条件、构造演化程度以及保存条件的综合控制。其中，沉积相带控制了富有机质页岩的平面展布，页岩的构造演化和保存条件控制了页岩气的成藏和富集程度。

（1）沉积成岩作用控制页岩优势相带展布。

页岩气是源储一体的气藏，源是基础且决定储层品质，沉积相控制了页岩分布与烃源岩类型及质量。马新华等[12]引入 $w_{(U)}/w_{(Th)}$ 指标指示古微地貌差异和沉积水体的变化，通过研究，在 $w_{(U)}/w_{(Th)}>1.25$ 的相对深水强还原条件时，无论其他控制因素条件如何，TOC 值均可大于 3，说明 $w_{(U)}/w_{(Th)}$ 是更能体现储层生烃能力的有效指标。受广西运动影响，华夏与扬子地块碰撞拼合作用减缓，四川盆地及周缘在五峰组沉积时期形成了“三隆夹一凹”的古地理格局，从凯迪晚期到埃隆早期，川南地区处于局限静水环境的深水陆棚相沉积环境。沉积相控制了优质页岩储层特别是甜点层的分布，泸州—长宁地区龙一$_1$亚段底部的优质页岩发育，厚度一般介于 30～50m；靠近川中剥蚀区，局部可能存在古地貌高部位（或水下高地），优质页岩厚度相对较薄，这些古地貌高的区域 LM1—LM4 笔石带极薄，铀钍比一般小于 1.2，与川南地区其他深水陆棚区强还原环境存在一定区别；川南北部地区局部的古地貌高地甜点层较薄，但分布范围非常局限。整体上，川南地区页岩气有利开发层系沉积相带有利，沉积厚度大，分布稳定。

页岩的成岩作用不仅控制着油气的生成和运移，同时对页岩的物质组成、微观结构、储层物性和力学性质都具有重要的影响。典型的页岩气储层内黏土矿物并不是主要矿物类型，而是以石英、长石及碳酸盐矿物及其混合物为主导，以页岩中决定脆性指数的自生石英为例，富含生物硅质的页岩易于在早成岩低温阶段形成微晶石英；而富含陆源碎屑的页岩由于缺少硅质生物组分，自生石英主要形成于成岩演化中的高温阶段。有机质在成岩演化过程中发生热演化，原始有机质伴随其他矿物沉积后，随着埋藏深度逐渐加大，地温不断升高，在缺氧的还原环境下，有机质逐渐发生一系列的变化，其中有机孔的形成是有机质（即干酪根）转化和热成熟度的结果，常分布在有机质内部或黄铁矿等颗粒吸附的有机质中。页岩的成岩作用是有机—无机的相互作用、有机质的降解为微生物作用及成岩演化路径决定了页岩储层的品质。成岩作用同时也是温度、压力、应力场的耦合，温度是伴随整个成岩演化过程、驱动有机质生烃和矿物转化的主要动力，压力—应力耦合通过改变岩石的孔隙弹性响应和流体的渗透力来改变地层局部的差异应力大小和主应力方向，影响裂缝发育的类型和产状，从而影响流体的传输路径及相应的成岩作用进程。

（2）构造保存条件控制页岩有利层段位置。

构造作用对原生页岩气藏会起到明显的调整作用，控制其成藏格局。诸多学者研究认为，构造运动对页岩气保存的控制作用主要体现在地层抬升以及断裂发育对页岩气的聚散控制作用两方面。目前普遍认为断裂发育的规模及其裂缝发育程度是影响页岩气富集程度的重要因素，郭旭升通过对涪陵页岩气富集条件的研究认为，断裂规模小和裂缝发育强度弱有利于页岩气保存，而通天断层以及大面积发育的裂缝则并不利于页岩气的富集保存[17-19]。目前，四川盆地页岩气勘探在盆缘高陡构造带、古（今）剥蚀泄压区附近（小于 10km）、通天或大型断裂附近（小于 1.5km）的强构造形变区尚未取得商业突破，而二级和三级断层对测试产量影响较小，其附近的水平井测试产量均可以很高，平均大于 $20 \times 10^4 m^3/d$[11-12]。构造抬升作用对页岩气富集程度的影响则需要从构造抬升运动的强弱及抬升时间的角度进行研究[17-18]，并且认为抬升剥蚀作用强度弱、抬升时间较晚有利于页岩气保存。马新华[11]通过对比四川盆地在相似热演化成熟度、相似沉积背景下高产与低产井所产出页岩气的碳同位素值发现，高产区的天然气碳同位素都表现滞留油裂解气为主的特征，低产区的天然气碳同位素都表现为晚期干酪根裂解气为主的特征，证明页岩气藏曾经遭受了破坏。聂海宽等[20]对抬升模式提出了整体性抬升和区域差异性抬升两种模式，并且认为抬升幅度将导致在构造高部位和低部位页岩气保存条件的差异性。

除构造条件外，顶底板条件也是页岩气藏形成的关键因素。顶底板为直接与含气页岩层段接触的上覆及下伏地层，一方面对页岩气的封存起重要作用，另一方面也影响着页岩压裂改造的效果。顶底板可以是泥岩、页岩、致密砂岩、碳酸盐岩等任何岩性，其性质的好坏决定于岩石物性、封闭性的好坏，好的顶板、底板与含气页岩层段组成流体封存箱，可以有效减缓页岩气向外运移，从而使页岩气得到有效保存。顶底板封盖条件、页岩自身封盖作用在早期持续深埋阶段的早期，即页岩气的生成开始就对页岩气赋存于页岩气层内起到关键的封堵作用[14]。

页岩地层的压力系数已经成为页岩气保存条件最重要的评价标准之一[9, 14, 17-20]。通常压力系数与页岩气产量呈对数正相关关系，超压往往指示页岩气富集高产，高压力系数区，通常具有孔隙度更大、孔隙结构更优且含气性更好的特征，超压的存在对于孔隙具有保护作用，超压流体可以抵抗压实作用对孔隙的破坏，从而使成岩作用过

程中形成的圆形或椭圆形页岩孔隙得以保存，储集空间得以保留[12]。水文地质条件、地下流体化学—动力学参数、断裂发育情况和压力等指标是判断保存状况好坏的判识性指标[20]。

龙马溪组底部的优质页岩层虽然在中国南方扬子地区广泛分布，但页岩气商业开发仅在四川盆地取得突破，这与四川盆地内部优越的保存条件有关。四川盆地位于上扬子板块西部，刚性基底稳定性强，沉积盖层形变总体较弱。川南地区隶属于川南低陡构造带、川西南低褶构造带，主要发育低陡构造和平缓构造、中小断裂，有利于页岩气藏保存。除了在断裂不发育的威远构造低缓斜坡区和长宁构造平缓向斜区已经实现规模效益开发外，在川南的很多低陡构造（如古佛山、阳高寺、龙洞坪、坛子坝等）和部分高陡构造（如大足西山等）也取得突破，勘探资料证实川南地区页岩气藏大面积超压，构造保存条件优越。

二、页岩气开发理论

国内外针对页岩气开发理论的研究多集中在流动机理方面，围绕页岩储层气体如何采出、流动这一核心问题，学者们在页岩储层流动介质、输运模型及多场耦合作用等三个方向开展了广泛的攻关探索。

页岩储层流动介质研究方面：早在 1989 年，Waston 等就采用理想双孔隙介质模型将页岩气划分为基质和裂缝两套流动介质进行产能评价。其后，Ozkan 等采用双重介质模型对页岩气的流动规律进行研究，并结合了气体在纳微米孔隙中扩散流动，在裂缝中的流动则考虑应力敏感性。Valliappan 等基于双孔模型，建立了描述裂缝性多孔介质性质的耦合数学模型。在这类研究基础上，许多研究人员在求解中考虑了应力敏感与岩石力学的关系，甚至气体和水共同流动的情况。Hassan Dehghanpour 等认为，天然微裂缝可作为基质和裂缝网络之间的渗流通道，并假设在双重介质模型中基质本身可被视为双重介质，基于双重介质瞬态和拟稳态方程，建立了考虑微裂缝的页岩气藏三重介质模型。朱琴等基于国外理论研究基础，通过结合页岩气藏特征扩展双重介质模型的非稳态方程，在双重介质模型的基础上加入微裂缝作为沟通基质与人工裂缝网络的通道，并利用 Langmuir 等温吸附方程描述页岩气的吸附现象，建立了新的三重介质模型。姚军等认为页岩气藏通常发育微裂缝，但经水力压裂之后会形成宏观大尺度压裂缝，因此裂缝系统具有显著的多尺度特征，单一的连续介质模型或离散裂缝模型均有一定的局限性。B. Suliman 基于微地震监测数据，通过划分的储层网格内记录的微地震事件次数作为依据，建立了一个对 SRV 分类的模型，明确指出页岩气井生产特征受压后人工裂缝及微裂缝形态、范围的影响。综合上述研究成果，目前普遍认为页岩储层经过压裂改造后可分为基质、次生微裂缝和人工裂缝多种流动空间和多重流动介质。

页岩气输运模型研究方面：2011 年，关富佳等指出页岩气藏孔隙结构的多尺度决定了渗流方式的多尺度，从分子尺度到宏观尺度都有页岩气渗流发生，主要有解吸附、扩散、渗吸吸入、达西渗流和非达西渗流，通过对不同尺度储层孔隙结构主导的 5 种渗流机理进行了深入分析，指出渗吸吸入作用和非达西渗流对页岩气开采的影响。2013 年，姚军等建立了基质中考虑孔隙黏性流、Knudsen 扩散、分子扩散、吸附解吸以及裂缝中考虑黏性流、Knudsen 扩散和分子扩散机制的非达西渗流方程，并利用流动通量代数和的形式求得了多尺度统一模型方程。类似的处理方法同样见于其他国内研究者的文献。2015 年，Sun Hao 等通过微观机理实验建立了一个综合多机理（解吸、扩散和对流）、多渗流介质（有机质、无机质和裂缝）的多渗透率模型，该模型解释了页岩系统中发生的多尺度气体流动机理，包括从有机物表面解吸多组分气体，多机理有机质—无机质传质，多机理无机质—裂隙网络传质以及水力裂缝—井眼的生产。上述研究表明，页岩储层孔隙、裂缝等介质的尺度范围从纳米级到微米级，气体采出的具体过程如下：首先是孔隙壁面吸附气解吸，补充孔隙自由气，进入基质孔隙系统；然后孔隙中的自由气以连续流动、滑脱流动和过渡流动进入基质区微裂缝系统；之后基质区微裂缝系统中的自由气流入人工裂缝网络系统；最后人工压裂缝和天然裂缝自由气进入井筒。不同尺度空间下控制气体流动的输运机理不同，主要包括解吸、扩散、滑脱和渗流 4 种机理。

页岩气藏多场耦合研究起步较晚，2016 年，Jiang 等通过应力耦合模型研究发现，随着生产的进行，地层孔隙压力逐渐降低，形成一个椭圆形的孔隙压力降区域，并且裂缝方向轴要明显长于垂直裂缝方向，揭示了最大、最小水平主应力随孔隙压力减小而减小，但减小幅度随构造应力系数在两个方向有所不同，从而导致应力方向发生偏转的机理。2017 年，Bicheng Yan 将多物理场耦合模拟器与多孔隙度建模预处理器相结合，研究了流固耦合作用下页岩气井动态特征的作用效果，指出了流体采出后，地层压力的下降导致有效应力增加，从而对压后缝网造成不可逆的应力敏感伤害。

基于上述页岩气开发流动的机理研究，认为页岩气开采是多区流动介质条件下受多尺度流动机理控制并伴有多场耦合作用的复杂流动。基于不同孔隙半径下气体流动特征，建立考虑扩散、滑移和解吸的流动机理表征方程，考虑页岩气井“主裂缝区—次生微裂缝区—基质区”多区复合及人工裂缝应力敏感特征，提出了页岩气“多区—多场—多尺度”非线性流动理论，揭示页岩气在基质壁面发生解吸，基质向微裂缝传质，微裂缝向人工裂缝补给，最终通过水力裂缝—井眼采出的全过程。

三、页岩气压裂理论

关于页岩气压裂技术，国内学者提出了体积压裂和缝网压裂两种理论，从理论和技术内涵来说比较相似。

吴奇等基于北美页岩气开发认识提出了体积压裂理论，并将体积压裂分为广义的体积压裂和狭义的体积压裂。广义的体积压裂是指提高储层渗流能力和储层泄油面积的水平井分段改造模式，狭义上指的是通过压裂手段迫使页岩产生网络裂缝的改造技术，定义为通过压裂的方式将具有渗流能力的有效页岩“打碎”，形成裂缝网络，使裂缝壁面与页岩基质的接触面积最大，使得油气从任意方向基质向裂缝的渗流距离“最短”，极大地提高页岩整体渗透率，实现对页岩在长、宽、高三维方向的“立体改造”。体积压裂强调了5方面内涵：一是“打碎”储层，营造出“人造”渗透率；二是“创造”人造缝网，实现剪切破坏、错断和滑移的集合；三是缩短“渗流距离”，强调基质流体向裂缝运移存在最短距离，大幅降低基质中气体流动的驱动压差；四是适用于高脆性指数的页岩储层；五是分段多簇射孔作业是实现体积压裂的技术体现。赵金洲等针对页岩气等致密气储层研究提出缝网压裂理论。缝网压裂的理念是考虑页岩气储层原位地质特性，探索形成足够发育的水力裂缝并最终呈现出网络形态最大化的改造技术，体现了将储层地质与储层改造相结合。与体积压裂不同的是，缝网压裂强调的不是“最短”渗流距离，而是形成的水力裂缝足够多，足够密集，促使单位体积储层内的岩石所赋存的资源能够最大限度被开采出来；也不强调长、宽、高方向的立体改造，而是全井段、全尺度的改造，即最终表现出段间、簇间无盲区的改造模式。综上所述，无论是体积压裂还是缝网压裂，均是强调形成较为复杂的裂缝，通过建造复杂裂缝来实现对储层的有效改造和资源的有效动用。体积压裂和缝网压裂理论的提出，有效地指导了页岩气压裂的技术发展和完善。

第二节　页岩气勘探开发主体技术

在近10年的页岩气勘探开发过程中，国内形成了针对中深层（3500m以浅）海相页岩勘探开发的6项主体技术，包括页岩气地质综合评价技术、开发优化技术、页岩气水平井钻井技术、页岩气水平井压裂技术、页岩气地面工程技术、页岩气清洁开采技术。通过勘探开发六大主体技术实现了页岩气规模效益开发，建成了国家级页岩气示范区。

一、页岩气地质综合评价技术

四川盆地海相页岩具有微纳米级孔隙发育、埋藏深度深、演化程度高、经历多期构造运动、断层发育等特点，与北美相比，整体储层厚度薄、非均质性强，物性、含气性等储层关键评价参数较差，页岩气富集保存机理更为复杂，对地质评价技术要求更高。在勘探开发初期，面临分析实验手段缺乏难以实现储层精细表征，页岩气水平井测井关键参数计算精度低，铂金靶体识别不准确，复杂山地地震采集、处理、解释和甜点预测识别精度不高以及页岩气富集机理和高产主控因素认识不清，核心勘探开发有利区分布不明确等难题。

历经10余年探索与实践，建立了以“颗粒—柱塞—立方样三位一体”物性系统测试方法和“高精度、多维度、跨尺度”数字岩心技术为特色的8大类30项页岩气分析实验评价体系，实现了页岩物性参数精准测试以及页岩微纳米级孔隙和孔隙结构大视域、高分辨率、跨尺度表征；创新建立了以七性关系为核心的页岩储层“三品质”评价思路和特色评价技术系列，配套研发了国产化测井装备，支撑选出最优铂金靶体；自主研发了适用于川南地区海相页岩地球物理技术，开展地震岩石物理驱动下的叠前地震反演技术研究，攻克了复杂山地石灰岩出露区三维地震采集、处理、解释技术，解决了地表、地腹双复杂带来的成像难题，并利用耦合相干、曲率、最大似然体三种地震属性开展页岩气多尺度断裂预测，综合实现页岩气地质—工程双“甜点”预测；建立了五大类10余项指标组成的有利区划分标准，在北美的基础上新增了强还原环境连续沉积厚度、Ⅰ类储层连续厚度、压力系数、距剥蚀线距离、距Ⅰ级断层距离等选区评价指标，形成了更适应于四川高—过成熟度、多期构造演化地质特征的地质评价技术体系。

1. 页岩数字岩心储层精细评价技术

数字岩心技术是指基于扫描电镜、CT和核磁共振等技术扫描成像，运用计算机图像处理技术，通过一定的算法重构数字岩心的技术。目前已建立了“高精度、多维度、跨尺度”数字岩心技术，突破了孔隙结构定量表征和三维可视化技术瓶颈，具体可分为4种数字岩心技术方法，即扫描电镜矿物定量分析、大面积高分辨成像及孔隙结构定量表征技术、微观孔隙三维可视化技术和跨尺度数字岩心重构表征技术。

1）扫描电镜矿物定量分析技术

对2.5mm×0.4mm范围1μm分辨率连续扫描，形成一张大图，通过电脑后台识别矿物边界并对矿物颗粒进行能谱识别矿物，由此可展示不同矿物分布，将各矿物含量统计形成面积百分比和换算成质量分数，进而定量分析矿物组分。矿物组分常用的是X衍射矿物半定量分析，后期国际上发展扫描电镜矿物定量分析，常用25μm分辨率在500μm×500μm区域粗描，而本技术目前采用的精度更高（1μm分辨率）、面积更大（2.5mm×0.4mm范围）的精扫，技术水平处于国际领先。

2）大面积高分辨率成像及孔隙结构定量表征技术

通过扫描电镜约10000张大面积高分辨率连续扫描，并利用灰度识别有机孔缝和无机孔缝，实现不同孔隙类型分类定量表征。国际上基于扫描电镜图像的定量表征无法兼顾大视域和高精度，孔隙定量也不能分类表征，而本技术采用大面积高分辨率成像，并自动分类识别和提取大数据计算不同孔隙的结构、结果准确高效。

3）微观孔隙三维可视化技术

利用聚焦离子束扫描电镜，提出页岩三维重构及其孔隙网络表征方法，揭示了有机质孔隙网络分布、有机质内孔隙度及孔径分布。页岩三维重构以往只能通过CT扫描，但扫描精度一般情况下约1μm，即使后期发展的纳米CT最大分辨率仅500nm左右，也无法客观评价页岩孔隙网络。本技术可对页岩进行针对性微区三维切割高分辨扫描，并已突破不同孔隙类型定量表征方法。

4）跨尺度数字岩心重构方法

利用SEM图像+EDS图像+实验测试+层内重构+层间缝重构+层间重构等方法，形成跨尺度三维数字岩心重构方法，实现任意条件下物性参数和流动能力的获取，摸清了不同类型有机孔微观流动规律，明确川南纵横向微观流动差异性。早先数字岩心重构约束条件较少，与真实页岩属性相差较远，而本技术目前采用的是基于二维扫描图像结合新型三维重构算法并加以实验数据约束，实现了非均质页岩地层条件的模拟，尺寸为厘米级，精度高达4nm分辨率，可获得联通孔隙度、渗透率和含气性等信息。

通过页岩数字岩心技术对川南海相页岩储层开展了精细评价，优选出川南地区五峰组—龙马溪组4500m以浅可工作一类区面积$0.8 \times 10^4 m^2$、资源量$4.8 \times 10^{12} m^3$，锁定了三个建产区，支撑建成了国内首个“万亿储量，百亿产量”页岩气大气区，优选了第二个“万亿储量，百亿产量”建产区，对大力提升油气勘探开发力度和建设四川盆地页岩气发展基地具有重要推动作用。

2. 海相页岩气储层三品质测井综合评价技术

川南页岩气测井评价的主要挑战来自于复杂的地质工程条件以及与常规油气藏迥异的评价思路、方法。针对页岩气地质与工程评价需求，通过自主研发存储式阵列感应测井、自然伽马能谱测井、交叉偶极声波测井，实现了页岩气国产化测井采集仪器配套完善，形成了一套完善的川南海相页岩气水平井国产测井采集系列。在此基础上，开展以七性关系为核心的页岩烃源岩品质、储层品质及工程品质评价技术攻关，实现了页岩储层矿物组分、TOC、孔隙度、饱和度、含气量、脆性指数和岩石力学等关键地质工程参数的精细评价[11, 21]，页岩气储层测井综合解释误差由15%降低到8%以内。储层测井评价成果应用生产，为页岩储层地质与工程“甜点”优选、储层改造方案优化等提供了重要的储层参数支撑。

1）页岩烃源岩品质评价技术

根据海相页岩的有机碳含量和成熟度实验成果，优选密度—铀含量评价有机碳含量和中子或电阻率评价成熟度，综合利用测井资料精细定量评价页岩的有机碳含量和成熟度，进而综合评价页岩烃源岩品质，进一步分析页岩的生烃潜力。

2）页岩储层品质评价技术

根据海相页岩孔隙度、含水饱和度及含气量等实验，明确了海相页岩不同孔隙类型特征、吸附机理及含气性特征，建立了页岩不同孔隙的定量评价模型、页岩吸附气含量和游离气含量计算模型。综合利用页岩储层的有机碳含量、孔隙度、总含气量建立页岩储层品质评价模型，可精细分类评价页岩储层品质，为地质“甜点”优选提供支撑。

3）页岩工程品质评价技术

页岩工程品质的评价大多局限在岩石脆性计算上，而对影响页岩可压性的其他因素未做深入研究。实际上，储层的可压性评价是综合考虑岩石脆性、天然裂缝发育情况，甚至包括压裂施工参数在内的系统评价方法。因此，除脆性以外的可压性影响因素，主要从脆性指数、岩石力学参数、断裂韧性等方面开展海相页岩储层工程品质评价，进而形成页岩储层工程品质评价技术，可精细评价页岩的可压性，为压裂方案设计提供技术支撑。

3. 页岩储层“双甜点”地震预测技术

页岩储层“双甜点”指的是“地质甜点”和“工程甜点”。其中，“地质甜点”是指游离气和吸附气含量较高、物性较好的区域；“工程甜点”是指有利于低成本、高效率压裂施工的区域。页岩储层“双甜点”是页岩气效益开发的基础。

川南页岩气地震勘探的主要挑战来自于复杂的地表、地腹条件带来的成像精度不够和地震预测不准。针对“准确入靶、地质导向、建产有利区优选”等生产需求，发展了以山地页岩“两宽一高”地震采集、高精度各向异性处理为核心的地震成像技术[10, 12, 20]，有效解决了“地形起伏大，激发接收条件差；静校正、各向异性问题严重，干扰类型复杂”等带来的成像难题，地震资料成像品质大幅提高，目的层主频从30Hz 提高到 40～45Hz；针对“深度预测不准、断裂预测分辨率不够、储层表征不精细”等地震预测难题，形成了以动态深度预测、小尺度断裂和地质力学参数预测、叠前相控反演和以协模拟为核心的甜点体地震识别与综合评价技术[3-4, 22]，深度预测误差率平均由 1% 降低至 0.3%，断裂分辨率由 20m 整体提升至 5～10m，储层预测符合率超过 90%，实现了页岩埋深、断裂、储层物性和含气性的高精度表征（图 5-1），有力支撑了川南页岩气的高效勘探开发。

1）页岩储层“地质甜点”地震预测技术

在岩石物理分析的基础上，寻找到区分围岩与页岩、页岩与优质页岩的敏感弹性参数，建立 TOC、含气量、孔隙度等物性参数与不同的弹性参数之间的统计学关系。在此基础上，优选叠前地震反演方法、参数开展地震预测，可定量表征出页岩储层关键物性参数的纵横向展布。相较早先技术，本技术采用了子波拓频 + 小层追踪 + 叠前地质统计学与协模拟的思路，在有效提高地震资料主频 10Hz、清晰追踪出 4 小层顶

底的基础上开展地质约束的高分辨率反演，可有效识别出优质页岩、甚至是Ⅰ类储层的纵横向展布。

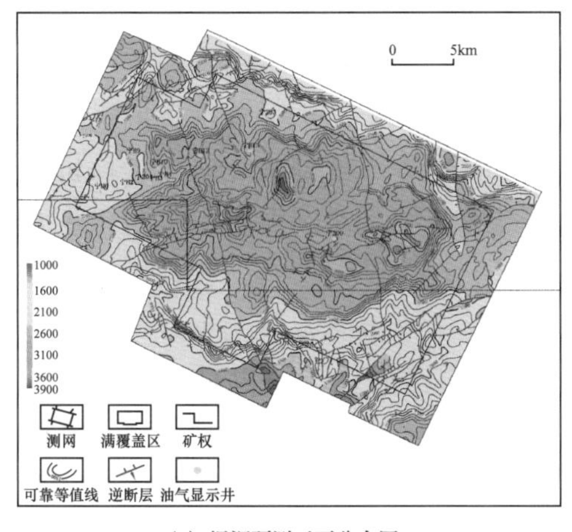

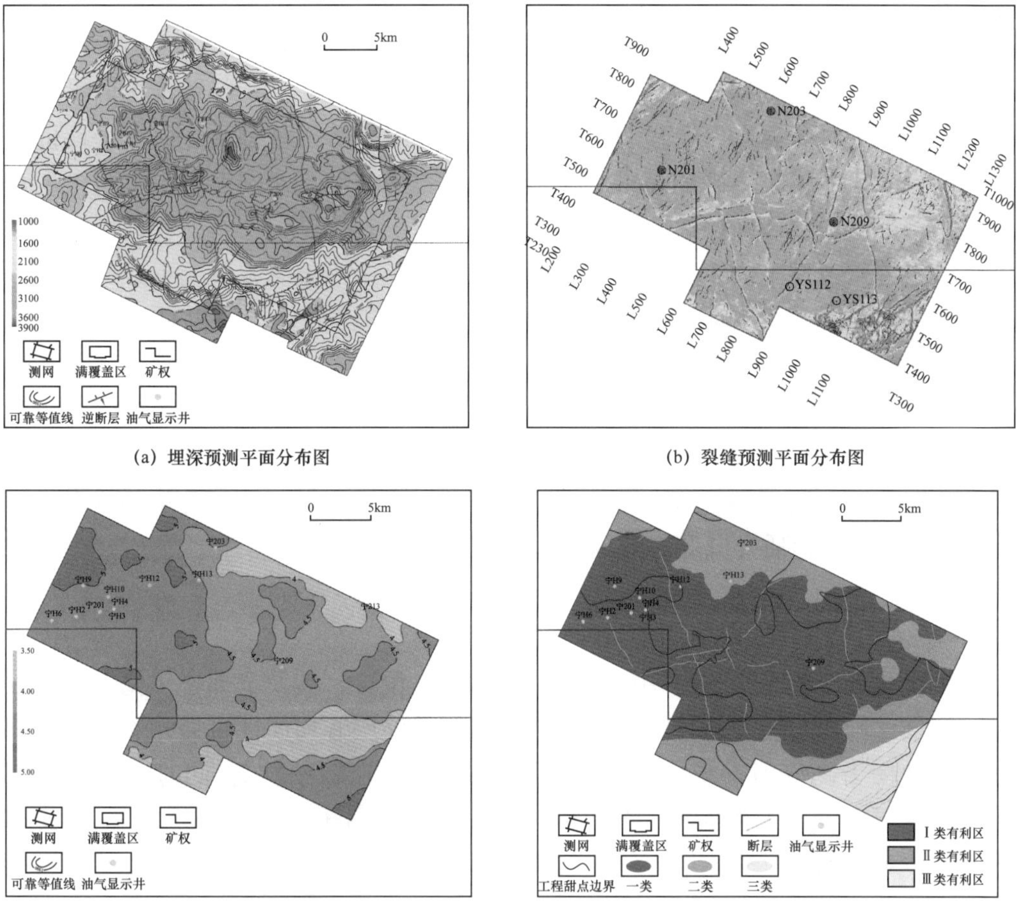

(a) 埋深预测平面分布图

(b) 裂缝预测平面分布图

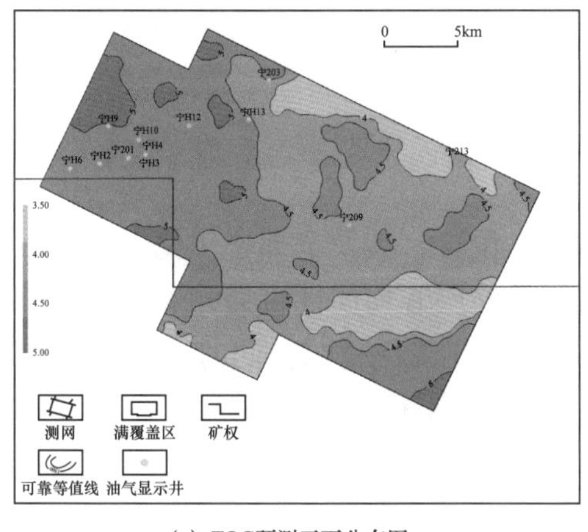

(c) TOC预测平面分布图

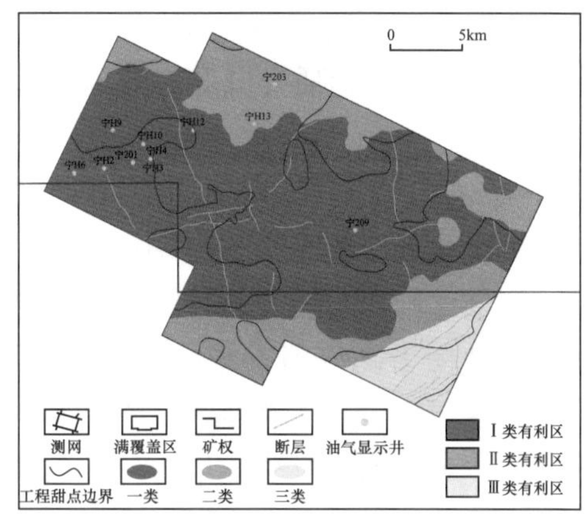

(d) “甜点”有利区预测平面分布图

图 5-1　川南页岩甜点精细预测及综合评价效果图

2）页岩储层工程“甜点”地震预测技术

页岩储层“地质甜点”地震预测技术包括多级裂缝预测技术、基于叠前反演的脆性预测技术和基于各向异性反演的地应力预测技术。页岩储层中，不同尺度的断裂对页岩气的保存、钻井、水力压裂、产能有着或正面、或负面的影响，受限于地震资料分辨率，断距 20m 以内的断层与微裂缝预测精度和分辨率不够。多级裂缝预测技术按照地层弯曲、小断裂和微细裂缝三个层次，将基于构造导向的曲率体、似然体和各向异性强度体进行融合来表征裂缝，降低了断裂预测多解性，提高了预测精度。岩石脆性指数越高，储层的可压性越好，越容易形成缝网。基于叠前反演的脆性预测技术使用高精度叠前弹性参数反演得到杨氏模量和泊松比，再利用杨氏模量和泊松比计算脆性指数。地应力对页岩气水平井开发有着重要影响，水平地应力差系数较小时，有利于形成网状裂缝。基于各向异性反演的地应力预测技术利用叠前各向异性反演得到各向异性参数和弹性参数，并利用它们之间的相互关系计算水平应力差系数，该方法综合考虑了构造和各向异性因素的作用，能够获得更加准确水平地应力差系数。

随着川南页岩气勘探开发进入全面“增储上产”阶段，主战场逐渐走向深层，工程难度不断增大，高温高压、强非均质性、长取心时间等因素都为地质综合评价带来了更大的挑战，提出了更高的需求。在分析实验技术方面，高温高压下页岩微观孔隙结构的动态表征、纳米孔隙内流体的原位赋存状态的观测、深层页岩物性、含气性测试方法以及含水条件下的页岩含气性的测量等，都是未来技术发展的重点与趋势。同时，建立统一的深层页岩物性、含气性测量的国内与国际标准，也是未来的重要趋势。在地球物理方面，面临地球物理响应特征不清、储层参数评价和预测精度不够等问题。因此，未来一段时间内，将重点开展有针对性的高温高压岩石物理试验，厘清深层页岩地球物理响应规律，发展深层页岩气高品质地震成像配套技术，建立准确的储层参数评价及预测模型，研究高精度的多级断裂精细表征与地应力预测技术，从而为甜点区段优选、地质导向和有效压裂提供有力支撑。

二、开发优化技术

开发优化处于整个页岩气勘探开发环节的核心位置，涉及了部署优化、技术政策制定及定量评价。与北美相比，四川盆地海相页岩储层非均质性更强，受埋深大、构造复杂、地应力高等因素影响，钻井压裂模式难以批量化复制；同时，地面山高坡陡、环境容量小，可工作面积十分受限。总体而言，由于国内页岩气开发起步较晚，主体开发技术面临“页岩储层含气性与流动规律认识不清、开发优化关键参数尚未实现差异化设计、气井全生命周期产能评价体系仍未建立”等挑战，国外也没有可以直接借鉴的相关经验。

“十三五”期间，通过自主攻关取得了系列技术突破，整体达到了国际先进水平。构建了水平井开发优化设计技术，形成了“储层品质 + 天然裂缝 + 地应力场 + 压裂缝网 + 压后产能”的一体化模拟技术，建立“区块、平台、井位、轨迹”一次井网优化部署模式，实现了复杂构造、裂缝、应力条件下的水平井网优化部署。建立了页岩气井全生命周期产能评价技术，提出了涵盖钻井完井、返排测试、生产三个阶段的 EUR 预测方法，预测符合率超过 80%。探索形成了生产制度优化技术，实践表明精细控压有助于提高单井 EUR。建立了高产主控因素量化分析技术，从 30 余种地质—工程因素中明确了影响页岩气井高产的两大类、7 种主控因素。

1. 水平井开发设计技术

水平井开发设计技术包括井位部署优化和开发技术政策优化两部分内容。

1）井位部署优化技术

川南地区地质条件复杂，受多期构造运动影响，局部构造复杂、断裂发育，地应力变化大，储层非均质性强。地形多为丘陵、低山，平原占比小，考虑到就近用水、运输成本，人口密集等因素，可部署平台有限。基于地下、地面条件叠加影响，需要开展地面井位部署优化。

地面平台优化：综合考虑构造条件、断层发育情况、地应力方向等因素，结合地面可实施平台踏勘位置，按照方案要求的井距、布井模式、水平段长，轨迹方位部署平台，充分合理动用页岩气资源。

水平井组优化：综合地面地形条件、工程技术水平等因素，形成了双排型布井、单排型布井、勺型布井和交叉型布井 4 种常用的布井模式。双排型布井较为成熟，工程实施难度适中，单井占用井场面积小，平台利用率高，但平台正下方存在较大的盲区，资源动用程度低。单排型布井工程难度适中，井场面积小，资源动用程度高，但地面平台利用率低，单平台布井数量有限，要求平台数量多。勺型布井既能够充分动用地下资源，又能适用崎岖地表条件，但工程难度较大。交叉型布井资源动用程度高，但工程难度较大，对地面条件要求高，适用于地层倾角较小、地表平整、平台位置较为规则的区域。

2）开发技术政策优化设计技术

在井位部署优化的基础上，需要进一步开展开发技术政策设计优化，从而达到最佳的开发效果。页岩气水平井开发技术政策优化主要包括：靶体优选、轨迹方位优化、水平段长优化、井距优化等几个方面。

靶体优选：最优靶体的确定必须兼顾地质与工程两个条件，既要位于优质储层发育层段，又要利于形成复杂裂缝网络。

轨迹方位优化：在不发育大尺度天然裂缝带时，井轨迹方位主要根据地应力方向优化，井轨迹方位垂直最大水平主应力方向时，压后改造体积最大，累计产气最高。发育大尺度天然裂缝带时，大尺度裂缝带会阻碍人工裂缝延伸，为获得最大改造体积，井轨迹方位必须兼顾地应力方向与大尺度裂缝走向，一般建议井轨迹方位与最小水平主应力方向呈 30° 夹角。

水平段长优化：从数值模拟结果来看，页岩气井 EUR 总体随水平段长增加而增加，水平段越长，单井 EUR 越高。从现场试验效果来看，超长水平段在工程实施中钻柱屈曲、阻卡、连油自锁等存在较大风险。因此，水平段长优化一方面取决于不同水平段长下气井的生产效果，另一方面也受到工程技术水平的制约。

井距优化：井距是关系页岩气井开发效果和效益的关键指标，井距太小容易造成井间干扰，不利于提高单井 EUR；井距太大会造成井间储量动用不充分。合理井距既要考虑单井 EUR 最大化，又要实现井间储量的有效控制。

针对不同地质条件，结合地面实际情况，形成了不同区块差异化的水平井开发设计技术。以长宁区块为例，长宁区块属“高山地形 + 喀斯特地貌”，地面可修井场的资源十分有限，为此，形成了适应南方复杂山地地貌的地面—地下一体化三维水平井组开发设计技术，长宁公司从评价阶段利用卫星照片 + 无人机测绘开始“普查”；方案编制阶段利用数字地图 + 人工落实进行“详查”；井位论证阶段多专业现场“精勘”，使得山区的地面资源得以充分利用。在井位设计时，充分发挥地震、地质、导向、定向、地面等专业一体化融合作用，进行“区块、平台、井位、轨迹”的立体优化，落实地面、地下两个目标，掌控整体部署、局部优化、细节调整三个环节，形成井位部署和滚动实施两个方案，一个平台从 4～6 口井，发展到一个平台 8～12 口井，实现地面资源集中程度更高，地下资源动用程度更高。

2. 全生命周期产能评价技术

针对页岩气井“钻井→压裂→排采测试→生产”4 个阶段的开发特征，运用多元回归、解析模型等方法，建立了全生命周期的产能预测方法，满足不同阶段的产能评价需要。

钻井阶段能够获取的参数较少，主要包括储层孔隙度、含气量、温度、TOC 含量、靶体位置、小层钻遇长度、优质储层钻遇率等一系列储层物性、钻井工程参数和压裂设计参数。该阶段主要通过层次分析、灰色关联分析等大数据分析方法对气井进行多因素分析，找出与气井生产效果最相关的影响因素，进而通过神经网络算法或多元非线性回归法建立产能预测模型（图 5-2），计算气井测试产量，再基于井区气井测试产量与 EUR 关系图版进一步确定气井 EUR，实现产能评价。

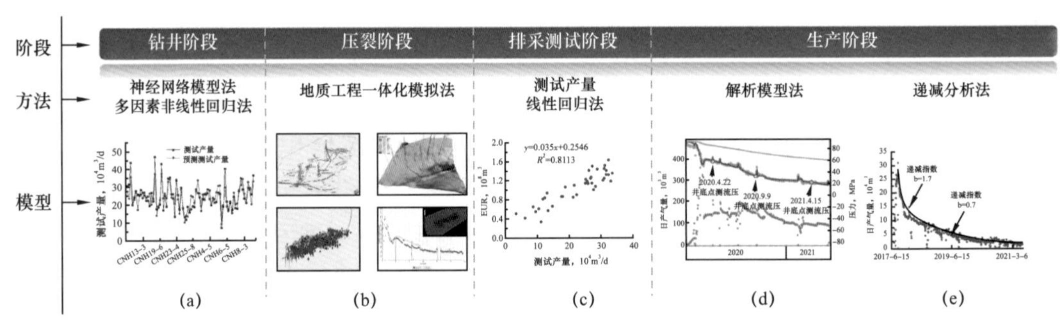

图 5-2　页岩气井全生命周期产能评价方法示意图

压裂阶段能够获取的参数包括气井压裂段数 / 簇数、加砂量、加液量、施工排量、泵注参数等一系列工程参数，目前该阶段产能评价的主流方法是地质工程一体化数值模拟法。在已有精细地质模型的基础上，通过压裂模拟拟合压裂施工泵注参数，运用非结构化网络剖分技术定量表征体积压裂复杂缝网形态，实现页岩气井生产动态的高精度预测［图 5-2（b）］。

排采测试阶段主要通过油嘴制度控制实现气井初期排液及产能测试，获取测试产

量。测试产量是通过严格的测试规范获得的（表 5–2），具有统一性和普适性。按照规范获得的测试产量与气井 EUR 有良好的相关关系［图 5–2（c）］，是排采测试阶段进行产能评价的主要方法。

表 5–2 页岩气井排采试气规范参数表

<table>
<tr><th colspan="2">参数</th><th>数据</th></tr>
<tr><td colspan="2">日产气量波动范围，%</td><td>＜5</td></tr>
<tr><td rowspan="3">井口压力
日波动范围
MPa</td><td>$q \geqslant 50 \times 10^4 m^3/d$</td><td>≤0.7</td></tr>
<tr><td>$20 \times 10^4 m^3/d < q < 50 \times 10^4 m^3/d$</td><td>≤0.5</td></tr>
<tr><td>$q \leqslant 20 \times 10^4 m^3/d$</td><td>≤0.3</td></tr>
<tr><td colspan="2">井口压力和产量稳定时间，d</td><td>≥5</td></tr>
</table>

页岩气井完成排采测试后将正式进入生产阶段。按照川南页岩气井目前采用的生产制度，气井生产可划分为两个阶段：（1）产量快速递减阶段，产量和压力快速递减的特征，普遍在持续生产 1 年后产量和压力递减逐渐趋于稳定；（2）低压小产量阶段，产量和压力保持在低值稳定生产，持续时间长。

产量快速递减阶段。产量快速递减阶段主要通过解析模型法进行气井动态分析和产能预测。解析模型法需建立分段压裂水平井解析模型，并考虑吸附气解吸附效应，调整储层参数，对气井全生命周期的产量和压力历史进行拟合，进而预测气井未来产量和压力［图 5–2(d)］。该方法适用于不同流态和各种生产制度的气井，适用范围广。

低压小产量阶段。低压小产量阶段的主要特征是井口压力、产气量和产液量均处于相对稳定、低值、长期的过程，在此阶段主要通过经验产量递减分析法 EUR 计算［图 5–2（e）］。

形成了不同阶段产能评价方法，实现了气井产能投产前模拟分析、测试后准确评价、投产后快速批量化处理，累计开展产能评价 600 余井次，吻合率达到 90%。

3. 生产制度优化技术

由于页岩基质渗透率较低，向裂缝及井筒补给能力有限，使得页岩气井生产压差往往较大，在此条件下，支撑剂容易发生压实、变形、破碎、嵌入及运移等现象，造成页岩人工裂缝表现出较强的应力敏感性。目前国内外生产实践均证实，通过控制生产压差有利于降低支撑剂嵌入、破碎及运移程度，最大限度保持裂缝的导流能力，提高气井 EUR。因此，优化页岩气井生产制度是保持气井稳定生产和提高单井 EUR 的关键技术之一。

川南页岩气在近 10 余年的探索实践中，综合运用室内实验、地质工程一体化数值模拟、气液两相流数值仿真、现场试验等技术手段，量化评价人工裂缝的应力敏感性、缝内支撑剂回流量和回流速度、不同生产制度条件下人工裂缝有效应力变化特征，确定气井配产的上限，并根据气井生产能力和井筒临界携液能力，确定气井配产下限条件，在此基础上开展考虑人工缝网应力敏感性、储层气液两相流动数值模拟研究，明确不同生产制度条件下气井全生命周期内有效应力和产量变化规律，掌握不同生产制度条件下单井 EUR 变化特征，从而优选气井生产制度。

运用页岩气井生产制度优化技术指导长宁页岩气田宁 209H49 平台（中深层）控压生产试验，试验结果表明，较放压生产井，精细控压气井 EUR 可提升 16.8%。在川南深层页岩气阳 101 井区开发过程中，通过优化气井生产制度，井口压力的压降速度明显降低，可实现生产 2～3 年稳产能力，单井 EUR 可提升 15%～20%。

4. 高产主控因素量化分析技术

通过层次分析—神经网络算法的大数据分析方法，从 30 余种地质—工程因素中明确了影响页岩气井高产的两大类、7 种主控因素，其中 I 类储层连续厚度、靶体位置、地应力差、距断层安全距离是影响地质的主控因素，排量、加砂强度、簇间距是影响工程的主控因素。在此基础上，建立单因素量化分析图版，明确不同开发单元内高产主控因素的技术界限。

川南页岩气多年勘探开发实践证实，基于精细气藏描述，明确了 I 类储层连续厚度大于 10m 的气井测试日产量普遍在 $20 \times 10^4 m^3$ 以上，通过对靶体的优化攻关，单井测试日产量从初期 4 小层靶体的 $5 \times 10^4 m^3$ 提高到 1 小层靶体的 $25 \times 10^4 m^3$，通过对三维地应力精细建模，找准了影响工程改造的高应力区，升级后的压裂工艺指标能将单井产量提高 100%。2020 年产量超过 $110 \times 10^8 m^3$，日产气量超 $4000 \times 10^4 m^3$，累计产气量超 $270 \times 10^8 m^3$，成为国内最大的页岩气生产基地。

随着川南页岩气勘探开发逐步迈向深层，针对中深层页岩气形成的开发优化技术体系需进一步完善。首先，深层页岩沉积微相、多尺度天然裂缝、微观孔隙等与中深层有所差异，需深入剖析深层页岩高温高压条件下微纳米孔隙、天然裂缝、人工裂缝内气液两相赋存特征与流动规律，探索深层高应力条件下的应力敏感性特征，以指导气井生产制度的持续优化。其次，随着静态与动态数据的不断丰富，结合大数据分析等技术手段，气井高产主控因素可进一步细化、量化，持续完善高产井培育模式，不断提高气井 EUR。最后，技术指标与经济指标还需进一步结合，需从目前单井的技术—经济一体化优化向平台、井区、气藏的技术—经济一体化优化转变，全方位、系统优化水平井组部署、开发技术政策设计，提高气藏的整体开发效益和采收率。

三、页岩气水平井钻井技术

从北美页岩气开发经验来看，水平井钻井是实现页岩气效益开发的关键，水平井在拓展泄气面积、提高采气效率、优化单井产能方面贡献突出。与北美相比，我国页

岩气地面、地下条件复杂，地表多丘陵、山地、喀斯特地貌，地下优质页岩埋藏深、微幅构造发育、有利箱体厚度薄，纵向上压力系统复杂，这些导致钻井过程中面临井漏、卡钻故障复杂多，地质导向难度大、优质储层钻遇率保障难等重大技术难题，北美页岩气水平井钻井技术不适应我国复杂的地质工程条件。

为实现页岩气水平井安全、优质、高效、低成本钻井，采取国外技术引进应用、现有技术集成配套以及关键技术与工具自主相结合的思路，开展了井身结构、三维井眼轨道、钻井提速、地质工程一体化导向、油基钻井液体系、固井配套技术等方面的技术攻关，创建了断层及微幅构造发育区“薄靶体、长井段”精准地质导向等特色技术，实现了复杂地质工程条件下“薄靶体、长井段”精准地质导向，逐步完善了四川盆地页岩气水平井优快钻井技术体系，有力支撑了长宁—威远、涪陵、昭通等国家级页岩气示范区建设。

1. 井身结构优化

页岩气作为一种非常规油气资源，在进行井身结构设计时，除了满足安全、快速钻井要求外，还需要充分考虑区域地质特征、大规模体积压裂改造需要，以及完井、采气等后期作业的要求。通常以三压力剖面为基础，综合考虑易漏、垮、喷、卡等复杂地层封隔以及提速需求，从而确定套管的层级和下深，并根据后续储层改造及采气需求优选套管型号，设计最有利的井身结构。以长宁区块为例，主体采用三开三完井井身结构，钻头程序为 ϕ406.4mm × ϕ311.2mm × ϕ215.9mm，套管程序为 ϕ339.7mm × ϕ244.5mm × ϕ139.7mm（图 5–3），在部分易漏、易垮地区则增下 ϕ508mm 导管防止表层漏失。实践证明，这种结构既满足气藏开发、储层改造及后期作业的要求，又利于安全、快速钻井。

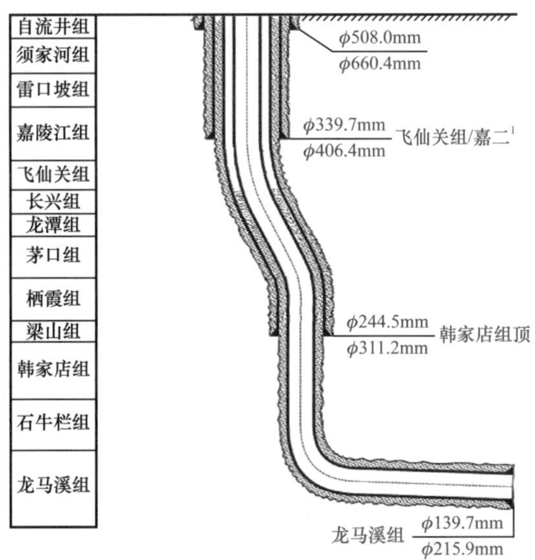

图 5–3 长宁区块井身结构示意图

2. 三维井眼轨道优化设计

早期水平井多采用大偏移距三维井眼轨道设计，在龙马溪组集中增斜、扭方位完成三维长水平段钻井，存在上部直井段防碰风险大、下部井段摩擦阻力扭矩大、轨迹控制难度大等问题。后期优化形成了“双二维”井眼轨迹设计方法，将井眼轨道设计在两个相交的铅垂面中（图 5-4），每个铅垂面中分别为一段二维轨迹，使复杂的三维水平井轨道二维化。相对于三维水平井，双二维水平井在第 1 铅垂面内造斜点深度浅，一般为 50～170m，从而在直井段增大了邻井间距，降低了碰撞风险；在每个铅垂面内，轨迹只有井斜变化而几乎没有方位变化，井眼轨迹控制难度大大减小；进入第 2 铅垂面时，轨迹的井斜角很小，近似于直井，可以直接调整方位开始造斜，避免了常规三维水平井的大幅度扭方位作业。通过理论模拟和实钻经验表明，该方法既可以解决上部防碰，又利于降低大横向偏移距水平井的摩擦阻力扭矩，起下钻摩擦阻力同比减少 30% 左右，为页岩气钻完井安全、快速作业打下了基础，也为大平台、工厂化作业提供了条件。

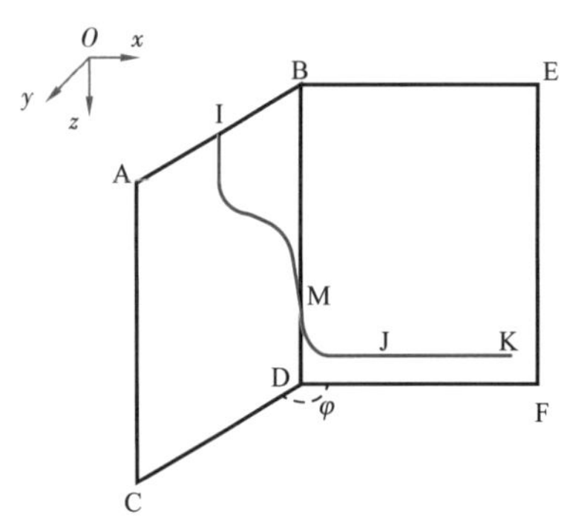

图 5-4　双二维井眼轨迹设计示意图

3. 页岩气水平井油基钻井液技术

为减少压裂难度、提高改造效果，水平段的方位多平行于最小主应力方向或小角度相交，加之页岩层理、裂缝发育，在钻进过程中不仅容易发生垮塌、井漏等井下复杂情况，而且在长水平段，摩擦阻力、携岩以及地层伤害问题也非常突出，钻井液性能的好坏将直接影响钻井效率、井下复杂情况的发生率及储层保护效果。

在借鉴国外经验和国内实践的基础上，自主研发了与国外主体性能指标相近的低成本油基钻井液体系，具有抑制防塌性能好、润滑性好、热稳定性好和抗污染能力强等优点，并通过理论分析和现场实践总结形成了一套页岩气水平井油基钻井液性能指标体系，应用效果良好。此外，由于受到岩屑、地层流体等的侵染，油基钻井液性能现场维护十分重要，尤其低密度固相含量的控制，通常采用高频振动筛（200 目以上筛布）、除砂除泥清洁器、中速（1800r/min 以上）和高速（3000r/min 以上）离心机等固控设备。

4. 钻井提速配套技术

页岩气建产区地层老、部分层段岩石可钻性差，龙马溪组页岩段地层压力系数高，造成钻井速度慢、钻井成本高。针对上述问题，经过多轮的探索、试验、优化，

形成了以钻井装备升级、高效PDC钻头研选、关键提速工具研选、钻井参数优化、故障复杂综合防治为一体的钻井提速配套技术，提高机械钻速和生产时效，钻井周期大幅缩短。

在井漏防治方面，采用岩溶勘察预警表层井漏，通过增下导管、清水强钻、雾化钻井、空气钻等措施有效应对表层漏垮复杂；通过强化四压力剖面及裂缝精准预测，优选钻井液体系、优化钻井液密度，采用控压钻井、强化页岩微纳米封堵、井底ECD监控等手段有效降低油基钻井液漏失。在钻井提速方面，采用“个性化PDC钻头+大扭矩螺杆+低密度钻井液”突破韩家店组—石牛栏组提速瓶颈，采用“页岩专层PDC钻头+旋转导向+极限钻井参数+高性能油基钻井液”实现“造斜段+水平段”快速钻井，宁209H31-1井水平段机械钻速27.4m/h，宁209H12-8井一趟钻进尺2852m，刷新页岩气水平井“一趟钻”纪录。

5. 地质工程一体化导向技术

为最大限度挖掘页岩储层潜力、提高开发效果，形成了融合“三维地质、旋转导向、随钻方位伽马/方位伽马成像、元素录井和工程地质综合录井”的随钻追踪五位一体地质导向技术，采用钻前锁定优质靶体、建立地质导向模型，钻中多源信息精准定位和井眼轨迹控制，钻后迭代更新地质工程模型的技术流程，有效解决了最佳靶体薄（1～5m）、断层及微幅构造发育、水平段轨迹复杂等问题，平均I类储层钻遇率达96.5%，即使在断层及微幅构造发育的条件下，也能保持较高的钻遇率。

6. 油基钻井液条件下固井技术

页岩气固井工程是衔接钻井和完井工程的重要环节，直接影响到页岩气井的产能发挥和生产寿命。页岩气水平井井深大、水平段长，在固井过程中存在套管下入摩擦阻力大，套管难居中，油基滤饼难冲洗，后期体积压裂对水泥石强度、韧性要求高等难点，为此攻关形成了套管安全下入技术、提高顶替效率技术、提高井筒完整性配套技术。研发了高效冲洗液体系和高强低模韧性水泥浆体系，有效提高固井质量，水平段固井优质率保持90%以上，满足分段射孔、体积压裂的井筒完整性需要。

四、页岩气水平井压裂技术

中国海相页岩气主要建产区页岩储层经历多期构造运动，储层非均质性较强，断层和天然裂缝较为发育，对水力压裂影响较大。储层埋藏深，地应力高，水平应力差异大，一般在15～25MPa之间，高水平应力差下形成复杂缝网难度较大。北美页岩气开发区域储层构造相对单一，储层水平应力差异一般在3～6MPa之间，储层非均质性不强。受复杂地质条件的影响，在川南长宁、威远、昭通页岩气区块开发过程中，套管变形频发，对压裂效果和作业效率造成了较大的影响。

壳牌公司和BP公司等国际石油公司运用北美较为成熟的页岩气开发技术先后在川南进行了页岩气开发，通过评价和试采后均陆续退出合作。实践表明，套用北美成熟的页岩气开发技术不能实现中国页岩气的有效开发。针对中国海相页岩复杂的地质工程条件，通过10余年的探索攻关，发展完善了适合海相页岩储层特征的压前综合评价技术、压裂设计与实施优化技术和压后评估技术，实现了高过成熟、强非均质、高应力差海相页岩储层的有效改造，支撑了页岩气规模有效开发。

1. 压前综合评价技术

针对页岩压裂实验评价，国内主要形成了基于物性、地球化学特征、矿物组成、岩石力学与地应力特征评价、储层敏感性评价等参数的评价指标。为了适应页岩气压裂工艺评价的需要，国内近年来先后发展和建立了基于岩石力学和矿物组成的脆性指数评价、基于CST比值的储层敏感性评价、基于大型物理模拟的裂缝扩展机理评价、基于平板流动的支撑剂运移评价等评价方法，较好地支撑了压裂工艺的发展和完善。

近年来，国内外学者提出并建立了页岩可压性评价方法和指标体系。可压性是评价储层能否被有效压裂的性质的评价参数，并在非常规储层改造评价中得到了广泛的应用。可压性是页岩储层具有能够被有效压裂并具备开采价值的性质，不同可压性的页岩在水力压裂过程中形成裂缝网络的难易程度不同。同时，国内外学者还建立了可压性评价的指标体系和综合评价方法，一般采用多参数综合评价。李文阳等[23]认为可压性评价的主要内容是评价裂缝和层理、页岩脆性、水平应力差，这三者是决定页岩能否“压碎”的3个关键因素。王志刚等在评价焦石坝区块的可压性时同时考虑了泊松比、杨氏模量、石英含量、黏土含量、地应力差异系数、裂缝等。唐颖等[24]将成岩作用有机质镜质组反射率（R_o）指标引入页岩的可压性评价指标中。国内部分学者还建立了基于多参数的综合评价方法和指标体系，用于定量进行不同区块页岩的可压性对比评价。

2. 压裂设计与优化技术

压裂设计的目标是基于压裂井的地质及工程特征，以最大化提高储层动用程度和压裂后的净现值为目标，优选入井材料、压裂参数，实现单井开发效益的最大化。川南地区页岩地层经历过多期构造运动的作用，储层天然裂缝发育，非均质性较强，水平应力差异大，采用相同的压裂工艺压裂后改造效果差异较大，因此必须采用地质工程一体化模式进行压裂优化，才能确保对储层的有效改造。

压裂模拟是压裂优化的重要手段，由于储层非均质性、钻遇储层的差异性以及地

应力、天然裂缝对于人工裂缝扩展影响等因素，需要建立地质工程一体化模型才能更好地指导压裂模拟和优化。一体化模型包含地质模型、天然裂缝模型、地应力模型，能够充分考虑地应力、天然裂缝、储层非均质性对裂缝扩展的影响，能够根据不同井段的工程地质特征，制订个性化的压裂方案，确保改造效果（图 5–5）。

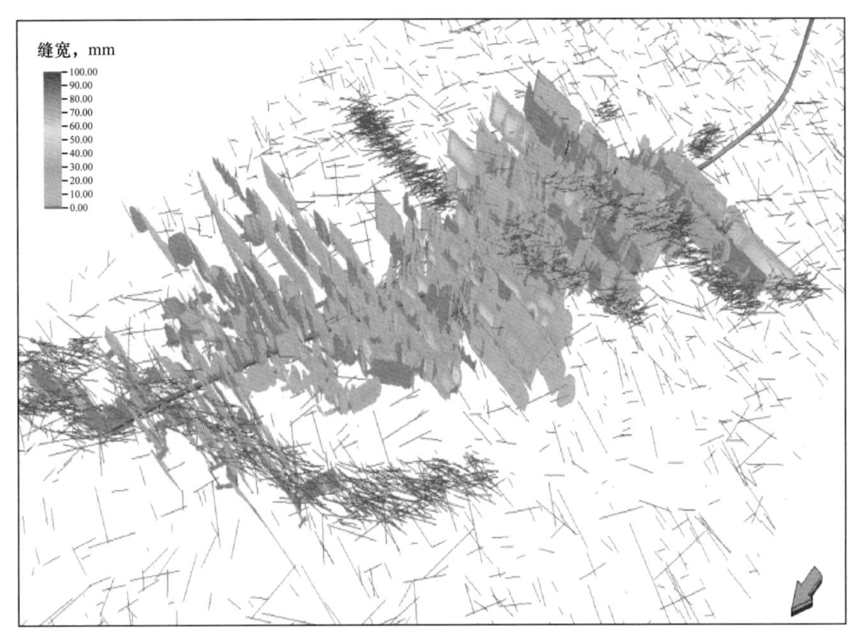

图 5–5　基于一体化模型的缝网压裂模拟成果

水平井压裂分段及射孔方案优化方面，在进行分段方案设计时，需基于地质工程一体化模型，有效评价水平段穿行位置的储层物性、岩石力学性质和地应力条件，确定合理的分段方案。同时在设计分段方案时还需要综合考虑钻井过程中的显示情况、录井、测井解释、固井质量等因素，综合确定合理的分段方案。一般而言，宜优选段内脆性高、含气量高、最小水平主应力低的位置进行射孔。对于水平段偏离优质页岩的井段采用定向射孔，确保优质页岩有效改造。对于高破裂压力井段，采用定向射孔等方式，降低破裂压力。射孔参数的设计需要考虑排量、射孔孔眼直径等情况，按照限流射孔的原则，设计合理的孔眼个数。同时，根据多裂缝扩展缝间干扰等因素，可以对段内各簇进行差异化射孔，确保各簇裂缝均匀扩展。

在入井材料选择方面，页岩气的增产以形成复杂缝网为目标，低黏滑溜水相比线性胶和交联液，沟通天然裂缝的能力更强，主体均采用滑溜水施工。加砂方式初期以段塞式加砂为主，后面逐渐推广应用连续加砂方式，实践表明低黏压裂液也能满足 300kg/m^3 左右砂浓度连续加砂的需求。为了满足不同工艺目的，在页岩气的压裂过程中也有采用线性胶、交联液压裂的情况，但是整体使用比例较低。目前页岩气的压裂支撑剂主要有石英砂、覆膜砂和陶粒三种类型。早期的压裂主要以 40/70 目的陶粒为主，占比在70%左右，使用30%左右的70/140目的石英砂，降低滤失，封堵微裂缝。近年来，北美页岩气采用全程石英砂进行压裂，陶粒的使用比例越来越少。川南页岩气压裂过程中也开展了石英砂替代陶粒试验，对中深层页岩气井压后效果未有影响，已进行推广应用。

压裂参数优化方面，没有一套可以简单复制应用到所有的页岩气井的设计参数，必须根据区域储层特征、开发技术政策，探索适合开发区块储层特征和开发技术政策的压裂参数。以川南地区长宁区块为例，压裂关键参数经历了4轮左右的优化调整，单段簇数、簇间距、施工排量、加砂强度等参数均在进行优化调整。部分调整优化是由于开发技术政策如井间距由400～500m调整到300～400m。部分的调整优化是由于建产区域的应力特征、天然裂缝特征等发生了变化进行的。部分调整优化是基于工艺技术和改造理念的升级变化进行的。压裂参数的优化应以井控范围内的储量动用程度最大化、提供经济的裂缝导流能力、提高裂缝的复杂程度、提高净现值（NPV）为目标。压裂参数的优化应以精细压裂模拟为基础，以现场试验为支撑，通过多种手段和方式的压裂后评估工作来逐步完善和定型适合区域内的压裂参数模板。同时，压裂技术也不断发展完善，实现了压裂技术的升级换代。表5-3为涪陵页岩气田不同阶段压裂技术对比表[25]，表5-4为长宁、威远区块页岩气压裂技术1.0版与2.0版的对比表，可以看出，我国主要建产区块的压裂技术均在不断发展完善。

表5-3　涪陵页岩气田不同阶段压裂技术对比表[25]

主要参数	一代技术	新一代技术（2017年）
主体技术思路	大排量＋变粒径支撑	多簇密切割＋投球转向＋高强度加砂
井距，m	600	300
水平段长度，m	1500	2000～3000
段数	20	20～30
单段长度，m	80	100
簇间距，m	25～30	8～12
单段簇数	2～4	6～9
单段总射孔数，个	60	60
液体强度，m^3/m	25～30	20～25
支撑剂类型	陶粒、覆膜砂	石英砂为主
加砂强度，t/m	0.8～1.0	1.6～2.5
暂堵工艺	—	暂堵球＋暂堵剂

表 5-4　长宁区块页岩气压裂技术 1.0 版与 2.0 版的对比表

序号	类别	压裂技术 1.0 版	压裂技术 2.0 版
1	分段工具	速钻桥塞	可溶桥塞
2	压裂液	低黏可回收利用滑溜水	可回收利用变黏压裂液
3	簇间距，m	20～25	5～10
4	单段簇数	3	6～12
5	加砂强度，t/m	1.5	＞3.0
6	石英砂比例，%	30	60
7	施工排量，m^3/min	12～14	＞16
8	用液强度，m^3/m	30	25～30
9	配套工艺	无	暂堵球 + 暂堵剂

在套管变形防控方面，形成了基于断层、裂缝滑动风险识别的套管变形预测技术，基于微地震监测的套管变形风险预警技术和小直径桥塞、缝内砂塞、暂堵球压裂等不同变形程度的套管变形影响段压裂技术，有效地降低了套管变形发生的概率和套管变形对压后产能的影响。

在压裂实施优化方面，由于储层非均质性、技术局限性等方面影响，压前不能对储层特征全面准确地掌握，在压裂实施过程中需要根据压力监测、微地震监测等手段进行压裂实时优化，确保压裂施工的顺利实施和有效改造。对于天然裂缝、断层发育的地层，压裂过程中容易发生砂堵、井间压窜、诱发压裂过程中套管变形等复杂情况，压裂过程中需根据施工压力响应、邻井压力监测、微地震监测事件点响应等进行综合评估并实时优化调整排量、液量、砂浓度等参数，降低压裂复杂的发生，确保压裂井段的有效改造。

3. 压裂后评估技术

压后评估是根据压裂施工相关资料和配套监测技术来评价压裂工艺及技术参数的适应性，从而为压裂方案和开发技术政策的优化提供支撑。压裂后评估的内容主要包含：基于测试压裂的储层参数评价、射孔工艺及参数适应性评价、井下工具及入井材料适应性评价、裂缝形态及参数评价、基于压裂施工参数的综合评价、压后返排特征及返排制度合理性评价、压后生产特征评价、基于大数据的压裂主控因素及产能预测评价等。

压后评估的核心是通过压裂过程中获取的各项资料，评价压裂工艺的适应性、参数的经济性，支撑压裂方案和开发技术政策的优化。目前运用较为广泛的压裂后评估方法主要包括：压裂施工压力分析、裂缝监测、生产测井、压裂示踪剂、试井分析、生产动态分析及数值模拟、数据挖掘等方法，通过开展综合评估能够支撑评价储层参数、裂缝扩展形态、裂缝参数、各压裂段产能贡献、地质及工程参数对压裂效果的影响、开发技术政策和压裂工艺及参数优化等。

压裂施工压裂分析主要包含测试压裂分析和主压裂施工压力分析。通过测试压裂能够获取储层闭合压力、裂缝延伸压力、地层压力、渗透率、液体效率、孔眼摩阻及近井摩阻等参数，指导压裂方案的优化。在页岩气的开发过程中广泛采用微注测试，微注测试又称流体注入诊断测试（Diagnostic Fluid Injection Test），主要通过向地层中注入少量液体，从而求取地层压力等储层参数。目前微注测试是获取地层压力较为有效和简便的一种方式。施工压力分析主要是根据施工过程中的压力响应、停泵压力分析等判断裂缝延伸、支撑剂运移以及裂缝扩展区域地质特征的变化情况。施工压力分析中净压力分析尤为重要。一般认为，页岩气井压裂施工的裂缝内的净压力超过水平应力差有利于形成复杂裂缝网络。

裂缝监测是通过地球物理方法监测压裂过程中的信号从而获取压裂裂缝形态相关参数的方法。目前常用的裂缝监测有地面测斜仪和微地震监测两类。地面测斜仪测试方法采用高灵敏度的仪器监测压裂裂缝对大地造成的变形，运用地球物理反演计算来确定裂缝方位、倾角及产状。同时，地面测斜仪还可以获取垂直裂缝、水平裂缝的体积，可用于研究裂缝的复杂程度。微地震监测技术在非常规油气藏中得到了广泛的应用，目前主要有井中监测（图 5-6）、地面监测和浅井监测三种方式。微地震监测能实时处理解释，估算压裂改造的裂缝的尺寸、方位和波及体积等，同时结合三维地震预测可指导压裂施工实时调整。

图 5-6　某井微地震监测成果图

生产测井在页岩气井压后评估中应用广泛。目前常用的生产测井主要包括井温测井、分布式光纤测井、产出剖面测试等。井温测井主要通过压裂期间，低温压裂液进入地层导致近井筒温度场的变化来判断压裂液波及区域的一项压裂后评估技术，多用于页岩气直井压裂评价，测井结果可表征压裂水力缝高。分布式光纤测井技术利用光学特征、后向拉曼散射温度效应等光学原理开展井底流量、温度 / 压力、持液率等关键参数的测量，从而评价页岩气水平井各簇产能贡献。在页岩气水平井产出剖面测试中，多采用流体扫描成像（Flow Scanner Image，FSI）测井，可测量自然伽马、磁定位、温度、压力、流量、持水率、持气率等参数，通过对不同生产制度条件下各段产能贡献的分析对比，对压裂方案、生产制度的合理性进行论证，对压裂方案、设计、生产制度的优化提供依据。

压裂示踪剂分析可分为压裂液示踪剂与支撑剂示踪剂，压裂液示踪剂在压裂施工结束后，定时监测返排液中示踪剂的浓度变化，定量分析各压裂段产出贡献，以及判断井筒是否通畅，为后期压裂方案设计及开发调整提供依据。支撑剂示踪技术是在压裂中采用示踪陶粒作为支撑剂，通过在陶粒中加入具有高中子俘获截面的材料，从而使得支撑剂具有可探测物质，利用压裂后的脉冲中子俘获截面测井（RST）响应特征与压裂前的对比，来确定压裂后支撑缝高等参数，为后续压裂设计优化提供指导。

试井是以渗流力学为基础，通过测定和分析油气井井下压力与产量的关系，分析油井、气井、水井的特征参数，从而对储层的特征进行描述，并对井的动态进行预测的方法。通过对页岩气水平井压裂后进行试井分析，可以确定压裂井的平均渗透率、窜流系数、裂缝半长等参数，从而评价压裂效果。通过对相邻井进行干扰试井，可以分析井间干扰情况，为压裂施工规模、水平井巷道间距的优化提供支撑。页岩气水平井压裂试井分析技术尚处于逐步发展和完善的阶段，试井解释结果可作为压裂评估的参考。干扰试井分析较为可靠，可以为优化不同井间距条件下的压裂参数提供参考。

压裂改造效果的直接体现是压后的产出情况，分析压后的生产动态特征可以有效评价压裂改造效果，特别是基于生产动态特征的产量递减分析和 EUR 的预测对于评价改造效果具有重要的意义。另外，通过生产动态拟合进行数值模拟反演压裂后的储层参数也能有效评价压裂改造效果。基于生产动态分析的 EUR 预测在页岩气开发实践中运用较为广泛，对不同井的 EUR 预测结果可为压裂评估提供支撑。

数据挖掘是指从大量的样本数据中通过一定的算法来获取隐藏于其中信息的过程。数据挖掘通常通过统计、分析处理、机器学习、专家系统和模式识别等诸多方法来获取研究目标信息。在油气田开发实践过程中，当有一定量井的数据样本后，可以通过数据挖掘技术开展聚类、预测、关联分析等相关研究。在压后评估中，常运用多元统计、灰色系统、支持向量机、神经网络等数据挖掘技术开展产能预测、主控因素研究等。基于数据挖掘的页岩气井压后产能主控因素研究和产能预测在页岩气开发的实践中应用尤为广泛。

除上述压后评估方法外，近年来先后又发展了三维电磁监测、井下电视监测、基于压后停泵数据分析等方法，为进一步评价压裂后压裂液的分布、射孔孔眼的磨蚀及开启情况、压裂后的裂缝参数等提供了手段。

随着页岩气开发的不断推进，对压裂技术提出了更高的要求。在多层立体压裂、重复压裂、加密井压裂等方面，还需要不断探索和发展。需要建立适应不同开发单元和地质特征下的有效改造模式；需要进一步完善压裂后评估方法，支撑压裂技术不断优化完善。针对深层页岩，储层埋深大、地层温度高、水平应力和应力差增大，压裂形成复杂缝网的难度更大，需要建立新的储层可压性评价指标体系和评价标准；需要进一步完善压裂工艺和优化压裂关键参数，满足高闭合应力、高应力差条件下形成较大的储层改造体积、形成复杂裂缝、确保导流能力的需求。

五、页岩气地面工程技术

与常规天然气的开发生产相比，页岩气井具有压力和产能衰减速率快、进入增压开采周期短、气井初期产出水量大等显著特征，页岩气主要通过不断钻井以实现气田产能总体稳定。常规气地面工程技术不能较好适应页岩气工况变化大、滚动开发模式和地面快建快投的需求。

从自然环境对比，国内页岩气开发主要集中在我国西南部和中南部，地形地貌复杂，周边居民较为密集，不利于页岩气开采和地面设施的建设，而北美页岩气所处区域地势较为平坦，周边居民少，有利于整体规模开发。从开发理念对比，国内页岩气开发仍按照常规气的理念，多采用控压生产方式，延长气井稳产期，提升开采效果，北美页岩气开发是以收益最大化和环境影响最小化为中心，页岩气运营商主要为追求快速获取收益，在气井生产中不控制气井压力，快速采气，通常在气井开采几年后就不再投入更多的精力进行维护，成熟一块开发一块，地面设施尽可能简化，采用标准化和橇装化设备，只要满足安全生产和环保的需要即可。从配套设施成熟度对比，北美天然气管网完善，页岩气可就近进入管网或下游用户，仅需按照用户要求进行处理即可，配套设施大量依托当地专业供应商和运行商，从而降低运行成本，国内页岩气开发过程中所有地面设施主要还是有由开发商自己建设和运营。总体而言，我国页岩气与北美页岩气在自然环境条件、开发理念、配套设施成熟度等方面还存在较大差异，决定了我国页岩气地面工程建设不能照搬国外的做法。

因此，在借鉴国外页岩气和常规气地面工程技术的基础上，国内研究团队不断探索适应于四川盆地的页岩气地面工程技术，形成了页岩气地面集输工艺优化技术，适应页岩气开发建设节奏快、生产阶段性强的特点，最大限度发挥单井产能；形成了以“标准化设计，工厂化预制，模块化建设，橇装化施工，批量化采购”为核心的页岩

气快建快投模式，提高地面工程的适应性和灵活性，降低地面工程建设周期和投资。

1. 页岩气集输工艺技术

页岩气井所产天然气在平台站进行节流、除砂、分离、计量后，经集气支线输送至集气站，在集气站经汇集、分离、计量后，通过集气管道输送至井区中心站（脱水站）经分离、过滤、脱水、计量后外输[26-27]。

1）集气工艺技术

（1）输送工艺。

页岩气井生产初期井口压力高、井口流动温度高，产气量、产液量大，且气井流物中返排出的压裂砂、地层砂较多。若采用气液混输方式进行生产，则极易发生集气管道冲蚀破坏。因此页岩气开发排液生产期、正常早中期推荐采用气液分输工艺，在生产末期，当产液量很少时可以考虑气液混输工艺[28]，分生产阶段采用不同的气液输送工艺，利于分离设备重复利用。

（2）水合物防止工艺。

根据目前国内典型页岩气田气井的生产情况，对水合物形成预测模拟，正常连续生产过程中井口节流后不会形成水合物，仅需考虑极端工况（气液比较低和井温低等）和启停开井工况水合物生成。传统的加热工艺设备闲置率较高，推荐采用注抑制剂防止水合物形成，以移动注醇橇为主＋闲置水套加热炉，满足生产需求，降低地面工程投资。

（3）除砂工艺。

在页岩气开采中，采取加装除砂器，最大限度地减轻砂粒对集输系统的损害。除砂工艺通常采用过滤除砂和旋流分离除砂[29-30]。从现场应用效果看，过滤除砂器滤芯易堵且清砂困难，部分滤芯还存在破损问题，目前已基本排除过滤除砂器改用旋流分离除砂工艺，浙江油田、长宁公司后续区块和川庆钻探工程有限公司使用旋流分离除砂效果较好。图 5-7 和图 5-8 所示分别为卧式除砂器和立式旋流除砂器。

（4）计量工艺。

气井单井计量可选用的计量技术有不分离计量和分离计量两种。其中不分离计量在技术经济性和运行管理上都具有明显的优势，但目前技术成熟度还有待于进一步验证。分离计量主要有多井轮换分离计量和单井连续分离计量两种方式（图 5-9 和图 5-10）。多井轮换计量投资维护有优势，但不能连续记录每口井的各种参数，给气藏分析带来困难。单井连续计量可连续记录气井的各种参数，精度高，但投资高。建议根据生产管理需求，不同生产阶段合理选择计量工艺，满足页岩气生产需求，合理控制投资。

图 5-7　卧式除砂器

图 5-8　立式旋流除砂器

图 5-9　多井轮换分离计量

图 5-10　单井连续分离计量

2）管网和增压工艺技术

管网布局方式应结合页岩气钻井部署及气井投产特点设置，页岩气集输系统中，常采用放射式、枝状式及环状管网相结合的方式。结合页岩气开发特点，推荐以放射状为主、枝状为辅，适当考虑高低压分输管网，利于实现相对集中增压，满足气田滚动开发和分期建设的需求。

页岩气井井口压力递减快，气井通常生产一年左右即需要进行增压。气田可选用的增压方式有节点增压（平台增压）、集中增压（集气站或脱水站增压）、节点＋集中增压方式。增压方式选择主要需考虑井位部署及管网结构特点、总体布局、经济等因素。页岩气推荐采用节点增压＋集中增压的组合模式，以集中增压为主、节点增压为辅，发挥气井产能，以实现相对集中增压管理。

3）脱水工艺技术

气田可选取的脱水方式主要有三甘醇（TEG）脱水、分子筛脱水、乙二醇脱水等。脱水方式的选取主要取决于产品气外输（外运）方式，对于管输而言，主要取决于脱水后的效果能否满足外输管道对页岩气组分中含水量的要求。三甘醇脱水工艺成熟、操作成本低，广泛应用于流量稳定、压损小的区域中心站场（图 5-11）。分子筛、J-T 阀脱水等脱水工艺适合流量波动大，压损不敏感，适用于边远且依托条件差的气

井或站场。针对页岩气开发生产特点，试采阶段推荐采用分子筛或 J–T 阀脱水，满足边远井和评价井前期投产的脱水需要。开发生产阶段采用三甘醇集中脱水，满足井区产品气达标外输要求。

图 5–11　三甘醇脱水装置

2. 页岩气地面标准化设计技术

页岩气标准化设计应坚持"模块化、橇装化、规模化和重复利用"的设计思路，实现地面建设项目一体化建设、规模化采购及工厂化预制，以具有独立功能的模块和橇块为最小单元，通过不同功能模块组合，满足生产需求[31–32]。

不同生产阶段平台工艺流程通过不同功能模块组合，满足生产要求。通过对平台不同生产阶段橇块的重复利用，提高设备重复利用率，降低平台地面工程投资；集气站主要有平台来气汇集模块、分离（计量）模块、清管发送模块、清管接收模块、进出站阀组模块、增压模块，以不同模块、橇块的数量、规格型号灵活组合来适应不同规模集气站的设计与建设需求；页岩气脱水标准化装置有三甘醇脱水装置、分子筛脱水装置、J–T 阀脱水装置。脱水装置应向橇装集成度高、布置紧凑、占地面积尽可能少的方向发展，形成页岩气脱水模块化设计和规模标准化设计，并根据页岩气不同生产时期特点进行个性化组合。图 5–12 和图 5–13 所示分别为标准化平台站和标准化集气站。

图 5–12　标准化平台站

图 5-13　标准化集气站

通过地面标准化设计，实现不同生产阶段、不同压力、不同产量、不同液量等工况条件下的任意橇装组合和平台间快速复用，缩减地面建设周期，适应页岩气地面工程快建快投和合理控制地面工程投资的需求。

页岩气生产阶段的合理划分是页岩气地面集输工艺优化的关键，因此应进一步加深页岩气生产规律变化认识，地下与地面结合，做好压力系统匹配、优化简化地面工艺流程，优选适应性高的集输工艺技术，降低地面建设投资成本；结合页岩气试采区域建设及生产运行管理经验，形成从钻前工程、页岩气站场一系列标准化设计成果，以期地面工程标准化设计利用率达到 100%，满足页岩气高效低成本开发需要。

六、页岩气清洁开采技术

与北美相比，中国页岩气资源多集中在中西部山区，大部分区域人口密集、植被丰富、水系丰沛，部分区域喀斯特地貌属性导致地表沟壑纵横，地下溶洞多、暗河多、裂缝多、漏失层多，页岩气有利区域内环境敏感点多，环境风险管控要求高。页岩气开发建设过程中的废水（钻井废水、压裂返排液和生活废水）、废气、废渣（水基岩屑和含油岩屑）、施工噪声和水土流失等是主要环境风险源。最突出的环境风险是产生的钻井固体废弃物和压裂返排液，单井产生油基岩屑量通常为 700～800t，单井产生压裂返排液量为 1×10^4～$1.5\times10^4m^3$，需要相关配套的处置规划、标准、技术体系来指导和规范处置。如何防治这些环境风险源，确保页岩气的“绿色”开发一直是个重大难题。

我国油气行业在页岩气产业起步之初就高度重视生态和环境问题，也认识到由于开发区域地质地形、人居和外环境状况、法律规范、技术水平以及施工组织形式都存在差异，国外的相关认识和做法不能简单复制，需要结合实际不断深化、不断应用、不断创新，才能走出符合我国实际的页岩气清洁开发之路。

伴随“固废法”“土十条”等法律法规的发布与实施，传统固废处置技术已难以适应页岩气“点多、面广、滚动开发”的特点，压裂返排液特有的污染物特征和庞大

的产生量也导致传统水处理技术适应性不足和总体处理成本高。页岩气开发企业充分结合国家及开发区块地方相关管理要求，通过技术集成、引进吸收、科技创新，形成以“节能、降耗、减污、增效”为目标，以“减量化、无害化、资源化”为重点，以“源头预防、过程管控为主，末端治理为辅”的清洁生产核心技术体系，尤以钻井固体废弃物和压裂返排液处理技术较为典型。

目前在国内页岩气主产区实现了水基岩屑的100%利用，远高于美国等北美地区岩屑利用率；形成的溶剂萃取、锤磨处理技术等油基岩屑深度处理技术，实现了油基岩屑随钻深度处理与利用，并有效回收基础油，相较国外微生物处理、填埋处置技术，处理周期短，环境风险更低。同时，北美页岩气压裂返排液处理以深井灌注较普遍，国内主要以回用为主，更适应于国内返排液水质情况和环保管理制度要求。

1. 钻井固体废弃物随钻“减量化、无害化、资源化”处理技术

采用井场清污分流系统、钻井液不落地技术、随钻实时分离减量、岩屑残渣制备建材等实现钻井固体废物“减量化、无害化、资源化”。

（1）钻井水基岩屑减量化率可提高40%以上，水基岩屑资源化利用所制备的免烧砖、免烧砌块、烧结砖符合JC/T 422—2007《非烧结垃圾尾矿砖》、GB 5101—2017《烧结普通砖》产品质量标准要求，且产品浸出液符合国家污水综合排放标准1级标准要求。解决了传统水基岩屑填埋处置需占用大量宝贵土地资源的问题及可能存在的环境污染隐患。

（2）钻井油基岩屑通过热脱附处理技术，有效回收黏附于岩屑表面的油基泥浆，油回收率大于95%，残渣的油含量小于1%。热脱附处置后残渣通过掺烧方式资源化用于制砖，所制备的烧结砖符合GB 5101—2017《烧结普通砖》产品质量要求。另外，四川省、重庆市和贵州省等地通过利用水泥窑、电厂炉窑等方式协同处置油基岩屑，在无害化处置油基岩屑的同时，利用油基岩屑热值节约了能源消耗，实现了“危废变宝”。

2. 压裂返排液回用和达标外排处理技术

采用物理、化学、生物等处理工艺去除压裂返排液中的某些污染物以达到配置压裂液回用水质或国家和地方排放要求，从而使得压裂返排液得以循环利用或达标排放。

（1）返排液回用处理装置主体工艺为“曝气氧化+（化学软化）+混凝沉降+过滤”，从井口返排的液体经氧化过程，溶解态的Fe^{2+}能够被氧化为$Fe(OH)_3$，利于在后续单元中进行絮凝沉降，软化单元采用化学软化，与混凝单元耦合运行，在硬度离子不高的情况下未开启运行，再通过混凝沉降和过滤实现固液分离。稳定运行中，出水水质总铁含量基本小于1mg/L、固体悬浮物含量小于10mg/L、石油类含量小于

2mg/L，能够达到 NB/T 14002.3—2015《页岩气　储层改造　第 3 部分：压裂返排液回收和处理方法》中压裂返排液的回用水质要求，通过回用处理和改进压裂液配方，川南页岩气区域压裂返排液的整体回用率可达到 85% 以上。

（2）返排液达标外排处理一般采用预处理、脱盐处理、出水深度处理三段，预处理主要参考返排液水质和脱盐单元进水水质要求进行设计，一般可包含氧化、软化、混凝 / 絮凝、固液分离、多介质过滤、活性炭过滤、超滤等单元，从而降低返排液中的悬浮物、胶体、硬度组分、石油类含量、有机物含量等，使返排液经处理后达到脱盐单元的进水要求。脱盐处理作为核心主要是根据返排液矿化度浓度选择具体工艺技术，以反渗透、电渗析等膜处理工艺浓缩后，再通过蒸发单元得到固体结晶盐以达到降低返排液矿化度的目的。深度处理主要针对脱盐单元后产水的进一步处理，以去除脱盐后，仍然残留的部分污染物，如蒸发冷凝水中残留的氨氮、有机物等。最终处理后出水达到 GB 3838—2002《地表水环境质量标准》相关标准，满足排放水质要求。

针对页岩气清洁开采技术，在油基岩屑处理处置方面，当前开发区域危险废物处置能力已成为影响页岩气开发的制约性因素之一。应对“近乎井喷式增长”的开发形势，石油行业可通过开发和应用环保型、强抑制性和成本低廉的高性能水基钻井液替代油基钻井液，开发绿色、安全的油基岩屑基础油脱附技术或药剂，并对脱油残渣的危险废物属性和再利用的环境安全性进行系统评估，明确含油岩屑的处理技术和资源化利用的规范和相关标准，最终为含油岩屑找到合理稳妥的出路。

在压裂返排液处理方面，页岩气压裂返排液作为页岩气开发产生的最大量废物，其处理处置一直立足于大量回用，在无回用现实条件或水质不适合回用时，处理外排是可考虑的选项之一。考虑页岩气压裂返排液的复杂水质，指望通过某一个单元技术实行无害化处理是不现实的，其处理外排一定是集成多个单元技术的处理工艺。基于研究和应用的进展，应重点在以下方面实现技术突破：① 更经济的脱盐技术；② 高效氧化技术；③ 面向水质的工艺参数调整方法；④ 基于应用情景的压裂返排液管理决策系统；⑤ 研究和应用还需进一步优化流程设计，减少单元环节，同时通过控制工艺参数减少杂盐、废盐甚至二次危险废物的产生。

此外，深井灌注废弃物处置技术体系在北美经过多年的实践，已被认为是一种可靠的、先进的和环境友好的废弃物“零排放”技术，现阶段开展深井灌注废弃物（含压裂返排液、钻井废弃物等）处置技术的研究和实践，进而形成较完整的法律监管和技术标准，是页岩气乃至石油天然气产业发展的现实要求。

总的来说，我国目前尚未完成针对页岩气开发的环境监管顶层设计，尤其是缺乏针对页岩气这一新矿种的污染物控制标准。现阶段学界、产业界和政策制订者应紧密结合，加强页岩气开发过程环境保护方面的基础性研究，系统识别和分析页岩气开发全过程的产污环节、污染因子和环境影响机制，为页岩气清洁开发提供基础性科学成

果支撑，同时对行业采用的清洁生产和环境管理措施，以及废弃物处理处置技术进行评估，引导行业不断优化工艺设计、装备制造和过程控制，建立技术示范并逐步推广应用，促进相关技术标准、规范和环境监管体系的形成，最终形成页岩气绿色和清洁开发的“中国答案”。

第三节　页岩气工厂化的作业模式

工厂化作业是降低页岩气开发成本，提高作业效率的有效模式，在国内外非常规油气藏的开发中得到了广泛的应用。与北美页岩气开采区不同，中国海相页岩气开采区域属于山地地貌，不能照搬北美成熟的页岩气工厂化作业模式，必须立足川南山地地貌条件，探索适合中国页岩气规模开发的工厂化作业模式。

在中国的页岩气开发实践中，探索形成了适合山地环境条件下的工厂化钻井和工厂化压裂技术，大幅提高了钻井和压裂作业的效率，通过设备设施共享，钻井液、压裂液的循环利用等方式有效地降低了作业成本，有力地支撑了页岩气的效益开发。

一、山地环境工厂化作业的难点及要求

1. 山地环境工厂化作业难点

中国目前投入开发的长宁、威远、涪陵、昭通海相页岩气田位于四川省、重庆市和云南省境内，建产区域均属于山地地貌。以长宁页岩气田为例，该区属山地地形，地貌以中—低山地和丘陵为主（图 5-14）。地面海拔为 400～1300m，最大相对高差约 900m。

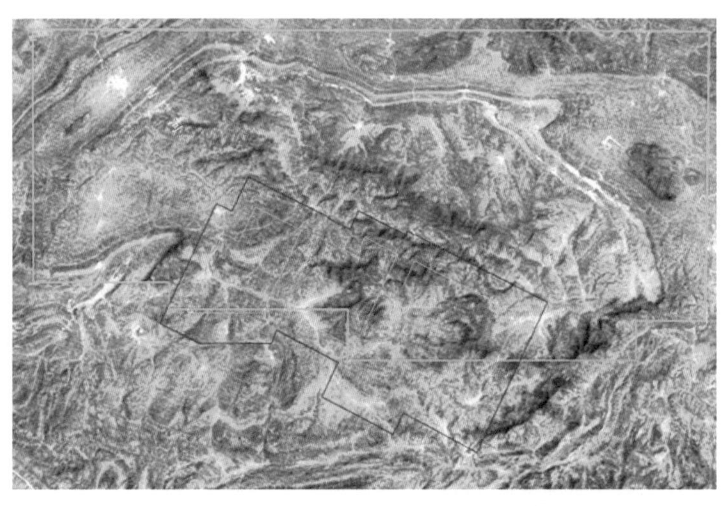

图 5-14　长宁页岩气田地形地貌图

山地地貌条件下，井场选址难；道路交通条件相对较差，物料保障难度较大；同时，页岩气建产区域人口较为稠密、环境敏感、环境容量有限；这些都为工厂化作业提出较高的要求，必须探索与山地环境相适应的工厂化作业模式，才能有效支撑页岩气的规模效益开发。

2. 工厂化作业要求

工厂化作业的本质就是通过批量化、流程化和标准化等方式来提高作业效率、提高资源利用效率，并不断优化完善技术，持续提升技术水平，从而实现降低作业成本，提高效率的目的。因此页岩气开发工厂化作业必须满足如下要求。

1）批量实施

批量实施是工厂化最本质的特征，通过一个平台部署多口井，采用1套或者几套设备完成批量井的建井作业。一般采用区块整体部署井位、同半支井批量钻井、同平台井批量压裂、同平台井同步测试的方式实施。川南页岩气开发过程中主体采用同平台部署6～8口水平井的方式实施。

2）资源共享

资源共享是通过共享设备设施、物料循环利用等方式来达到降低成本的目的。在页岩气工厂化作业中，一般通过同一平台生产生活设施共享、区域集中供水管网共享、区域设备物资共享、钻井液和压裂返排液重复利用等方式来实现。

3）标准作业

标准作业是提高作业效率的根本要求，只有每一个单项作业实现标准化，才能有效地提高效率。页岩气工厂化作业中一般通过井场功能区域化、作业功能模块化、作业程序标准化、地面设备橇装化等方式来实现标准作业。

4）工序衔接

只有建井过程中各项工序无缝衔接才能有效提高作业效率。页岩气井建井过程复杂，作业动用设备多，因此必须有效组织，确保各项工序有效衔接。在页岩气平台实施过程中，必须确保钻井与固井衔接、完井与压裂衔接、压裂与测试衔接、测试与投产衔接，同时在钻井、压裂、测试和投产等作业过程中，各个工序也必须做到无缝衔接。

5）学习优化

持续优化工序、参数模板是不断提升工厂化作业技术水平的有效方式。通过建立学习曲线是不断优化完善技术模板的有效方式，特别是建立钻井提速、地质导向、复杂防治、流程优化和系统优化的学习曲线，不断优化完善，能够有效提高作业效率和技术水平。

二、山地环境工厂化钻井

1. 山地环境工厂化钻井作业模式

工厂化钻井指在一个井场（平台）布置多口水平井，利用先进的钻井技术、装备、通信工具和系统优化的管理模式，分步实施、重复利用、批量完成整个井场（平台）钻井工作，分开次、分工艺流水化作业，集中使用工具材料和技术措施，利用前一口井固井候凝时间平移钻机至下一口井进行作业，减少钻机等停等非生产时间。根据平台实际情况，可细分每开逐一平移和多开组合平移两种批量钻井作业模式。

每开逐一平移模式基本流程：一开快速钻固表层，然后移钻井平台至第二口井继续一开钻固表层，接着移钻井平台至下一口井，这样顺次一开钻固完所有的井后再移钻井平台回到第一口井开始二开的钻固工作，重复以上操作直到二开固完所有的井，再依次移钻井平台回到第一口井开始三开，依此类推钻完所有的井，实施每开分批钻井，这种模式适合每一开井段较长，中完时间耗时长的情况。多开组合平移模式又分为一开、二开组合平移和一开、二开、三开组合平移两种情况。一开、二开组合平移即一开钻固表层后继续二开钻井及固井作业，然后再平移至下一口井进行一开、二开作业，依次实施一二开批量钻井直至同排最后一口井二开完钻，然后清钻井液罐，将水基钻井液更换为油基钻井液进行三开钻井，待生产套管固井后平移至下一口井，反向依次实施三开批量钻井（图 5–15）。

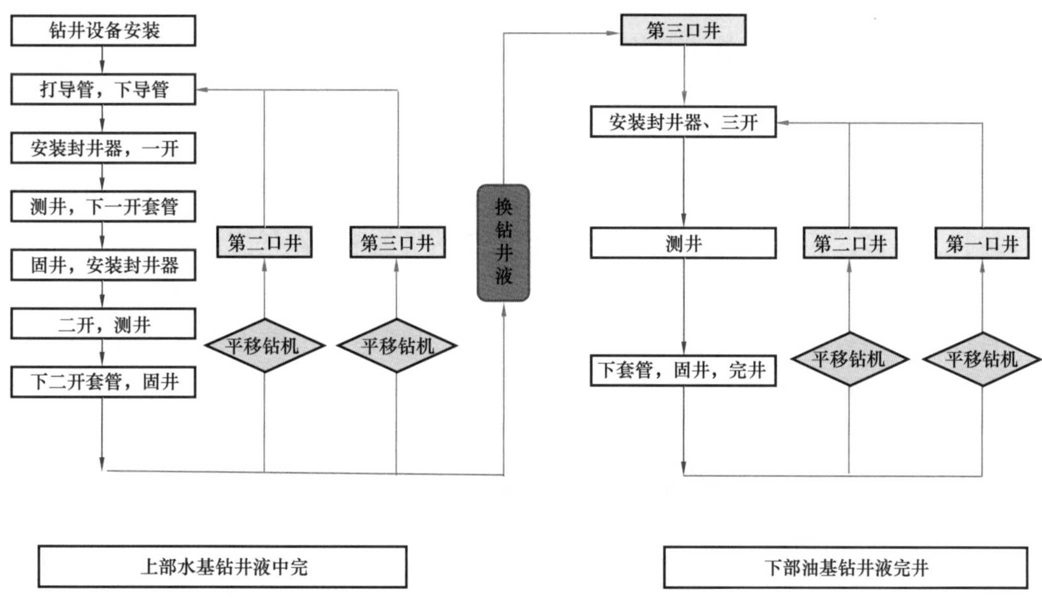

图 5–15　批量钻井作业流程

2. 山地环境工厂化钻井技术

1）工厂化钻井井场布局

井场采用丛式井组的地面井口布局，根据地面环境条件，可采用双排或单排布井方式。井场布置时尽可能将井场中部和右后部位（井架和循环系统及机泵房基础）置于挖方区；污水池应靠近井场右侧或后侧（循环系统）布置，岩屑池宜靠近井场右侧或后侧布置。以双排双钻机井场布局为例，以井口轴线分，左侧边缘离第一轴线 25m，第一轴线距第二轴线距离为 30m，第二轴线距边缘为 25m，同排井口间隔为 5m，两排井间隔为 30m，如图 5–16 所示。井场面积为［50m（前场）+（n–1）×5m+50m（后场）］（长）×80m（宽）（n 为平台单排井数，口）。以同平台双排 6 井口布局为例，井场尺寸为 110m×80m，井场面积为 8800m^2。

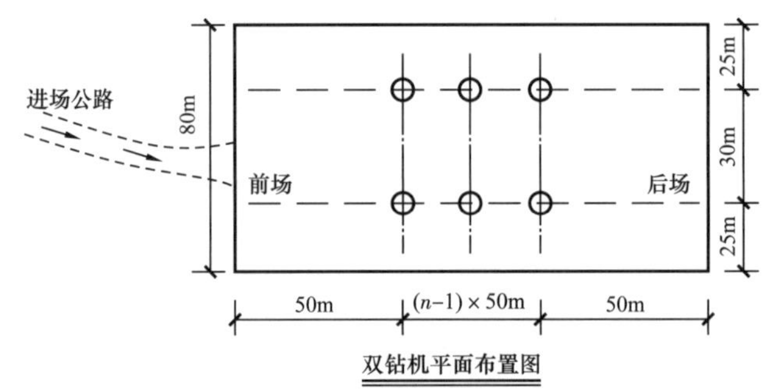

图 5–16　同平台双排双钻机作业井场布置图

2）钻机装备快速移动技术

工厂化钻井装备配套技术是实施工厂化批量钻井的基础，其关键技术是钻机平移技术，根据移动方式分滑移式移动和行走式移动。滑移式移动钻机是在钻机底部垫有滑轨，通过横向液压系统推动钻机在滑轨上移动；行走式移动钻机则不需要预先铺设轨道，自身带有类似吊车的支腿，支腿上带有横向和竖向两套液压系统，可将钻机整体抬起、平移、下放，实现钻机移动，行走式钻机甚至可以任意设置移动方向或转圈，有强大的灵活性与适应性。

目前，国内外较先进的丛式井石油钻机移动装置包括步进式钻机平移装置、导轨式钻机移动装置、轮式钻机平移装置三种类型。其中液压滑轨式钻机平移技术、液压步进式钻机平移技术是当前页岩气“工厂化”丛式井中主要采用的钻机平移技术方式，这两项平移技术具有结构简单、通用性强、操作简捷等特点，特别是对于原钻机在出厂时没有设计平移装置情况下均能实施加装配套。而轮式钻机平移技术是将钻机底座作为车架，在底座上安装几组轮轴总成，利用牵引车动力移运，适合搬家距离相对较长，地势平坦，地面条件允许的地区，实际应用中会受到一定限制。

3）井口防碰技术

井眼轨道设计时采用井口预放大设计，降低防碰风险。集中快速钻固表层保证了井眼轨迹安全控制，表层采用垂直钻井，并测量每口井井斜，采用陀螺仪测斜和定向，保证后期安全。

3. 山地环境工厂化钻井应用情况

采用“集群化建井、批量化实施、流水线作业、一体化管理”的工厂化钻井作业模式，通过逐步完善钻机配套系统改造，推广应用双钻机、批量钻井工艺，分开次集中管理、实施，总体钻井速度逐步提升、钻井周期逐步缩短。以威远区块为例，6 口井的双钻机作业平台，与常规单机单井作业模式相比，平台钻井周期缩短了约 40%（表 5-5）。威远区块 2014—2015 年完钻井 34 口井，非生产时效 8.18%，其中故障复杂时效高达 5.36%。2016 年完钻的 11 口井通过工厂化作业模式的不断学习、总结、改进，非生产时效下降到 6.01%，故障复杂时效也控制在 3% 以内。随着工厂化的规模应用，页岩气区块地质认识逐渐深入、钻井工艺技术不断进步，优质储层钻遇率不断提高，威远区块 2014 年、2015 年和 2016 年 I 类储层钻遇率分别为 34.9%，76.7% 和 97.3%，为提高单井产量、提升整体开发效益奠定了坚实基础。

表 5-5　威远 202H1 平台钻井周期

平台号	井数，口	实际平台周期，d	6 口单井周期和，d
威 202H1 平台	6	260	395
威 202H3 平台	6	195	334
威 204H4 平台	6	366	676
威 204H5 平台	6	413	654
威 204H9 平台	6	296	440
平均		306	500

三、山地环境工厂化压裂

1. 山地环境工厂化压裂作业模式

页岩气工厂化压裂作业主要有拉链式压裂和同步压裂两种模式，不同压裂模式对比如图 5-17 所示。北美压裂作业过程中广泛采用同步压裂、拉链式压裂作业模式。北美页岩气开发区域地势平坦，人口稀少，给工厂化作业提供了较为有利的条件。在中国页岩气的主要建产区块长宁和焦石坝区块均开展了同步压裂和拉链式压裂作业现场试验。在长宁 H2 平台开展了同步压裂现场试验（图 5-18），中国石化在 JY42 号平台开展了同步压裂现场试验[33]。拉链式压裂与同步压裂的优缺点对比见表 5-6。由于受物料保障能力、作业噪声、井场、设备利用率等因素影响，未进行推广应用，均主要采用拉链式压裂模式（图 5-19）。

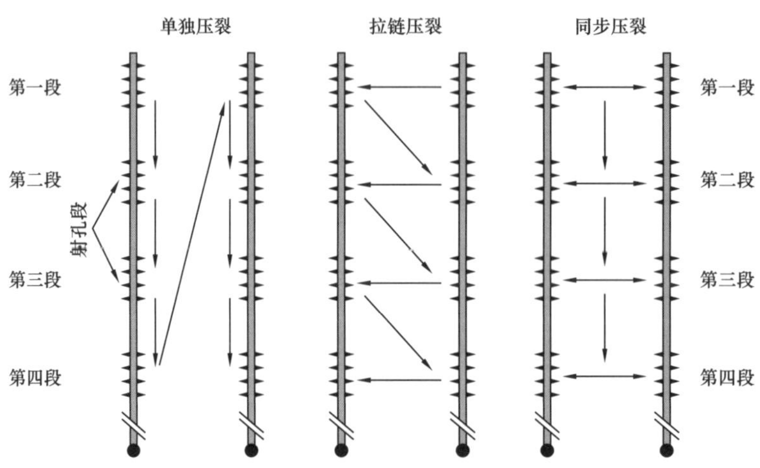

图 5-17　不同压裂模式对比图

表 5-6　同步压裂与拉链式压裂对比

作业模式	同步压裂	拉链压裂
优点	时效更高；同时压裂，应力干扰强，形成裂缝更复杂	设备使用量少；应对设备故障能力更强；占用场地少；现场协调组织容易；对供水要求相对更低
缺点	设备及配套设施多，至少 2 套；需要较高的设备保障能力；占用场地面积大；现场组织协调难度大；对供水要求更高；噪声污染更严重	与同步压裂相比时效相对较低，形成的缝间干扰较小

图 5-18　长宁 H2 平台同步压裂施工现场

图 5-19　拉链式压裂作业现场

2. 山地环境工厂化压裂关键技术

1）压裂作业场地标准化布置

受山地环境条件的影响，一般页岩气井场的尺寸为 120m × 80m。为了确保工厂化压裂的顺利实施，必须优化井场布置，实现井场功能分区优化，确保满足不同作业能够单独或并行实施，从而提高作业效率。山地环境工厂化压裂井场区域主要划分为高压泵注区、水罐区、电缆作业区、测试流程区、物资储存区、加油区等。井场布置要充分考虑安全通道和安全距离等因素，确保紧急情况下满足应急处置要求。6 口井拉链式压裂作业井场布置如图 5–20 所示。

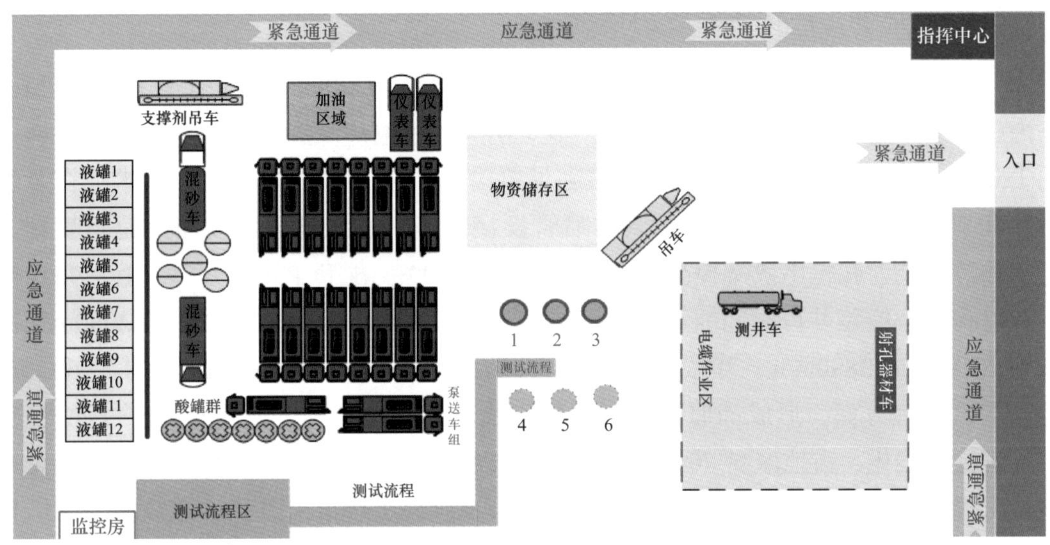

图 5–20　拉链式压裂作业井场布置图

2）大排量连续混配

工厂化作业压裂液用量大，施工过程中压裂液采用连续混配方式注入。为了满足连续混配施工的需要，压裂液体系必须满足连续混配的要求。同时需要配套相应的连续混配设备，设备应满足粉剂和液体添加剂等不同类型、多种添加剂连续混配需要，配套混合系统、搅拌系统、自动控制系统等，能够按照设计的比例进行混合，满足不同黏度的压裂液的连续混配的需要。

3）连续供液和供砂

页岩气井压裂作业压裂液和支撑剂用量大，施工排量和加砂速度也较高，对连续供液和供砂能力提出了较高的要求。施工排量一般在 16m^3/min 左右，单段液量一般在 2000m^3，单段加砂量一般为 200～300t，高砂浓度阶段加砂速度一般为 3～5t/min。川南页岩气井一般采用储水池 + 液罐的供液方式，采用砂罐 + 连续输砂装置供砂的方式。

4）大排量、高泵压连续泵注

页岩气压裂施工作业排量大，一般在 16m^3/min 左右，部分深层页岩气井施工泵压可达到 100MPa 以上，需优化配套多路进液装置，优化高压管汇布置，确保大排量、高泵压施工作业过程中的施工安全。

5）大型压裂作业施工保障

为了确保工厂化压裂的顺利实施，必须做好施工供液、支撑剂、酸液等入井材料保障，油料和设备配件保障，施工作业人员后勤保障等措施，确保施工各环节能够有效运行。

3. 山地环境工厂化压裂应用情况

“十三五”期间，通过技术的不断完善，形成了满足 20m^3/min 施工排量、120MPa 以内施工泵压的工厂化压裂配套能力；施工期间连续输砂装置的平均输砂能力能够达到 1.5t/min，配套砂罐供砂方式，能够满足单段 300t 左右加砂量的作业需求。在泵送桥塞和射孔作业方面，形成了不倒防喷管换接管串工艺，省去倒放和上起防喷管工艺，井口拆装射孔枪串效率提高 50%，节约人力 40%。配套了快速井口装置，泵送桥塞及射孔作业换装井口时间缩短至 4min 左右，平均泵送速度由 2012 年的 2000m/h 提高到 2019 年的 3890m/h；单段作业时效由 2012 年的 7.5h 缩短至 2019 年的 2.96h。在地面测试流程方面，形成捕屑模块、除砂模块、分离计量模块，排液清洁过滤模块，通过实施橇装化，占地减少 70% 以上，搬安缩短一天以上。地面流程能够实现压裂与测试无缝衔接作业，满足 8 口井同时作业需求，能够实现排采过程中零放空。工厂化压裂作业模式在页岩气建产区块推广应用，作业效率提高 50% 以上，采用拉链式作业模式具备 14h 压裂 3 段的作业能力，在长宁 H16 平台创造了每天压裂 6 段的作业纪录。工厂化作业的推广，大幅降低了作业成本，页岩气水平井组单井的建井成本相对于初期单井作业建井成本降低 30%～50%。工厂化作业模式的推广应用为页岩气规模效益开发提供了有力支撑。

第四节　地质工程一体化高效开发

高产井是页岩气效益开发的必要条件。页岩气勘探开发过程中，运用地质工程一体化工作方法，解决提高单井产量和 EUR 的关键问题，在井位部署、钻完井、压裂实施与生产管理中推广实践，高产井培育取得显著效果。

一、地质工程一体化理念起源与发展

随着勘探开发的不断深入，油气田生产从简单、浅层的油气藏向复杂的“低、

深、难、杂”油气藏转移，原有的勘探开发分割的管理运作模式限制了油气田的效益开发，因此，面对开发技术要求高、投资和开发风险大的挑战，国内外的油气公司纷纷将创新油气田的高效开发管理模式作为发展战略，地质工程一体化应运而生。

1. 地质工程一体化理念的起源

一体化思想是基于系统论的思维方式，在 20 世纪 40 年代，Bertalanffy 提出了一般系统论理论，其在 1974 年发表的《一般系统理论基础、发展和应用》研究中，强调了系统的整体观念，系统内要素相互关联、相互作用、不可分割，奠定了一体化思想的发展。“一体化管理”则最早出现于质量管理理论，强调多种管理体系并存于同一组织中，具体而言，它是指为实现组织规划目标，通过采取适当的组织方式、管理方法，将两个及以上相互独立的主权实体逐步统筹、融合在同一体系下相互协作的管理模式。

回顾油气田开发的历程，20 世纪 70 年代以前，油气行业勘探开发阶段主要采用勘探方案编制、开发方案编制和产能建设的直线流程。随着开发的深入，这种模式的弊端逐渐显现，如开发管理的割裂、信息壁垒以及部门界限，均对油气田开发的效益产生负面影响。到 20 世纪 70 年代后期，为了实现油气田勘探开发的自动化管理，国外学者提出了“联合油藏管理”的概念，倡导将油气藏工程与计算机技术结合以实现油气田开发的管理研究。80 年代，学者又进一步提出以团队或项目为基础的地质与工程结合的开发模式，这种模式提倡地质、工程和经济评价的协同化，标志着油气田开发管理模式发生关键性的转变。

随着油气开发技术的迅猛发展及油田勘探的相关工作不断深入，寻找和动用的油气藏类型变得越来越复杂，非常规油气作为常规油气的重要替代资源被发现，并逐渐成为世界各国勘探开发的重点。近年来，伴随着低油价的冲击，油气田发展重点已经从依靠加大投入促进开发转变为通过技术优化和组织管理实现效益开发，然而，虽然技术的不断创新与应用带来了复杂油气平均单井产能的提升，使低品位油气资源得到效益动用，但是完全依靠技术进步并不能达到最优开发效果，并且随着开发深入出现“产能降低”现象。北美通过应用优选核心区、水平井钻探、多级水力压裂、体积压裂等先进技术，采用一体化、工厂化的作业模式，在页岩气勘探开发中取得了革命性突破，颠覆了含油气系统概念[34-35]，说明了实现非常规油气、复杂油气的效益开发不仅要依靠技术的进步，更要在管理模式上创新，使用一体化工作方式，进行勘探开发各环节的集成与管理。

2013 年，国家能源局发布的《页岩气产业政策》指出，加强对示范区页岩气勘探开发一体化管理，实现安全生产和资源高效有序开发，引导我国科研学者和管理工作者为油气发展寻求高效的地质工程一体化组织管理措施。我国在非常规油气勘探开发的探索实践过程中，借鉴了国外石油公司的成功经验，并结合国内油气田开发的实际条件，逐步探索形成了适合中国国情的“地质工程一体化”的理念。

2. 地质工程一体化的概念及内涵

一体化工作方式，是指依托新的工作流程，把原来若干个相对独立、相互分散的单元和要素，运用一体化的理念整合到一个平台，相互促进、协同互动，实现跨学科协作，从而达到有效控制、迅速反应、快速决策的目的。随着实践发展，国内油气工作者明确定义了地质工程一体化理念、工作模式等概念及内涵，极大地促进了地质工程一体化的研究与实践发展。吴奇团队在中国南方海相页岩气高效开发研究中较早系统明确地定义了地质工程一体化理念，即地质工程一体化是围绕提高单井产量这个关键问题，以三维模型为核心、以地质—储层综合研究为基础，在丛式水平井平台工厂化开发方案实施过程中，针对油气藏不同阶段遇到的挑战，配合高效的组织管理和作业实施，对钻井、固井、压裂、试采和生产等多学科知识和工程作业经验进行系统性、针对性和快速的积累、丰富，不断调整和完善钻井、压裂等工程技术方案；在区块、平台和单井三种尺度，分层次、动态地优化工程效率与开发效益，从而实现增产增效中长期目标[36]。随后，谢军等[37-41]分别在中国石油西南油气田、浙江油气田、塔里木油气田、新疆油气田、大港油气田，以及中国石化涪陵页岩气田等区块广泛应用地质工程一体化思路或方法，实现了页岩气等低品质资源的规模效益开发。在国内油气勘探开发技术、工艺、管理等条件已基本成熟的情况下，为应对新油气资源劣质化、老油气田进入中后期开发难和低油价挑战，胡文瑞院士团队进一步将美国非常规油气成功开发经验与中国油气田开发特点结合而探索、创新形成的地质工程一体化作业模式凝练为，以提高勘探开发效益为中心，以地质—储层综合研究为基础，优化钻完井设计，应用先进的钻完井技术工艺，采用全方位项目管理机制组织施工，最大限度地提高单井产量和降低工程成本，实现勘探开发效益最大化。其主要内容是地质—油藏—方案研究一体化，钻井和完井设计—施工工艺一体化，质量—安全—环保—评价全过程管理一体化[42]。

总之，在对油气行业内公认的地质工程一体化理念、作业模式等相关概念的总结和深入理解的基础上，可将地质工程一体化的概念及核心内涵定义为：地质工程一体化是围绕油气开发的经济效益目标，在时间和空间上将全生命周期的多学科地质研究、多环节工程实施、多部门项目管理融合成一个有机整体的系统化高效运作模式。具体而言，是以经济效益为中心，强化地质研究与工程实施两部分协调运作，实施技术攻关、组织管理、信息共享三方面统一，落实整体部署、统筹管理、紧密跟踪、滚动优化 4 项内容，实现勘探与开发、地面与地下、研究与实施、甲方与乙方、技术

与经济紧密结合的5个一体化，探索创新的项目管理、技术管理一体化的高效管理模式。

地质工程一体化的核心内涵是运用系统工程思想，依托于一体化团队、一体化管理、一体化平台，将地质与工程有机结合，打破部门间、流程间、学科间的壁垒，突破空间和时间的限制，形成以地质认识为核心、各环节紧密结合的滚动优化开发模式，达到产能增加、效率提高、工程成本降低、效益最大化（图5-21）。

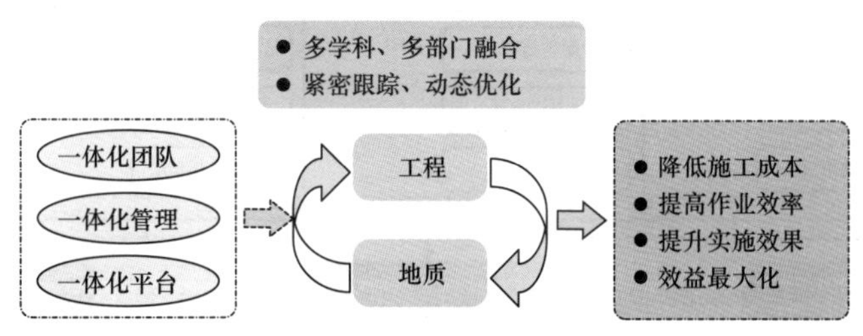

图5-21　地质工程一体化核心内涵

二、地质工程一体化工作思路

针对川南页岩气规模效益开发问题，中国石油西南油气田公司首次提出了适用于川南页岩气的地质工程一体化高产井培育方法：针对“提高单井产量和EUR”的关键问题，详细阐述了如何在井位部署、钻井、压裂、生产等页岩气井全生命周期实施过程中，坚持采用地质工程一体化技术开展“一体化研究、一体化设计、一体化实施和一体化迭代”，系统考虑储层品质、钻井品质和完井品质，实现产量、EUR和采收率的综合提升。

页岩气藏是典型的人造气藏，具有一井一藏的特殊性，必须保证“地质”和“工程”充分结合，选择在最优质储层实施工程改造，才能实现高产。通过多年不断探索实践，探索出适应于川南不同地质条件、不同储层特征、不同工程条件，以地质工程一体化为核心的一体化高产井培育方法：以地质工程一体化关键技术为基础，在井位部署、钻井设计和实施、压裂设计和实施、气井生产管理等页岩气井全生命周期中，开展“一体化研究、一体化设计、一体化实施和一体化迭代”，做到“定好井、钻好井、压好井和管好井”，达到“高储层品质、高钻井品质、高完井品质”[43]，实现“高产量、高EUR、高采收率”目标，如图5-22所示。页岩气地质工程一体化高产井培育方法主要包括以下三点。

1. 地质工程一体化工作方法

一体化工作方法是开展地质工程一体化高产井培育的必备条件，具体包括地质工程一体化研究、地质工程一体化设计、地质工程一体化实施和地质工程一体化迭代。

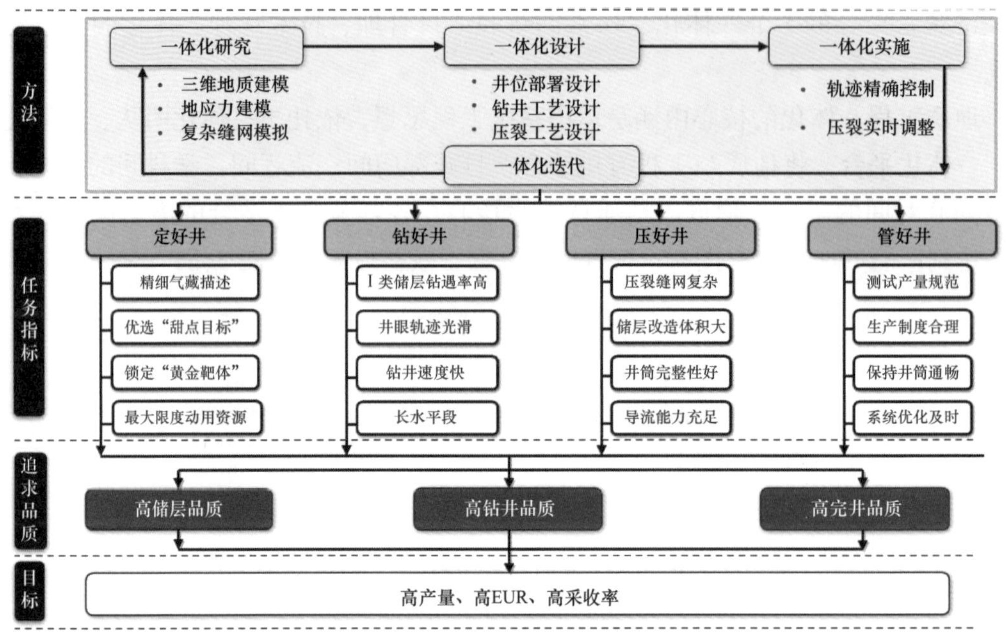

图 5-22　页岩气地质工程一体化工作思路图

（1）地质工程一体化研究：通过三维地质建模、三维地应力建模，建立同时具有地质和工程属性的一体化三维模型，实现精细化、定量化标准。（2）地质工程一体化设计：开展水力裂缝精细模拟和气井生产动态预测，结合生产实际，进行开发技术政策优化、井位部署、钻井设计、压裂设计、生产动态预测。（3）地质工程一体化实施：针对钻井实施，利用精细的三维地质导向模型和地质导向流程，提前预判和调整，确保I类储层钻遇率高；针对压裂实施，结合复杂缝网预测模型和压裂施工数据，实时调整压裂工艺参数，确保压裂实施效果。（4）地质工程一体化迭代：根据钻井的实钻资料，不断迭代更新时深转换的速度场模型；根据实钻的水平井轨迹数据和更新后的深度域模型，不断迭代更新三维构造和层面模型；根据现场地应力测试、压裂施工数据、三维地质模型，不断迭代更新三维地应力模型；根据压裂施工曲线和微地震监测数据、三维地应力模型，不断迭代复杂缝网模型；根据气井生产数据、复杂缝网模型，不断迭代更新气井产能预测模型。

2. 地质工程一体化任务

地质工程一体化任务是开展地质工程一体化高产井培育的实施保障，具体包括页岩气井全生命周期中的井位部署、钻井设计和实施、压裂设计和实施、气井生产管理等。（1）井位部署的任务：开展精细气藏描述，优选“甜点目标”，锁定“黄金靶体”，最大限度动用资源；（2）钻井任务：确保I类储层钻遇率高、井眼轨迹光滑、钻井速度快、水平段长度足够长；（3）水力压裂任务：确保压裂缝网复杂、储层改造

体积大、井筒完整性好、裂缝导流能力充足；（4）生产任务：确保测试产量规范、生产制度合理、保持井筒通畅、系统优化及时。一体化目标是气井测试产量高，全生命周期的累计产量高，气田整体采收率高。

目前各专业融合深度不够，要提升地质工程一体化水平，必须打造一体化团队、实施一体化管理、建立一体化平台，打破“技术条块分割、管理接力进行”的模式，真正实现地质与工程的“换位思考、无缝衔接”[44]。

（1）一体化团队：具有一体化理念、心态开放、思维宽阔、沟通有力、交互式工作的多学科研究和管理团队；（2）一体化管理：构建协同作战的管理构架，制定协同化、统一化的目标，实现跨部门、跨单位的高效协同工作（图5-23）；（3）一体化平台：以多学科数据为基础，具有整合性和兼容性的软件平台和工作流程，实现多专业融合，数据和成果共享。

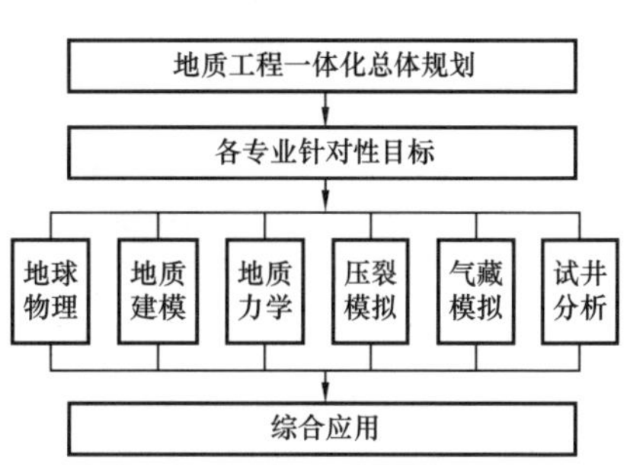

图5-23　地质工程一体化管理框架

三、地质工程一体化实践

针对川南页岩气复杂地质工程背景，在地质工程一体化关键技术攻关基础上，推广应用地质工程一体化高产井培育方法，在井位部署、钻井设计和实施、压裂设计和实施、气井生产管理等方面来开展地质工程一体化实践。

1. 井位部署

1）区域“甜点目标”优选

利用三维地质建模技术建立井区储层的精细化三维构造模型、属性模型、地应力模型、天然裂缝模型，构建了“地质+工程”全要素三维模型，综合分析不同地质工程参数与单井产量的相关性，明确了水平井轨迹方位、箱体位置、I类储层、井筒完整性、主体压裂工艺等高产主控因素，绘制了多种主控参数叠合的甜点开发分布图（图5-24），综合了三维地质模型与三维地质力学模型的影响，支撑了井位优化部署及水平井设计。

2）靶体位置优选

通过对已实现规模效益开发的长宁页岩气田大量生产井生产特征的分析得到，长宁区块龙一$_1^{1-3}$小层均为I类储层，且厚度介于6～15m，但单井测试产量明显受到水平井靶体位置的影响，水平井靶体位置越靠近龙一$_1^1$小层底部，页岩气井的测试产量越高（图5-25）。在三维模型内，将纵向网格分辨率加密至0.5m，实现了“黄金靶体”空间分布的精细刻画，为水平井轨迹设计和钻井导向奠定基础。

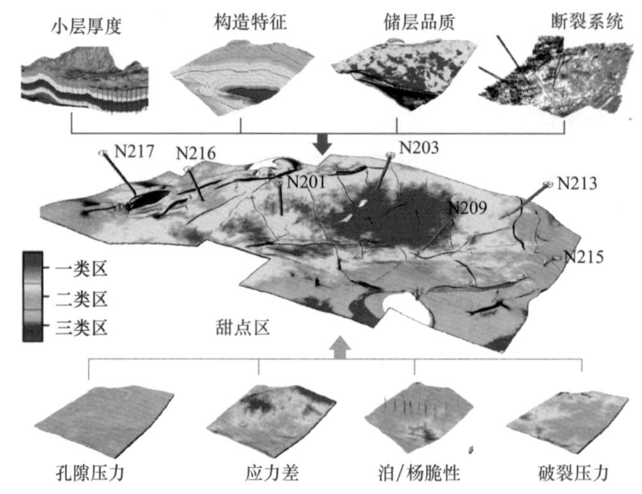

图 5-24 地质工程一体化精细模型图

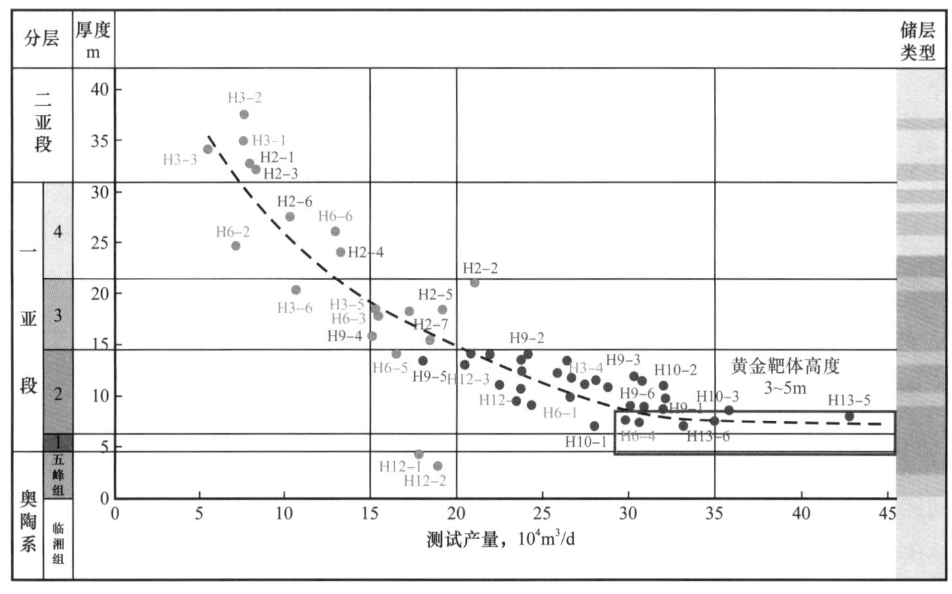

图 5-25 长宁—威远区块靶体位置与测试产量关系图

3）井位部署模式优化

川南地面条件复杂，页岩气开发需要大量的水源和及时的物资供应，考虑到就近用水、运输成本以及人口密集等因素，可部署平台有限，为了提高页岩气探明储量采出层度，需要开展地面平台优化。通过不断探索实践，最终建立了川南地区地面—地下一体化水平井部署模式（图 5-26），使平台资源动用率从 2012 年 50% 提高到目前的 80% 以上。该模式充分利用地下、地面两个资源，对建产井井位部署进行整体优化。在地下根据断层走向和方位精细设计水平段长，增加了平台动用面积，在地面根据地面条件情况，分别采用单排式、交叉式布井，使平台采收率增加 20%。

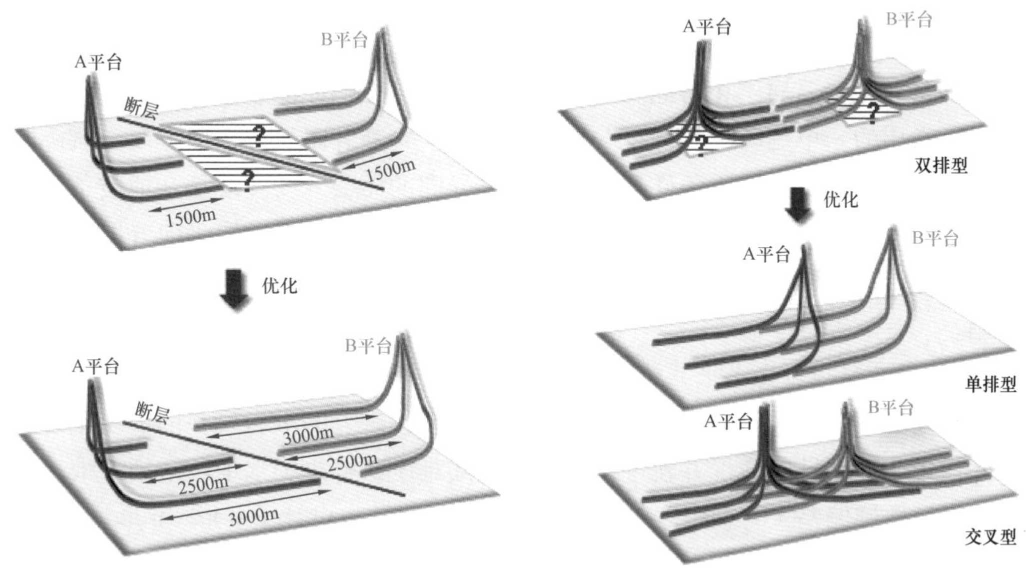

图 5-26　地面—地下一体化水平井部署模式

4）水平井开发技术政策优化

基于建立的三维地质工程模型，以单井 EUR、区块采收率和内部收益率为指标，建立了不同地质工程条件下的技术经济一体化开发技术政策（方位、井距、水平段长）定量评价图版。采用数模结合实践的方法，固化了不同地质工程特征的水平井关键参数，在确保效益开发的前提下，最大限度地提高了采收率。以井距优化为例，建立了范围为 1700×1400m、储量丰度为 $6.06\times10^8m^3/km^2$ 的模型，探讨了井距为 600m，400m，300m，240m 和 200m 时，EUR 和采收率随井距变化的结果如图 5-27 所示。通过地质—工程—经济一体化研究，实施井距由早期的 500～600m 优化调整为 300～400m。

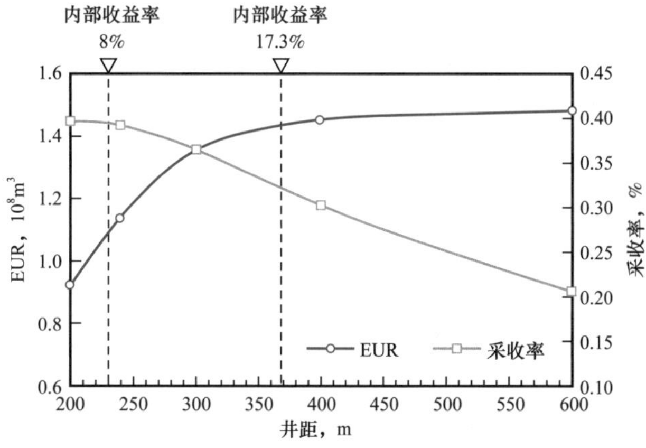

图 5-27　不同井距下 EUR 和采收率的变化曲线

2. 钻井

中国页岩气优质储层相对北美具有较大不同，存在靶体薄、微幅构造及断层发育的特征，常用的“单伽马 + 弯螺杆”导向方法不能判断井眼轨迹出层方向、轨迹调整效率低，满足不了复杂地质条件下页岩气精准导向的需要。要实现复杂地质条件下对优质储层的精准追踪，首先要开展地质工程一体化建模对优质储层垂向分层和横向展布进行精准预测，再根据模型精确设计钻井井眼轨道，最后优选导向工具实施精准轨迹控制。

1）地质工程一体化水平井轨迹设计

基于建立的三维地质工程模型，开发了地质工程融合的页岩气井网可视化设计平台，并设计了井区钻井最优井轨迹，降低了着陆难度，解决了水平段常规二维直线式设计与实钻轨迹偏差大的难题。并根据地层变化情况首次设计了 u 形、n 形、s 形和多断层井复杂井眼轨迹，如图 5-28 所示。上述复杂井眼轨迹设计降低了在“3～5m”优质储层中精准入靶、层位追踪中的轨迹控制难度，确保了水平段长度大于 1800m 时，井眼轨迹足够光滑。

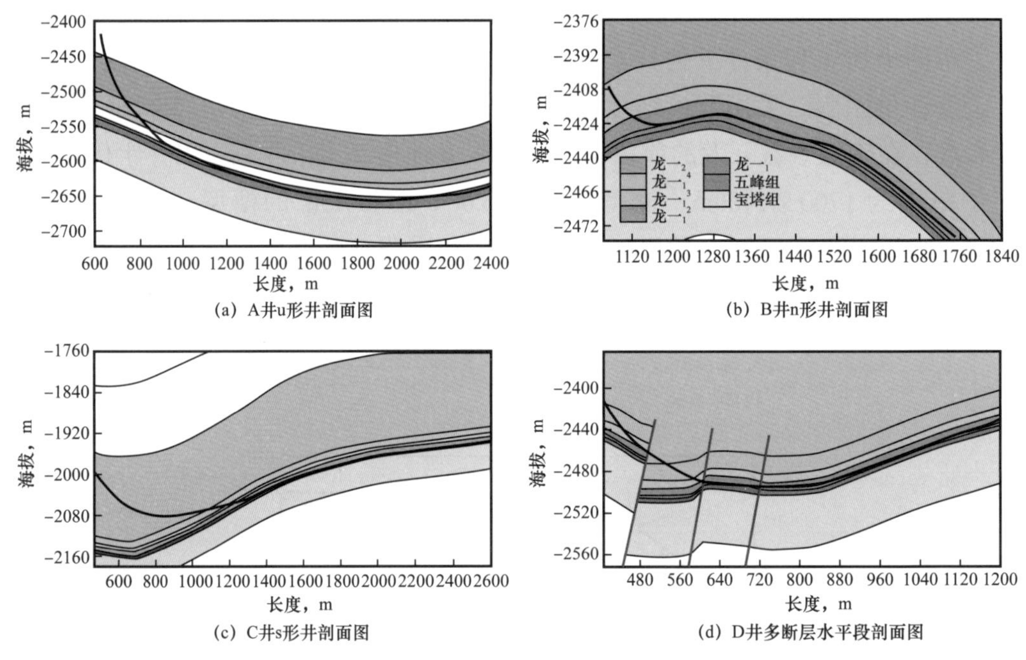

(a) A井u形井剖面图　(b) B井n形井剖面图
(c) C井s形井剖面图　(d) D井多断层水平段剖面图

图 5-28　复杂井眼轨迹示意图

2）基于精细轨迹的地质工程一体化导向

基于三维地质工程模型，设计地质导向方案，多源信息精准定位，优选工具精确导向，确保水平段长达到设计要求，靶体钻遇率高、钻井效率高，如图 5-29 所示。具体流程如下：钻前锁定优质储层，明确目标靶体，建立三维地质工程模型，设计最

优井眼轨道及导向方案；水平段着陆前综合随钻伽马、元素录井及综合录井资料逐一识别、校对目的层上部标志层，根据实钻情况及时校正导向模型和优化轨道设计，控制轨迹精准、平稳入靶；进入水平段后，多源信息定位钻头在目标层的位置，确定井眼轨迹与目的层接触关系，实时调整钻具姿态并控制井眼轨迹在目的层内有效延伸，保障优质储层钻遇率。钻进过程中若钻遇断层、产状突变等异常情况，应综合考虑地质变化、井筒工况及钻井难度重新设计轨迹，钻后根据实钻资料修正地质导向模型、对地震资料重新处理和解释，为邻井导向提供指导。

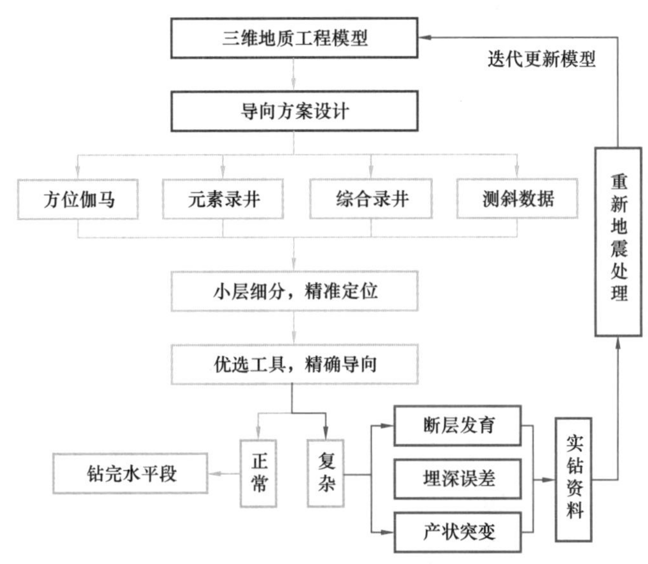

图 5-29　精准地质导向工艺流程图

3. 压裂

页岩气开发初期，采用相同的压裂工艺参数，受非均质性、地应力、天然裂缝、岩石力学参数等因素影响，单井产量差异大，常规的压裂设计方法不适用，缺乏复杂缝网定量描述和评价的方法。通过探索实践，在开展压裂模拟研究和气井产量主控因素分析的基础上，形成了适用于页岩储层的地质工程一体化压裂设计方法，有效提高了单井产量。

1）地质工程一体化精细分段设计

在水平井压裂施工过程中，利用三维地质工程模型，针对储层物性、力学特征、天然裂缝和固井要求等地质工程因素确定分段，基于气测值、孔隙度、含气量和狗腿度等因素确定射孔位置，形成了基于多元信息的快速智能化分段及射孔设计技术，图 5-30 为某井精细分段及射孔方案图。针对水平井段的不同地质及工程特征，如优质页岩段、高钙质段和天然裂缝段等，优选压裂工艺确保最优的压裂改造效果。

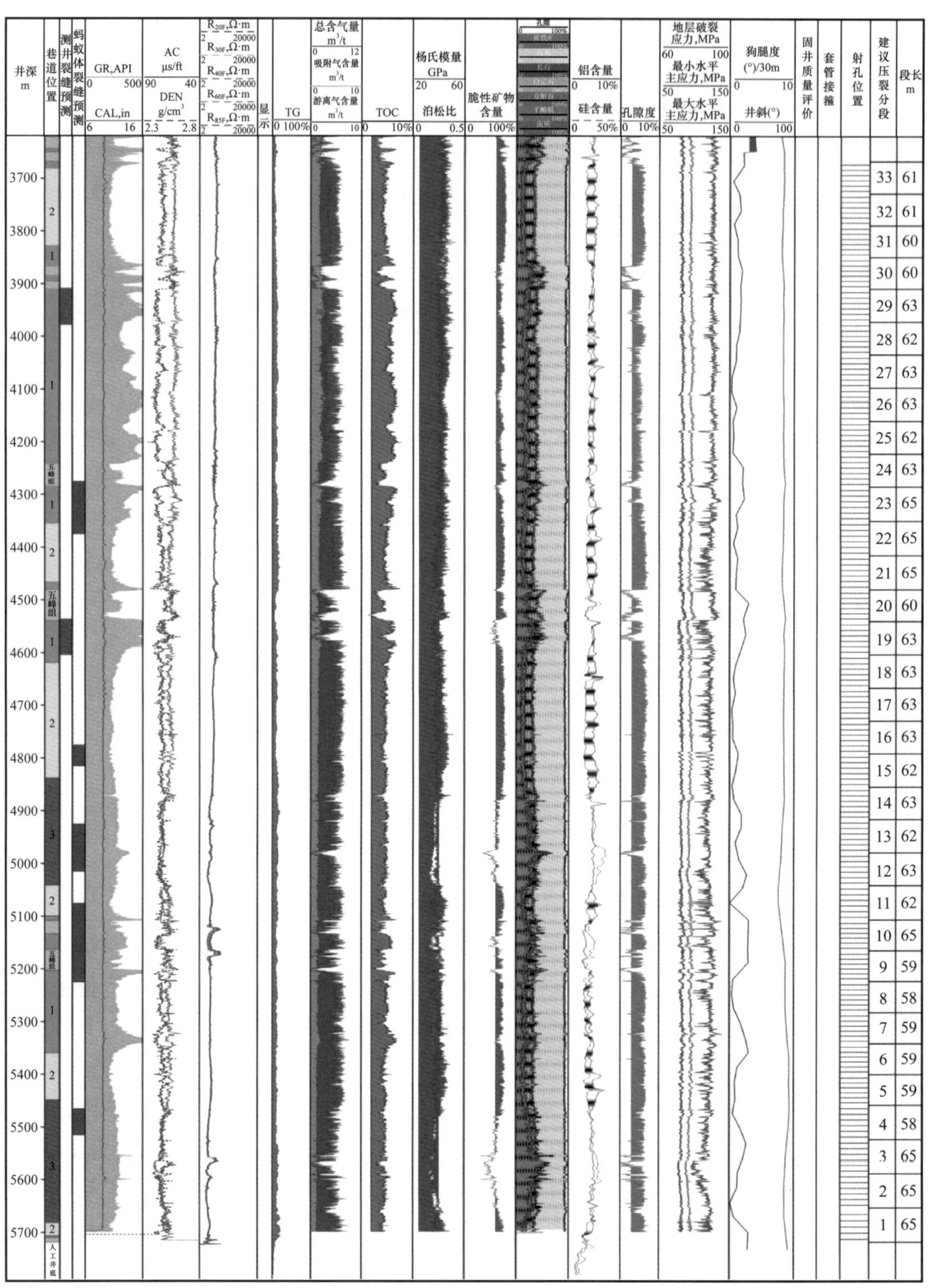

图 5-30　某井精细分段及射孔方案

2）地质工程一体化压裂参数设计

在压裂施工之前，结合精细三维地质模型和三维地应力模型，首先考虑天然裂缝和地应力的分布特征，确定压前有利因素与不利因素分析，进行风险预判；结合单井地质工程特征，重点围绕解决不利因素，开展不同液体组合、不同排量、不同支撑剂等多组参数的地质工程一体化压裂模拟计算，选择最匹配单井地质特征的压裂参数，在确保施工顺利的条件下，进一步提高单井产量。某井精细压裂设计压后监测成果如图 5–31 所示。

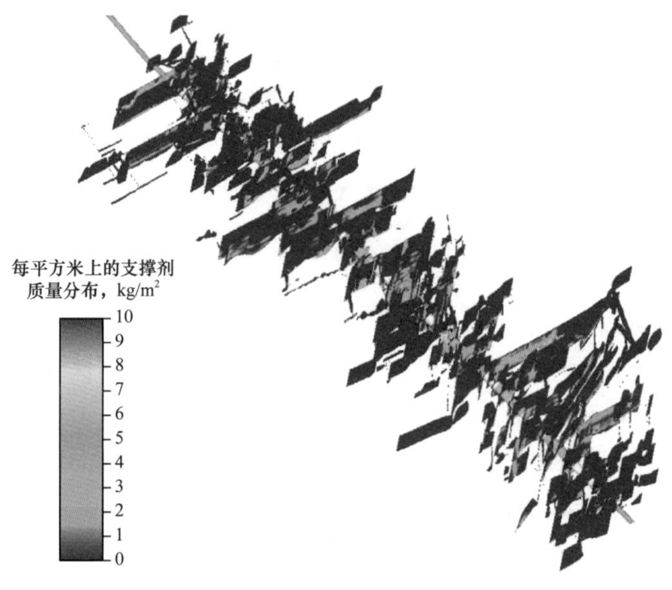

图 5–31　某井精细压裂设计压后监测成果图

3）地质工程一体化现场实施

通过构建室内和现场相结合的工作模式，解决现场施工过程中的复杂问题。针对加砂困难、裂缝扩展不均匀等工程问题，室内研究人员在模型迭代校准的基础上，对单段液量、排量、加砂强度、加砂模式和射孔参数等参数进行模拟计算，指导现场人员对压裂工艺参数进行优化调整，确保加砂量高、压裂施工顺利。通过采用该方法，深层页岩气井成功解决了天然裂缝发育条件下水力裂缝扩展不均匀、天然裂缝抑制水力裂缝扩展等问题，实现了实时优化调整，降低井下工程复杂，井筒完整性达 100%，完成了 1478 m 水平段改造，获得了 $46.9 \times 10^4 m^3/d$ 的测试产量。

4. 生产

1）生产制度优化

页岩人工裂缝应力敏感性强，放大压差生产会导致缝网闭合，影响气井产能。针对上述问题，创新结合一体化数值模拟与应力敏感实验，开展复杂缝网不同铺砂浓度条件下气井生产动态特征研究，综合单井生产效果与经济效益，形成了以“闷井、控制、稳定、连续”为核心的排液制度，建立了以压力、产量、稳定时间和波动范围为指标体系的页岩气测试技术规范，提出了以测试产量 1/3～1/2 配产单井相对三年稳产的优化生产制度，实现了“排液—测试—生产”不同阶段的气井制度优化，有效降低了裂缝的应力敏感伤害，单井 EUR 提高了近 15%。

2）气井生产优化

页岩气初期产量、压力递减快，自喷周期短，必须及时采取产能维护措施才能保障稳定连续生产。川南页岩气基于“地层—井筒”一体化模型和管柱精细流体力学（CFD）模拟，建立了不同井型、不同 AB 点落差、不同产液量条件下的页岩气水平井井筒积液诊断预测模型。结合井筒多相流动规律实验研究与动态监测结果，形成了以“气举、泡排、柱塞”为主的川南页岩气产能维护工艺。据统计，长宁区块累计实施车载气举 6000 井次、泡排 81 井次、柱塞气举 15 井次，累计增产气量 $6.02 \times 10^8 m^3$。

5. 实践效果

经过 10 余年的地质工程一体化高产井培育方法的攻关、研究、应用和推广，在长宁区块和威远区块取得了显著效果。在现场试验阶段，长宁区块井均测试日产量由初期的 $10.9 \times 10^4 m^3$ 提高到 $26.3 \times 10^4 m^3$，最高测试日产量 $62 \times 10^4 m^3$，井均 EUR 由初期的 $0.5 \times 10^8 m^3$ 提高到 $1.24 \times 10^8 m^3$。威远区块井均测试日产量由初期的 $11.6 \times 10^4 m^3$ 提高到 $23.9 \times 10^4 m^3$，最高测试日产量 $71 \times 10^4 m^3$，井均 EUR 由初期 $0.5 \times 10^8 m^3$ 提高到 $1.1 \times 10^8 m^3$。

全面推广地质工程一体化高产井培育方法后，又培育了一批高产井，EUR 大于 $1.5 \times 10^8 m^3$，部分井超过 $2.0 \times 10^8 m^3$；长宁—威远区块培育了一批测试日产量超 $50 \times 10^4 m^3$ 的高产井，其中长宁区块最高测试日产量达 $76 \times 10^4 m^3$，威远区块最高测试日产量达 $83 \times 10^4 m^3$。研究成果应用于四川盆地泸州、渝西地区等深层页岩气开发，钻探的泸 203 井（垂深 3893m）获 $138 \times 10^4 m^3/d$ 的高产工业气流，成为我国首口日产超百万立方米的深层页岩气井，足 202-H1 井（垂深 3957m）、黄 202 井（垂深 4082m）、阳 101H2-8 井（垂深 4129m）获气 20×10^4～$50 \times 10^4 m^3/d$，其中泸州地区 4 口投产井井均 EUR $1.98 \times 10^8 m^3$。深层页岩气勘探开发实现了由点到面的战略突破，展示了巨大的勘探开发潜力，坚定了“十四五”我国页岩气快速上产的信心。

第五节　页岩气田数字化与智能化

由于页岩气井相对稳产期较常规气井短，页岩气田稳产需要大量新井弥补产量递减，还需要持续优化生产制度、优选采气工艺控制递减和提高采收率，因此，页岩气田都要经历规模化开发建设、精益化生产运营的多阶段磨炼，都需经受动辄成百上

千口井、成百上千支参建队伍、成千上万参战人员的大场面考验，都会面临建产节奏快、管理幅度广、业务融合深、质效要求高而引发的计划编制难、运行变动大、调整效果差等一系列问题。传统的生产作业方式及管理模式已无法及时有效地解决这些矛盾，只有瞄准业务“痛点、难点”，利用数字化技术打造“共创 共建 共享 共赢”的新生态，形成新能力驱动业务新发展，即让数字化转型[45]成为页岩气勘探开发降低成本、更快更好地做出决策、提高效率的重要抓手之一。

一、页岩气田数字化转型思路

长宁页岩气田数字化转型工作始于 2018 年 8 月，按照“引入基于模型的工作流模式，综合应用云、AR/VR、机器学习、大数据分析、认知计算等信息技术手段，形成一体化协同工作生态环境”的总体思路（图 5–32）；遵循“打造全面感知、预测优化、整合运营、智能操控等新型能力，实现勘探开发一体化协同、地质工程一体化研究、技术经济一体化优化”的总体目标❶；依托“现场信息化 + 移交数字化 + 应用智能化”项目，2020 年底已建成长宁智能页岩气田雏形，迈出了页岩气田数字化转型关键实质性的一步。

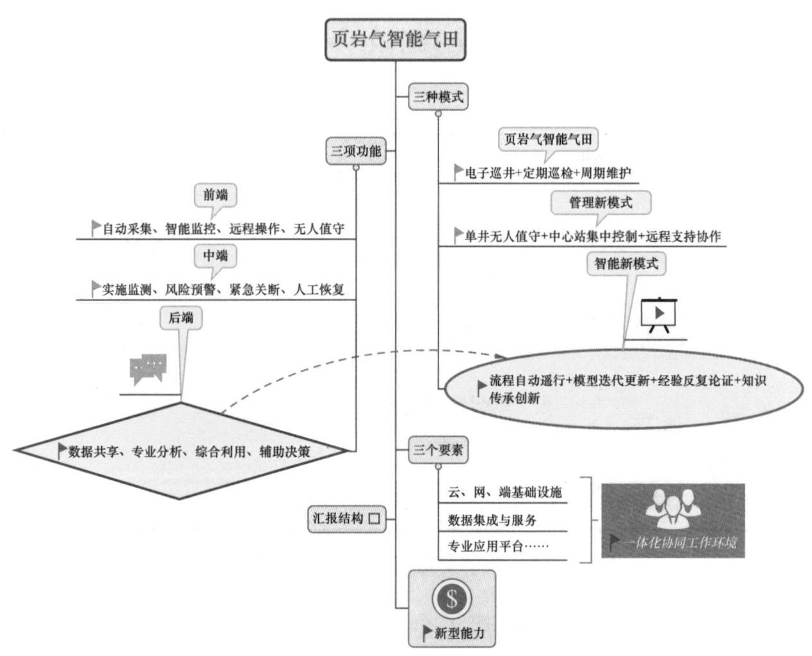

图 5–32　长宁智能页岩气田总体架构图

长宁智能页岩气田秉承“目标探索 + 项目实践”的建设思路，探索形成了“两个体系 + 一套标准 + 全面融合 + 持续创新”的数字化转型目标成果（图 5–33），实践验

❶ 中国石油西南油气田分公司官方技术材料：页岩气智能油气田建设总体方案等。

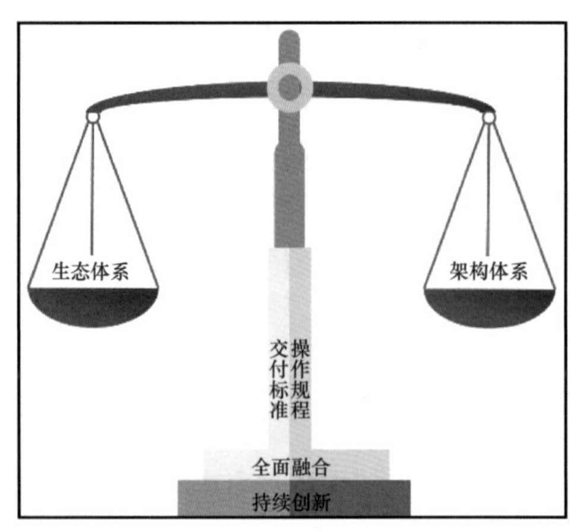

图 5-33　长宁智能页岩气田目标架构图

证了“实时跟踪预警 + 智能辅助决策 + 多业务敏捷协同 + 持续迭代优化”的数字化转型应用效果。

二、页岩气田数字化转型探索

针对业务数据被分散存储在不同系统的多个数据库中，部分数据在源头采集时就存在着重复采集录入情况，数据应用时也发现部分数据不一致等问题。长宁智能页岩气田结合业务需求梳理多个数据源并加以甄别，对数字化交付的理论体系、技术实现方法和标准适应性等方面进行了积极探索和有益尝试。

基于数据流动的系统思维，创建了全数字化移交生态体系。瞄准“智能页岩气田”产业链和数据链[46]交互驱动的需求，系统性规划了井工程、地面工程、生产运营 / 检维修的产业链数据和交付逻辑架构，明确数字化交付是一个涉及横向多业务、纵向广应用的完整体系（图 5-34），并经实体工程成功验证了“数据生态”与“应用生态”的联通融合[47-48]。为快速推广全数字化移交和加快推动数字化转型提供了借鉴和模板（图 5-35）。

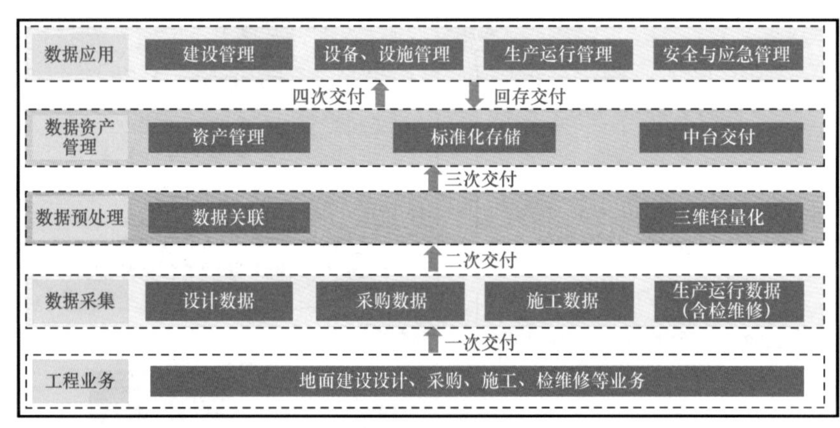

图 5-34　长宁全数字化交付逻辑架构图

基于数据服务的应用思维，创建了全数字化交付架构体系。秉承“数据服务应用”的共享理念，探索和构建了一套“业务主导、IT 支撑”的数字化交付工具体系，同时尝试建立了一种以数据“采、存、交、用、管”为核心目标的全数字化交付架构体系（图 5-36），并经多种应用场景验证，形成了一系列与之配套的管理制度、流程和标准，打造出“全透明 + 全开放 + 可扩展”数据生态，培育了“数据溯源”“数据关联”“敏捷交付”能力。为长宁智能页岩气田多业务应用数据需求提供了支撑和保障。

长宁探索与实践

1.《油气田地面建设工程（项目）竣工验收手册》—2017
2. Q/SY 01015—2017
3.《宁216井区站施工数据采集操作规程》
4.《宁216井区线路施工数据采集操作规程》
5.《宁216井区撬厂预制数据采集操作》
6.《宁216井区施工数据审核操作规程》
7.《宁216数据采集系统开发技术要求》
8. 线路三维轻量化引擎开发技术规定
9. 站场三维轻量化引擎开发技术规定

长宁探索与实践

1.《油气田地面建设工程（项目）竣工验收手册》—2017
2. Q/SY 01015—2017
3. ISO15926 第1、第2、第4、第7部分
4. CHIFOS资本设施信息移交规范
5. GB/T 18975第1、第2部分
6. GB/T 51296—2018石油化工工程数字化交付标准
7. CDP—2014设计、施工、采办部分（CPECC—SW其他数字化工程的总结提炼）

《油气田地面工程数字化交付技术规定》

1. 第1部分：总则（试行）
2. 第2部分：对象编码
3. 第3部分：数据采集（试行）
4. 第4部分：数字孪生体
5. 第5部分：数据库平台交付
6. 第6部分：数据资产管理

图 5-35 长宁全数字化移交制度及标准体系

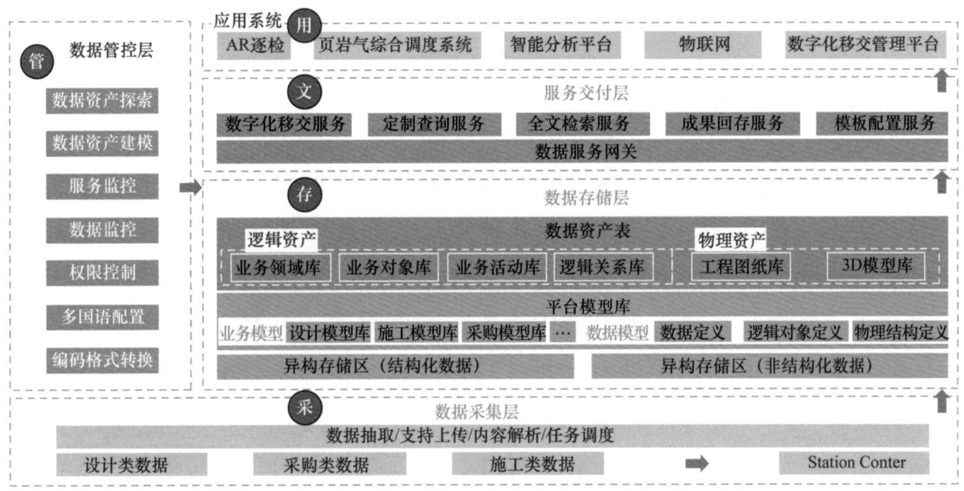

图 5-36 长宁全数字化移交架构体系

基于核心技术自主可控原则，推进了全数字化移交创新研发。为实现异源异构数据的适配接收、复杂形态数据的资产化关联存储以及面向不同业务需求的数据快速封装和敏捷交付的业务刚需，就“不同企业数据采集规程与技术规定”“数字孪生体的定义与构成”“业主可配置型数据管理工具”等一系列关键技术进行了探索和实践，催生了 DHMS 数据基座的诞生（图 5-37）。为了确保它在未来相当长的时期内发挥持久和稳定的作用，降低运维和二次开发的对外依存度，真正做到可持续优化、可推广共享，在 DHMS 的功能可配置、组件可调用、数据可识别、知识产权可固化[1]方面做了大量探索和研发。

长宁智能页岩气田依托全数字化移交系统，不仅提升了开发建设期各相关方“文件、数据、模型”关联整合能力，利用智能应用还提升了生产运营期“文件、数据、模型”更新迭代能力，基本实现各相关方“资源共享、数据共用、项目共赢”的共同目标。

[1] 何益萍．长宁页岩气田数字化转型的探索与实践：数据为基 刚需为要，2020 全球数字化石油天然气决策者峰会暨展览会分享交流材料。

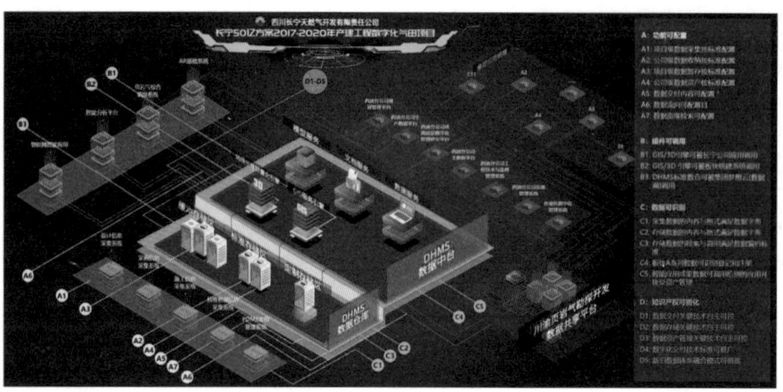

图 5-37　长宁智能页岩气田 DHMS 数据基座部署示意图

三、页岩气田数字化转型实践

长宁智能页岩气田充分应用来自工业控制系统、物联设备等物联网及各专业数据库的动静态数据（图 5-38），驱动专业软件完成了业务再造，如通过数据驱动页岩气产建信息动态集成，实现了多方远程在线协作组织指挥；通过数据驱动多项专家系统应用，改变了“靠经验、拼人力”的传统生产管理模式，有效增强了生产系统抵御复杂风险的防控能力；通过数据驱动智能工作流（图 5-39），实现了由“人工周期分析 + 专家集中论证”向“实时在线诊断 + 智能辅助决策”的转变。长宁智能页岩气田实践了数据赋能，从时效性、可靠性、精准性、经济性等方面全方位地提升了工作效果和效率，切实体现了数字化转型的价值，智能化应用取得阶段性进展，形成了可快速复制可直接推广的实践经验。

图 5-38　长宁智能页岩气田动静态数据

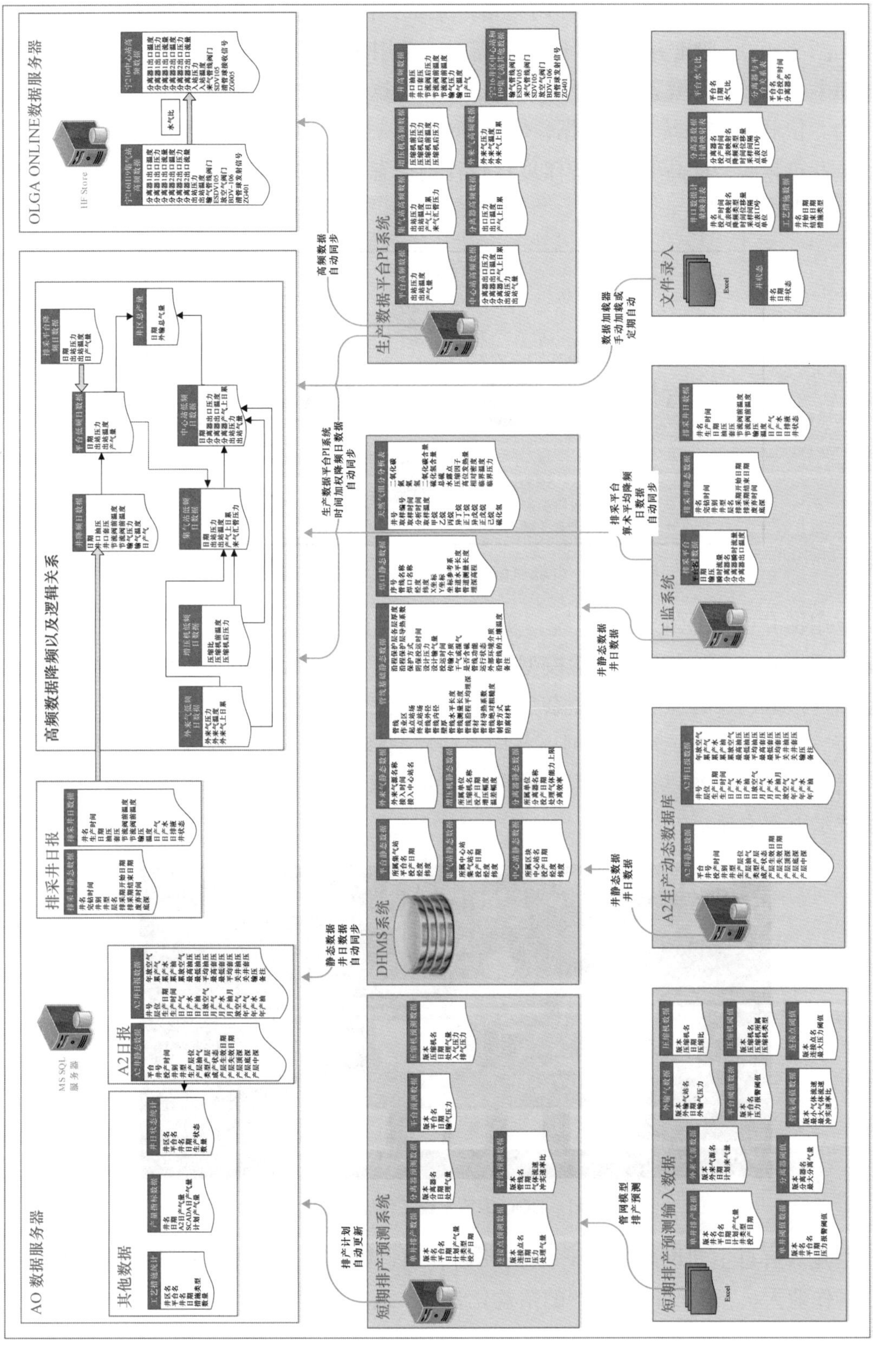

AO 数据服务器

其他数据

A2日报

MS SQL 服务器

排采井日报

高频数据降频以及逻辑关系

OLGA ONLINE数据服务器

短期排产预测系统

排产计划 自动更新

DHMS系统

静态数据 井日数据 自动同步

生产数据平台PI系统

生产数据平台PI系统 时间加权降频日数据 自动同步

高频数据 自动同步

短期排产预测输入数据

管网模型 排产预测

A2生产动态数据库

井静态数据 井日数据

工监系统

井静态数据 井日数据

排采平台 算术平均降频 日数据 自动同步

文件录入

数据加载器 手动加载或 定期自动

图 5-39　智能分析平台数据关联关系与流向示意图

利用自主研发的页岩气综合调度指挥系统，优化资源配置，实现了井工程智能调度（图 5–40）。瞄准井工程运行管理痛点，采用实时工况跟踪与工序推演联动，快速感知主业务和保障要素供需矛盾，模拟调整试算最优方案，快速提升优化资源配置的能力。依托工监系统动态数据，实现了每天一次的跟踪推演频次、小于 1 天的预警信息发布频次，提高了井工程年度运行计划动态调整的准确性，其工作效率提高到 10min/ 次以内。

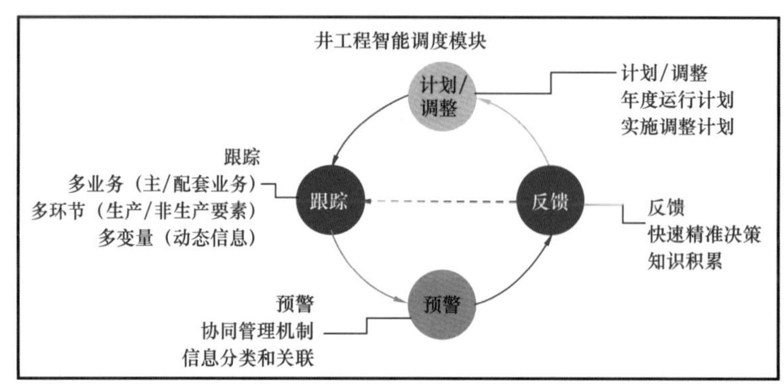

图 5–40　页岩气综合调度指挥系统逻辑示意图

应用钻井工程 DOC 专家系统，实时跟踪及时优化调整，实现了钻井全过程精打细算（图 5–41）。创建多个力学模型，应用多种计算引擎，24h 连续跟踪，实时优化调整钻进参数，及时提供故障复杂预防及处置方案，快速建立学习曲线，提速提效成果显著。依托工监系统动态数据，井均完钻周期降低 15.84%、机械钻速提高 19.0%、“零”钻具落井、ϕ215.9mm 井眼油基钻井液漏失量同比上年减少 33.5%，全面实现了工程技术甲方主导。

图 5–41　DOC 专家系统工作流程示意图

搭建具有自主知识产权的统一 AI 平台，通过赋能生产数据、传统视频监控设备及现场作业人员，实现日常生产的精益化管理，最大程度降低生产运营成本。基于实

时 SCADA/ 物联网数据实现生产装置 / 电力设施 / 能耗关联 / 自控设备智能分析，及时发现异常工况，准确预测事故、事件发生概率，实时知晓重点装置 / 设备健康状态，生产管理成本降低 20% 以上。整合、赋能站场传统视频监控及语音对讲设备，定时定点自动巡检站场生产设施，实时跟踪、识别其运行状态，提高了巡检频次和确保了巡检质量，可替代一线员工日常巡检大部分工作量。利用增强现实技术实现现场作业智能化、可视化，辅助一线员工生产操作、维护维修等作业，准确判定生产设施运行状态，全面提升生产现场管控水平和精简人员数量。

量身定制的生产态势感知工作流（图 5–42 和图 5–43），实时感知气井生产态势，精准施策促进增产。实现了分钟级实时自动采集多系统数据、1min/ 次快速筛选异常井及高效井生产措施、自动整理分析数据，每天快速识别页岩气井 / 平台 / 区块生产表现的优劣差别，提供多套在线辅助生产报表和离线多参数分析模板，及早发现气井生产问题及诊断原因，精准施策增产，最大程度释放气藏潜力。

量身定制的管网运行优化工作流，实时监控管网运行状态（图 5–44），优化调整精细调配生产。基于管网模型及动、静态数据，实现了 1 次 /d 模拟跟踪频次、小于 1 天的预警信息发布频次，支持管网运行风险实时诊断和假设工况模拟调优及对比分析（图 5–45），提升了感知精度和定量削减运行风险，极大地提高管网输配决策效率，确保集输管网安全、经济运行。

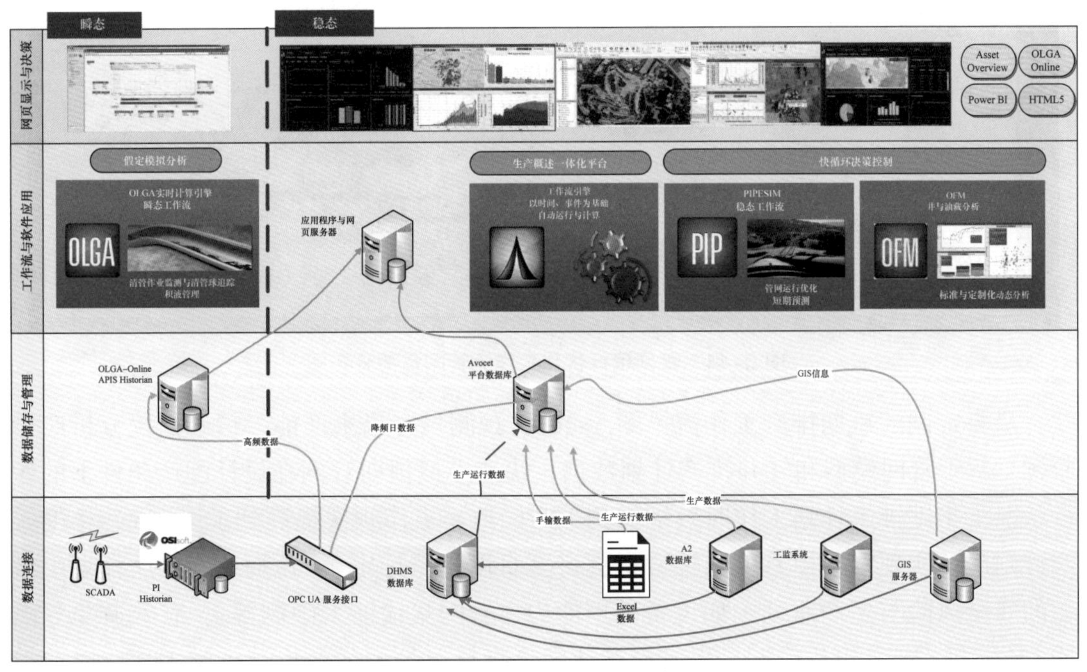

图 5–42　智能分析平台总体部署图

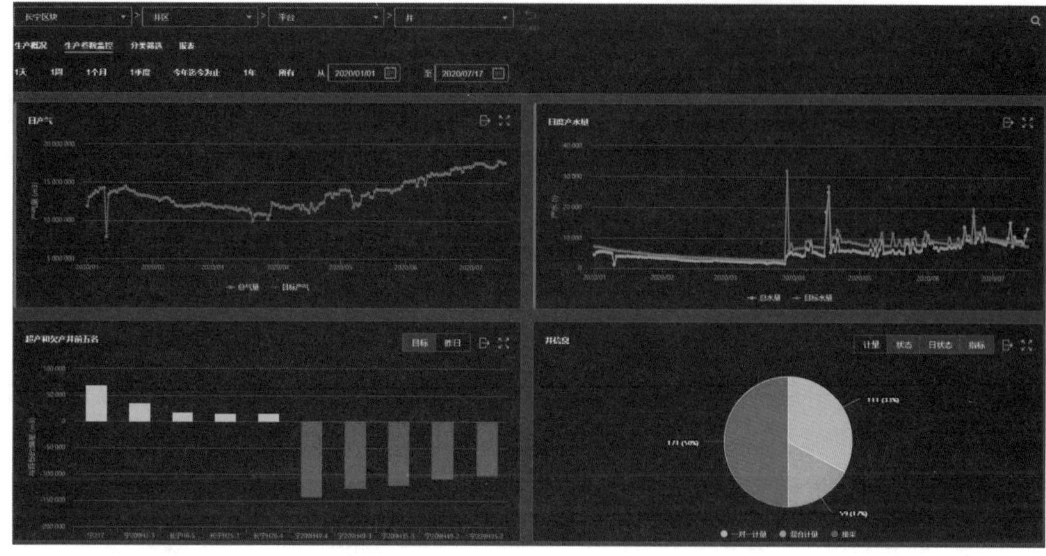

图 5-43 生产态势感知工作流页面

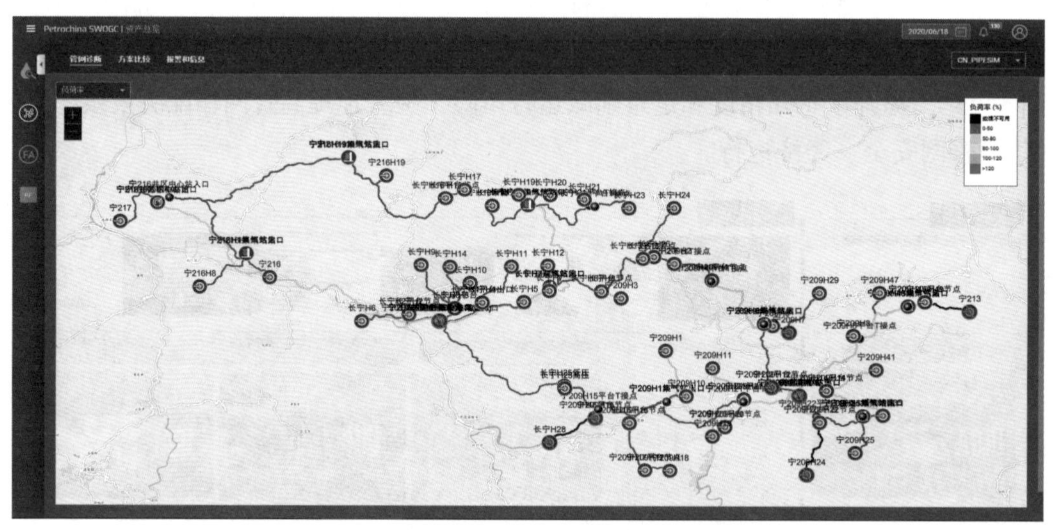

图 5-44 管网运行优化工作流管网负荷分布图

量身定制的短期排产工作流（图 5-46），预测气井未来产能，精确系统分析产量瓶颈。基于管网模型和气井排产计划数据，快速模拟预期管网在设计配产条件下的运行状况（年度排产计划工作时效缩短到 12h 以内、工作频次提高到 1 天 / 次，年度排产计划产量实现程度由月度定性分析提升至日度定量标定），甄别预期排产计划中潜在的安全风险与生产瓶颈（如设备处理能力、管网集输能力限制等），有效避免分离器 / 压缩机 / 管道超负荷运行引发设备故障，指导风险评估及设计调整工作，以获得可实施的最佳排产计划。

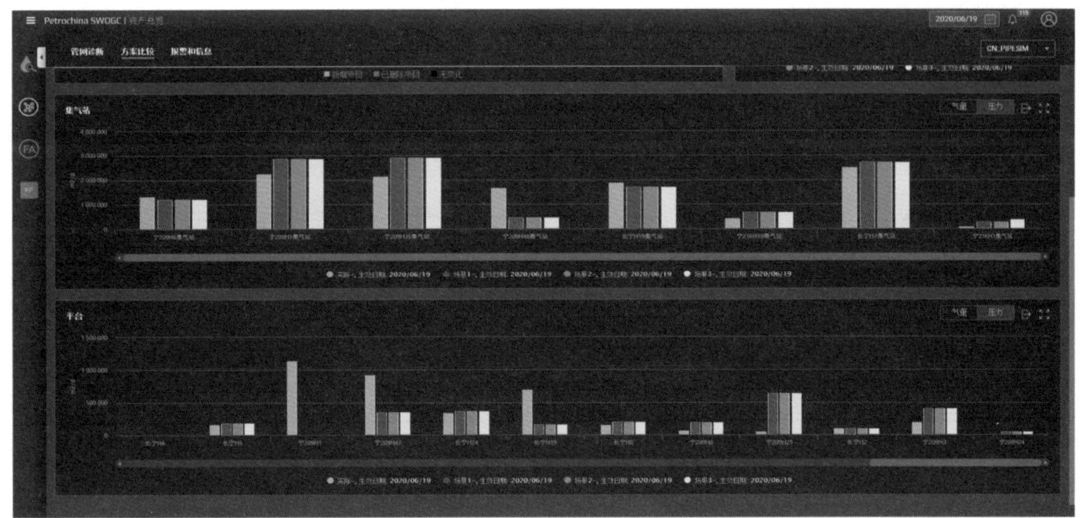

图 5–45 管网运行优化工作流方案在线对比

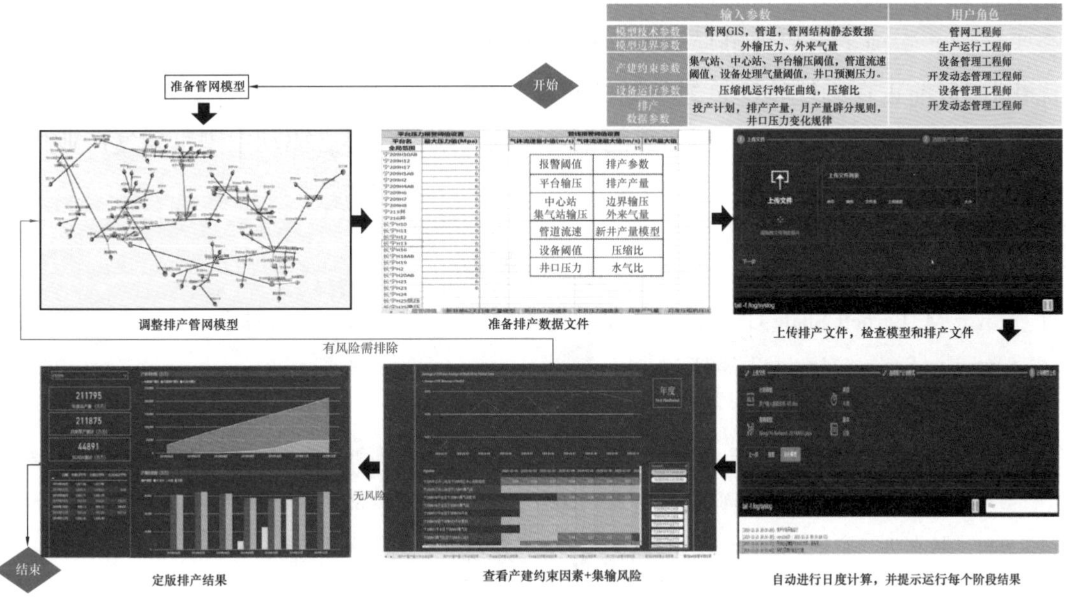

图 5–46 短期排产工作流程示意图

应用积液管理及清管作业跟踪工作流（图 5–47），实时跟踪管线运行参数，精选作业方案。基于管道模型、静态数据及瞬态生产数据，实时计算重点管道沿线生产运行、清管作业动态（测量和模拟误差在 5% 以内），支持管线积液、清管作业风险实时跟踪感知，及早预警和控制风险；还可叠加历史积液分布剖面，以筛选出并关注高后果区；同时支持假设工况消除积液、清管作业多方案模拟对比，及时优化操作参数，筛选最优作业方案。

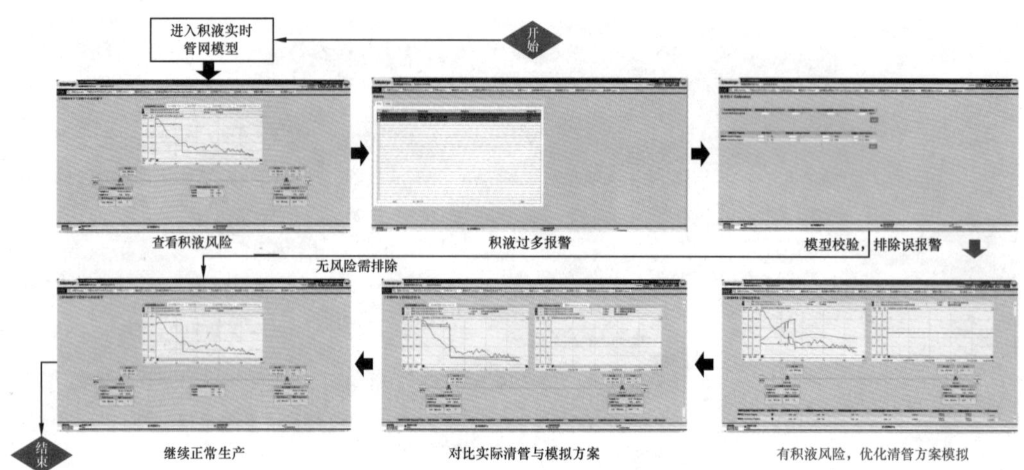

图 5-47　清管作业工作流程示意图

综上所述，以云计算、物联网、5G、大数据和人工智能等为代表的数字技术，在长宁页岩气田勘探开发过程中都有不同程度地应用。这些应用以感知、互联和数据融合为基础，实现了页岩气勘探开发部分过程“实时监控、智能诊断、自动处置、智能优化”，目前正在加快构建页岩气勘探开发与数字化智能化孪生融合交互的闭环系统，即将迈向全面实现数字化转型和智能化发展的新阶段，势必驱动中国页岩气产业低成本高质量发展。

参考文献

[1] Mavor M. Barnett Shale Gas-in-place Volume Including Sorbedand Free Gas Volume [C] //AAPG Southwest Section Meeting，2003.

[2] 张金川，薛会，德明，等．页岩气及其成藏机理[J]．现代地质，2003，17(4)：466.

[3] 苏文博，李志明，Frank R. Ettensohn，等．华南五峰组—龙马溪组黑色岩系时空展布的主控因素及其启示 [J]．地球科学—中国地质大学学报，2007，32(6)：819-827.

[4] 王同，杨克明，熊亮，等．川南地区五峰组—龙马溪组页岩层序地层及其对储层的控制 [J]．石油学报，2015，36(8)：915-925.

[5] 王淑芳，董大忠，王玉满，等．四川盆地志留系龙马溪组富气页岩地球化学特征及沉积环境 [J]．矿物岩石地球化学通报，2015，34(6)：1203-1212.

[6] 郭旭升，胡东风，魏志红，等．涪陵页岩气田的发现与勘探认识 [J]．中国石油勘探，2016，21(3)：24-37.

[7] 郭旭升．南方海相页岩气“二元富集”规律——四川盆地及周缘龙马溪组页岩气勘探实践认识 [J]．Acta Geologica Sinica，2014，88(7)：1209-1218.

[8] 王志刚．涪陵页岩气勘探开发重大突破与启示 [J]．石油与天然气地质，2015，36(1)：1-6.

[9] 金之钧，胡宗全，高波，等．川东南地区五峰组－龙马溪组页岩气富集与高产控制因素 [J]．地学前

缘，2016，23(1)：1–10.

[10] 聂海宽，金之钧，边瑞康，等. 四川盆地及其周缘上奥陶统五峰组—下志留统龙马溪组页岩气"源－盖控藏"富集[J]. 石油学报，2016，37(5)：557–571.

[11] 马新华. 四川盆地南部页岩气富集规律与规模有效开发探索[J]. 天然气工业，2018(10)：1–10.

[12] 马新华，谢军，雍锐，等. 四川盆地南部龙马溪组页岩气储集层地质特征及高产控制因素[J]. 石油勘探与开发，2020，47(5)：841–855.

[13] 刘大锰，李俊乾，李紫楠. 我国页岩气富集成藏机理及其形成条件研究[J]. 煤炭科学技术，2013，41(9)：66–70.

[14] 胡东风，张汉荣，倪楷，等. 四川盆地东南缘海相页岩气保存条件及其主控因素[J]. 天然气工业，2014，34(6)：17–23.

[15] 朱彤，王烽，俞凌杰，等. 四川盆地页岩气富集控制因素及类型[J]. 石油与天然气地质，2016，37(3)：399–407.

[16] 何治亮，胡宗全，聂海宽，等. 四川盆地五峰组—龙马溪组页岩气富集特征与"建造—改造"评价思路[J]. 天然气地球科学，2017，28(5)：724–733.

[17] 魏祥峰，李宇平，魏志红，等. 保存条件对四川盆地及周缘海相页岩气富集高产的影响机制[J]. 石油实验地质，2017，39(2)：147–153.

[18] 郭旭升. 上扬子地区五峰组—龙马溪组页岩层序地层及演化模式[J]. 地球科学，2017，42(7)：1070–1082.

[19] 郭旭升，胡东风，李宇平，等. 涪陵页岩气田富集高产主控地质因素[J]. 石油勘探与开发，2017，44(4)：481–491.

[20] 聂海宽，包书景，高波，等. 四川盆地及其周缘下古生界页岩气保存条件研究[J]. 地学前缘，2012(3)：280–294.

[21] 刘文平，张成林，高贵冬，等. 四川盆地龙马溪组页岩孔隙度控制因素及演化规律[J]. 石油学报，2017，38(2)：175–184.

[22] 潘仁芳，唐小玲，孟江辉，等. 桂中坳陷上古生界页岩气保存条件[J]. 石油与天然气地质，2014，35(4)：534–541.

[23] 李文阳，邹洪岚，吴纯忠，王永辉. 从工程技术角度浅析页岩气的开采[J]. 石油学报，2013，34(6)：1218–1224.

[24] 唐颖，邢云，李乐忠，等. 页岩储层可压裂性影响因素及评价方法[J]. 地学前沿，2012，19(5)：356–363.

[25] 孙焕泉，周德华，蔡勋育，等. 中国石化页岩气发展现状与趋势[J]. 中国石油勘探，2020，25(2)：14–26.

[26] 苏建华，许可方，宋德琦，等. 天然气矿场集输与处理[M]. 北京：石油工业出版社，2004.

[27] 陈晓勤，李金，等. 页岩气开发地面工程[M]. 上海：华东理工大学出版社，2016.

[28] 汤林，汤晓勇，等. 天然气集输工程手册[M]. 北京：石油工业出版社，2016.

[29]汤林，汤晓勇，等.天然气集输工程手册［M］.北京：石油工业出版社，2016.

[30]何恩鹏，潘登，涂敖.页岩气井地面除砂技术［J］.油气井测试，2016，25（6）：55–58.

[31]《油气田地面建设标准化设计技术与管理》编委会.油气田地面建设标准化设计技术与管理［M］.北京：石油工业出版社，2016.

[32]王元基，汤林，班兴安，等.油气田地面工程标准化设计技术及管理探索与实践［J］.国际石油经济，2018，26（2）：84–88.

[33]袁发勇，胡光，曹颖.焦石坝丛式水平井组“井工厂”压裂技术应用［J］.化工管理，2016（20）：141–143.

[34]Du C，Zhang X，Melton B，et al. A Workflow for Integrated Barnett Shale Gas Reservoir Modeling and Simulation［C/OL］. Society of Petroleum Engineers，2009.

[35]Gupta J K，Albert R A，Zielonka M G，et al. Integration of Fracture，Reservoir，and Geomechanics Modeling for Shale Gas Reservoir Development［C/OL］. Society of Petroleum Engineers，2013.

[36]吴奇，梁兴，鲜成钢，等.地质—工程一体化高效开发中国南方海相页岩气［J］.中国石油勘探，2015，20（4）：1–23.

[37]谢军，张浩淼，佘朝毅，等.地质工程一体化在长宁国家级页岩气示范区中的实践［J］.中国石油勘探，2017，22（1）：21–28.

[38]梁兴，徐进宾，刘成，等.昭通国家级页岩气示范区水平井地质工程一体化导向技术应用［J］.中国石油勘探，2019，24（2）：226–232.

[39]雍锐，常程，张德良，等.地质—工程—经济一体化页岩气水平井井距优化——以国家级页岩气开发示范区宁209井区为例［J］.天然气工业，2020，40（7）：42–48.

[40]田军，刘洪涛，滕学清，等.塔里木盆地克拉苏构造带超深复杂气田井全生命周期地质工程一体化实践［J］.中国石油勘探，2019，24（2）：165–173.

[41]赵贤正，赵平起，李东平，等.地质工程一体化在大港油田勘探开发中探索与实践［J］.中国石油勘探，2018，23（2）：6–14.

[42]胡文瑞.地质工程一体化是实现复杂油气藏效益勘探开发的必由之路［J］.中国石油勘探，2017，22（1）：1–5.

[43]陈更生，吴建发，刘勇，等.川南地区百亿立方米页岩气产能建设 地质工程一体化关键技术［J］.天然气工业，2021，41（1）：72–82.

[44]黄浩勇，范宇，曾波，等.长宁区块页岩气水平井组地质工程一体化［J］.科学技术与工程，2020，20（1）：175–182.

[45]李建峰，等.智能油田［M］.北京：中国石化出版社，2020.

[46]王鸿捷.智能油气田数字化交付研究［J］.天然气与石油，2020，38（3）：108–111.

[47]谢军.“互联网+”时代智慧油气田建设的思考与实践［J］.天然气工业，2016，36（1）：137–145.

[48]汤晓勇、王鸿捷、胡耀义.油气企业智能化转型的规划与建设方法研究［J］.天然气与石油，2018，36（1）：96–100.

第六章
中国页岩气潜力与前景

能源是经济增长和社会变革的重要物质基础，也是决定生活质量的关键因素。随着世界经济的发展，对于能源消费的需求也在不断增加，而化石能源作为最主要的能源生产和供应来源，由于过度使用带来的环境问题日益突出，造成的水污染、大气污染、放射性污染，以及温室效应、气候异常、灾害频发等环境问题，已经严重影响到人们的生产生活甚至生存，为人类社会带来了巨大的难以估量的经济损失和安全威胁，严重影响到了世界环境安全和可持续发展，能源转型已迫在眉睫。

中国作为世界最大的能源生产国和消费国，需要推进绿色发展，加快建立绿色生产和消费的法律制度和政策导向，建立健全绿色低碳循环发展的经济体系；构建市场导向的绿色技术创新体系，发展绿色金融，壮大节能环保、清洁生产和清洁能源等产业；推进能源生产和消费革命，构建清洁低碳、安全高效的能源体系。天然气作为可靠、可承受、可持续的“三可”清洁能源，其优势已得到业界广泛认同[1]，大力发展天然气利用，是我国经济社会实现能源转型升级的重要阶段。

页岩气作为一种非常规天然气资源，在我国十分丰富，赋存条件比较优越，在国家强力支持下，已基本形成勘探开发关键技术与配套装备体系。作为我国的战略性新兴产业，页岩气面临难得的历史机遇，具有较大的发展潜力，随着关键工程技术的不断创新突破以及页岩气开发成本的不断降低，将成为未来中国天然气产量增长的重要力量。

第一节　发展机遇

习近平总书记在第七十五届联合国大会上提出“二氧化碳排放力争于2030年前达到峰值，努力争取2060年前实现碳中和”，党的十九届五中全会提出推进能源革命、推动绿色发展。中国为应对气候变化推动能源低碳转型，实现化石能源低碳开采和清洁高效利用，为页岩气发展提供了难得的历史机遇，将迈出更坚实步伐。

经过近10年的勘探开发实践、技术攻关和理论探索，我国在页岩气勘探开发的资源潜力评价、关键核心技术和装备体系、基础理论建设等方面均取得了长足进步，通过技术创新、商业模式创新为页岩气大规模开发提供有力支撑，初步形成节约、清洁、安全的“工厂化”生产方式和发展模式，具备了大规模商业性开发的条件。加之国内广阔的天然气市场空间、国家层面的大力支持，均为页岩气加快发展提供了难得的机遇。

一、中国天然气发展的战略机遇

当今世界能源格局深刻调整，应对气候变化进入新阶段，新一轮能源革命蓬勃兴起，天然气正成为引领能源清洁化、低碳化发展的重要推动力。

自1992年联合国通过的《联合国气候变化框架公约》开始，控制温室气体排放已成为人类共识；1997年人类历史上第一个限制温室气体排放的法规性文件《京都议定书》通过，能源转型正式在世界舞台上拉开帷幕；2015年，国际上又形成了第二个气候协议——《巴黎协定》，这份文件具有更广泛的约束力，主要目标是将21世纪全球平均气温上升幅度控制在2℃以内，并将全球气温上升控制在前工业化时期水平之上1.5℃以内，这就要求世界各国加快能源结构的转变，推进低碳技术和清洁能源的开发和应用。CO_2 排放量较2005年下降60%。

大力推进能源革命和积极应对气候变化为天然气发展提供历史机遇。党的十八大以来，国家“大力推进生态文明建设”，确立了能源革命战略，控制能源消费总量，推进能源结构优化，将天然气列为中国主力能源，并正式发布了《能源生产和消费革命战略（2016—2030）》，明确要求到2030年一次能源结构中天然气占比达到15%左右。在应对气候变化、降低碳排放的国际大环境下，中国于2016年正式加入了《巴黎协定》，承诺在2030年 CO_2 排放达到峰值并争取尽早达峰，单位GDP的 CO_2 排放量较2005年下降60%～65%，这意味着中国必将加速推进能源转型，压缩煤炭和石油等高碳排放化石能源的使用，绿色、低碳、高效、可再生是能源发展的必然趋势[2]。同时，积极参与全球能源治理，促进国际能源合作。这些重大决策将为中国天然气发展带来历史性机遇。

等热值下燃烧天然气排放的 CO_2、NO_x 和 SO_2 及粉尘分别是煤的50%～60%，10%，1/682和1/1479，仅为石油的70%～75%，20%，1/389和1/140。因此，天然气是最好的燃料和最清洁的化石能源[3]。在我国能源利用清洁化的进程中，从一段时期来看，煤炭作为当前的主体能源，逐步推进清洁化利用，降低在能源消费结构中的占比是目前的现实选择；石油作为最主要的动力燃料，其地位在短期内难以动摇，但在我国政策指导下，交通工具电动化快速发展，清洁电力将在石油的主要应用领域进行替代；大力发展风能、太阳能、地热能等清洁可再生能源是战略性选择，在可再生能源具备成为我国主体能源的能力之前，从清洁性、经济性、可获得性以及与其他能源的协作效应等方面综合考虑，天然气在我国能源结构转型过程中将可发挥重要的桥梁作用。

二、巨大的需求与广阔的市场空间

经济转型升级、新型城镇化迫切需要低碳清洁能源。中国能源发展进入油气替代煤炭的重要阶段，更加注重低碳清洁高效，能源转型日益迫切。西方国家从快速工业化到后工业化的发展历程伴随着低碳清洁能源发展，即从煤炭到石油、天然气再向新能源转型。据测算，城镇化率每提高一个百分点，将每年增加相当于 8000×10^4t 标准煤的能源消费量。当前中国城镇化水平总体偏低，推进新型城镇化建设将极大促进中国天然气发展。

近年来，中国能源结构持续向清洁化演进。2020 年中国能源消费总量为 49.8×10^8t 标准煤，增速为 2.2%（国家统计局公报，2021）。其中，煤炭消费 28.2×10^8t，占能源消费总量的 56.8%；石油消费 7.19×10^8t，占能源消费总量的 18.9%；天然气消费 $3259\times10^8m^3$，占能源消费总量的 8.7%；非化石能源占能源消费总量比重达 15.6%。与 2016 年相比，煤炭占比降低 5.1 个百分点，石油占比上升 0.5 个百分点，天然气占比增加 2.5 个百分比，非化石能源占比增加 2.1 个百分点（图 6–1）。从消费增速看，煤炭消费增速为 0.6%，石油表观消费量增长 3.3%，天然气消费量增长 7.2%，清洁能源消费增速明显快于高碳能源。

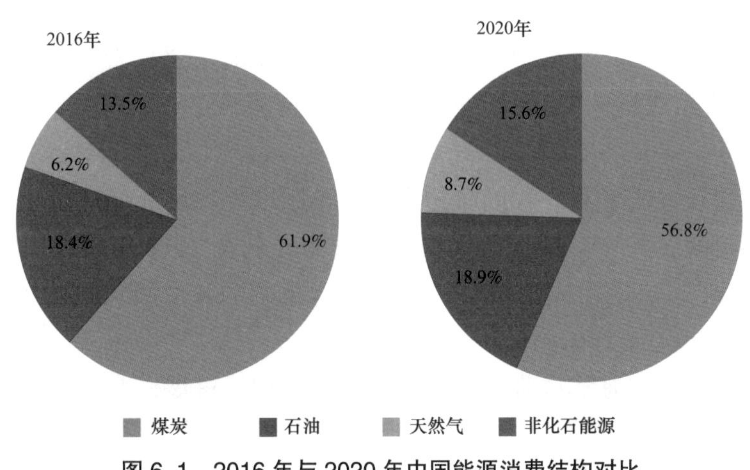

图 6–1　2016 年与 2020 年中国能源消费结构对比

自 2006 年底中国开始进口天然气以来，天然气消费增速远大于产量增速，进口气量不断增加，对外依存度不断攀升，2020 年超过 40%，多年来国内天然气供需紧张，国家高度关注，总书记、总理多次批示，要确保天然气供应。明确要求加大国内气田勘探开发力度，加快非常规天然气产能建设，快速提高国产气供应能力，抑制对外依存度过快增长。因此，为满足国民经济持续发展、改善能源消费结构、打赢蓝天保卫战、实现减排承诺等，未来我国天然气需求将持续快速增长。

天然气具有巨大的消费市场潜力和广阔的发展空间。未来 15 年中国天然气消费

量将增加 $4500 \times 10^8 m^3$ 左右，约占全球新增用气量的 35%。天然气利用结构持续优化，用气领域不断拓展，城镇燃气、工业燃料、燃气发电、交通燃料将成为中国天然气消费快速增长的四大主要驱动力。针对油气体制存在的深层次问题和矛盾，按照中共中央、国务院《关于深化石油天然气体制改革的若干意见》要求，国家将深入推进勘查开采、进出口管理、管网运营、生产加工、油气储备、价格机制、国有企业、安全环保 8 个方面的改革，发挥市场在资源配置中的决定性作用和更好发挥政府作用，逐步形成开放有序、公平竞争的现代油气市场体系，促进油气行业持续健康发展，进而进一步激发天然气发展潜力。

三、页岩气大规模开发的物质基础

我国各地质历史时期富有机质页岩发育，形成了古生界海相、海陆过渡相、中新生界陆相三种类型。海相富有机质页岩主要分布在南方、华北、塔里木三大区；海陆过渡相富有机质页岩主要分布在华北、河西走廊和新疆地区；陆相富有机质页岩主要分布在松辽盆地、渤海湾盆地、鄂尔多斯盆地、准噶尔盆地、吐哈盆地等五大盆地。

从总体资源特征看，根据美国能源信息署、中国自然资源部、中国工程院等国内外不同机构预测，中国页岩气可采资源量 11.5×10^{12}～$36.1 \times 10^{12} m^3$。中国石油勘探开发研究院评价中国页岩气技术可采资源量 $12.85 \times 10^{12} m^3$，其中：海相 $8.82 \times 10^{12} m^3$，占总可采资源量的 69%，是近中期可以投入商业开发的主要页岩气资源；海陆过渡相 $3.48 \times 10^{12} m^3$、陆相 $0.55 \times 10^{12} m^3$，分别占可采资源量的 27% 和 4%，其商业可及性仍需要进一步评价。

从现有勘探开发成果看，我国海相页岩气不断取得突破，储产量呈现快速增长态势，相继探明涪陵、长宁、威远等大型页岩气田，截至 2019 年累计探明页岩气地质储量 $1.78 \times 10^{12} m^3$，初步建成涪陵、长宁、威远及昭通 4 个较大规模的页岩气产区，2020 年页岩气产量突破 $200 \times 10^8 m^3$。

与此同时，陆相与海陆过渡相页岩气勘探取得积极进展，在南华北盆地、鄂尔多斯盆地和四川盆地石炭系—二叠系与三叠系—侏罗系等多口井获气，展示了良好勘探开发前景。与北美页岩气勘探开发走过的历程相比，我国的页岩气勘探开发还处于发展初期阶段，具备页岩气加快发展的资源基础。

四、主体技术和管理体系建设

经过近 10 年页岩气勘探开发实践，在 3500m 以浅形成了地质综合评价、高效开发优化、水平井组优快钻井、水平井组体积压裂、水平井组工厂化作业和清洁开采六大主体技术[4]，突破效益关，技术和管理水平达到了大规模开发的基本要求，并在 3500m 以深主体技术取得重要突破，通过“十四五”期间不断攻关，埋深 4000m 以

浅、4000～4500m 的深层页岩气开发配套技术将逐渐成熟配套。

我国已基本形成页岩气有利区带 / 层系优选与地质评价技术，建立了页岩气资源评价和选区评价技术方法和标准体系；初步形成水平井井眼轨迹控制、水平井固井、水平井钻井液、水平井安全钻进等长水平井段（1500～2000m）水平井钻井、完井的关键技术体系；已形成页岩气井压裂改造设计、体积压裂滑溜水液体配置、大型压裂施工、水平井分段压裂等页岩气储层大型水力压裂改造技术体系；基本形成水平井分簇射孔、可钻式桥塞分段、电缆泵送桥塞、连续油管泵送桥塞、钻塞等配套工艺技术体系；初步形成“工厂化”页岩气平台井组钻井、完井和一只钻头一根螺杆“一趟钻”钻完水平井段的技术体系。而且，初步形成页岩气开发配套工具与工艺流程，基本形成完备的压裂液体系，自主研发的 3000 型压裂车等压裂装备实现国产化。

为充分调动各方资源，加快页岩气规模效益开发，油公司借助社会资源，在四川盆地采取开放的合作模式，创新体制机制，形成了页岩气开发的国际合作、国内合作、油公司自营、风险服务四大模式，实现了资源优势互补，减少了投资风险。

在生产组织管理方面，形成了具有页岩气特色的井位部署平台化、钻井压裂工厂化、工程服务市场化、采输作业橇装化、生产管理数字化、组织管理一体化“六化”管理模式，转变了传统的生产作业方式，在提升效率、降低成本方面发挥了巨大作用，有力支撑页岩气效益开发。

五、国家能源发展战略和政策支持

国家能源发展要求实施绿色低碳战略，大力发展天然气，重点突破页岩气。着力优化能源结构，把发展清洁低碳能源作为调整能源结构的主攻方向。逐步降低煤炭消费比重，提高天然气消费比重。按照陆地与海域并举、常规与非常规并重的原则，加快常规天然气增储上产，尽快突破非常规天然气发展瓶颈，促进天然气储量产量快速增长。加强页岩气地质调查研究，加快“工厂化”“成套化”技术研发和应用，探索形成先进适用的页岩气勘探开发技术模式和商业模式，培育自主创新和装备制造能力。着力提高四川长宁—威远、重庆涪陵、云南昭通、陕西延安等国家级示范区储量和产量规模，同时争取在湘鄂、云贵和苏皖等地区实现突破。

国家为了鼓励、引导和规范天然气开发利用，天然气改革力度和节奏逐步加快，政策出台的密集程度逐年增加：2015 年 3 项，2016 年 8 项（6 项为“十三五”规划），2017 年 6 项，2018 年 10 项，2019 年 9 项。天然气领域政策密集出台，将不断加速天然气市场化进程，国家力推天然气发展的主基调已经明确，控煤、稳油、发展天然气将是未来我国化石能源发展的大方向。2017 年 6 月，国家发展和改革委员会等 13 个部委联合发文，提出“逐步将天然气培育成我国现代清洁能源体系的主体能源之一”。主体能源的提出，进一步明确了天然气在能源结构中的地位，鼓舞了行业发展信心。

习近平总书记、李克强总理等中央领导同志就立足国内加强油气勘探开发、保障我国能源安全、加快天然气产供储销体系建设作出一系列重要指示批示。特别是2018年7月，习近平总书记作出“今后若干年要大力提升勘探开发力度，保障我国能源安全”的重要批示。从国家能源安全的角度看，一定要解决进口比例过高的问题，加大国产气源勘探开发力度，既是国家期望也是石油行业义不容辞的责任。

在科研方面，设立了国家能源页岩气研发（实验）中心，并在国家油气科技重大专项中加强页岩气项目攻关。在政策扶持方面，国家能源局明确将页岩气开发纳入国家战略性新兴产业，并提出继续对页岩气勘探开发给予财政扶持，2019年6月20日，国家财政部公布了《关于〈可再生能源发展专项资金管理暂行办法〉的补充通知》，对非常规天然气补贴有了许多新的规定。不仅明确了延续补贴的时间，而且根据实际情况区别对待了不同类型的非常规气，特别强调了其年增产量和供暖高峰时的增产量，强调了以产量利用量为补奖的依据。补贴政策将进一步推进我国非常规天然气发展，为非常规天然气发展提供新动能。

第二节　开发潜力

中国页岩气资源基础雄厚，开发潜力巨大，是未来中国天然气产量增长的重要力量。其中，海相深层是未来页岩气产量增长的主力，以四川盆地为主体的页岩气开发将有望推动川渝地区成为我国最大的天然气产区，打造“西南增长极”[5]。随着关键工程技术的不断创新突破以及页岩气开发成本的不断降低，中国页岩气的发展前景仍有进一步向好的空间。

一、中国页岩气资源潜力

以海相页岩气为主体，海陆过渡相及陆相页岩气持续攻关，勘探开发技术全面突破后，估算中国可再探明页岩气地质储量6×10^{12}～$8\times10^{12}m^3$，具有建成页岩气产量规模800×10^8～$1000\times10^8m^3$的资源潜力。

1. 中浅层海相页岩气是产业发展的基础

四川盆地及其邻区埋深介于2500～3500m的中浅层海相超压页岩气区已建成$200\times10^8m^3$的年产气规模，未来以稳产为主，是页岩气产业发展的基石[6]。初步评价，埋深介于2500～3500m的五峰组—龙马溪组页岩气开发有利区面积为$1.3\times10^4km^2$，页岩气地质资源量约$8\times10^{12}m^3$。截至2020年底，以涪陵、长宁、威远和昭通等区块为重点，已探明页岩气地质储量超过$2\times10^{12}m^3$，面积约$2000km^2$。其中，中国石油探明储量为$10610\times10^8m^3$、中国石化探明储量为

$9408\times10^8m^3$。综合考虑地表和地下地质条件，估算埋深3500m以浅还可再新增探明页岩气地质储量超过$5000\times10^8m^3$。2020年，中国石油在川南地区已建成年产气规模100×10^8～$120\times10^8m^3$，中国石化以涪陵、威荣区块为重点建成年产气规模80×10^8～$90\times10^8m^3$。因此，按照稳产20年的目标，中浅层海相页岩气已基本完成产能建设，未来以稳产开发为主。

2. 深层海相页岩气将成为产量持续增长的主体

初步评价，四川盆地及其邻区埋深介于3500～4500m的五峰组—龙马溪组页岩气开发有利区面积为$1.6\times10^4km^2$，页岩气地质资源量$9.6\times10^{12}m^3$。截至2019年底，中国石化在威荣页岩气田探明页岩气地质储量为$1247\times10^8m^3$，累计投产井超过20口，2019年产量为$1\times10^8m^3$。中国石油在泸州、渝西、长宁和威远等区块已钻深层页岩气勘探评价井超过40口，其中8口井页岩气测试日产量超过$20\times10^4m^3$，其中泸203井五峰组—龙马溪组压裂测试日产量达到$137.9\times10^4m^3$，取得3500m以深页岩气高效开发关键技术重大突破。四川盆地及其邻区深层海相页岩气区具备建成年产页岩气$500\times10^8m^3$以上规模的资源基础，将是页岩气产量持续增长的主要领域。

此外，中上扬子复杂地区广泛发育低压低丰度海相页岩储层，分布面积超过$2\times10^4km^2$。如四川盆地外围区的五峰组—龙马溪组和筇竹寺组页岩，已经有超过50口的勘探井获气，通常压力系数介于0.8～1.2，尚不能经济有效开发。初步估算，具有一定开发前景的页岩气区面积超过$2000km^2$，可探明页岩气地质储量超过$8000\times10^8m^3$，具备建成年产页岩气60×10^8～$100\times10^8m^3$规模且稳产10年以上的潜力。

3. 海陆过渡相、陆相页岩气有望成为补充资源

鄂尔多斯盆地和四川盆地等海陆过渡相、陆相页岩气勘探评价已取得重要进展，中国石油勘探开发研究院评价海陆过渡相技术可采资源量$3.48\times10^{12}m^3$、陆相$0.55\times10^{12}m^3$，合计超过$4\times10^{12}m^3$，通过增加勘探评价工作投入、加大开发先导试验，实现理论创新和有效开发技术突破后，具备建成年产页岩气150×10^8～$200\times10^8m^3$规模的资源远景。

二、中国页岩气产业发展途径

针对我国页岩气产业发展中存在的制约因素，需要有针对性的探索成功经验，通过积极研发关键技术、完善组织与管理模式、完善政策制度、重视环境保护、融洽企地关系、加强基础设施建设等途径，必将能够加快页岩气产业迅速健康发展。

1. 研发关键技术

中国页岩气勘探开发已进入工业化生产阶段，现阶段已掌握3500m以浅资源规模有效开发主体技术。但与北美相比，钻井设备性能、钻井周期、水平段长度、体积改造工艺、EUR等方面差距明显，具有进一步提升开发效益的空间。目前，在川南地区试验新一代压裂技术取得较大进展，仍需深化地质认识、优选甜点、地质工程一体化提高优质储层钻遇率，并试验长水平段、密切割分段、高强度加砂等新一代钻井压裂工艺，提高埋深3500m以浅单井产量、EUR和储量动用率。

我国海相深层页岩气取得重要进展，为了实现深层页岩气全面开发，需借鉴北美成功经验，通过加大地质工程一体化、差异化压裂设计、长水平段、高密度完井等攻关试验力度，对取得突破的3500～4000m地层，需要尽快完善配套技术；4000～4500m初见成效，通过攻关形成规模有效开发配套技术，实现效益开发。海陆过渡相、陆相页岩气勘探评价取得重要进展，但仍未取得实质性突破，需要在示范区建设基础上，加快形成有效开发技术。

加强页岩气勘探开发技术自主攻关和装备研发。加大页岩气开发的资金及人力投入，从国家和企业层面设立页岩气开发技术重大专项，鼓励科研团队与开发企业联合研发，发展以企业为主体、产学研用相结合的页岩气技术创新机制。研发部门应该依据我国特殊的地质状况，积极自主创新，尽快研发出适合我国页岩气复杂地质特征的核心钻井技术。

2. 建全组织与管理模式

我国页岩气开发初步建立起了组织管理体系，仍需要进一步完善和健全开发模式、组织模式、管理模式和商业模式等。健全生产组织机构，实行一体化管理，充分发挥市场机制的作用，组织各方施工队伍，以提高技术和管理水平、降低勘探开发成本；制订周密的运行计划，围绕“勘探、生产、现场、成本、安全、环保”等环节建章立制，实现生产过程有章可循、规范运转，以保证勘探开采规范有序；规范施工组织，运用市场机制、资质约束、政策扶持等手段，充分调动石油公司、地方政府和民营企业的积极性，形成技术、资金和社会资源综合优势，以确保计划和技术要求执行到位；创建良好的企业和地方政府关系，通过联合参股、由地方单位委派联营机构高管等方式有效解决用地、用水，以及当地人员就业、地方经济发展等问题。

探索页岩气生产组织新模式，加大市场开放和外部队伍引进力度。开放钻前服务市场，全力争取地方政府配合支持，重点在井场征地、钻前准备等积极引入当地企业，缩短钻前工作周期；提前下达整体钻井和地面工作量，优化施工程序，加快钻井进度；全面放开风险合作市场，适当引入有实力的外部企业，改革内部风险合作考核

体制，重点提高钻探公司绩效考核力度，提高钻完井效率，降低单井成本，提高页岩气产量。

3. 完善政策制度

从目前情况看，3500m 以深页岩气将是上产和稳产的主体，随着埋深增加投资控制难度加大，财政补贴仍是深层页岩气有效开发的重要保障，需要国家继续给予政策支持。需要在延续页岩气现有补贴基础上，研究扩大深层页岩气补贴政策和扶持措施，并在环保、土地使用等政策方面给予支持，使参与开发的所有企业都能获得相应的收益，保证我国页岩气补贴政策的连续性。同时，我国还可以出台对开发商实行所得税、资源税等税费优惠政策。另外，我国还应该积极发挥政府和财政部门对页岩气资源地质调查和基础研究的重要作用，充分调动各种社会资源，克服我国复杂的地质结构和分布情况，促进页岩气的顺利开发。

4. 重视环境保护

长期以来，自然资源开发过程中的环境问题都是中国面临的一项重大问题。除非页岩气开发所带来的潜在损失或风险得到解决，中国因此获得的收益将会低于政府和（或）公众（尤其是受到直接影响的居民）为减少或消除负面影响而负担的成本。应该积极地研究国际组织和其他国家（如美国）的经验，遵循预防原则和审慎原则，从而找到适合中国的解决方案。为了防止页岩气井泄漏造成的地下水污染，应该从严制定关于设计、施工、完整性测试以及确保含气地层完全与其他地层隔离（特别是淡水含水层）的标准，同时还应当研究美国或其相关州的监管实践。为了控制甲烷排放，美国环保署要求水力压裂气井的所有者或运营者采用“减少排放完井”（RECs）或“绿色完井”技术，从而减少完井过程中的挥发性有机化合物（VOC）排放。

关于水资源保护，美国宾夕法尼亚州要求天然气井必须距任何饮用水源至少 200ft 和其他水源 100ft，如河流、泉水或其他水体，而且如果在完成钻井或改变气井后 6 个月内，距气井 1000ft 范围内的任何饮用水源受到污染，气井的运营者将被推定为对这一污染负有责任。为了防止废水污染，废水应该被安全地存储、处理和处置，应尽量少使用化学添加剂，而且页岩气行业应该开发和使用更加环保的替代材料。

中国采取的具体办法和标准应该适合相关区域特殊的自然和社会环境，如地质、气候、地形和伦理等方面的环境。根据中国 2002 年《中华人民共和国水法》第 21 条的规定，在水资源的各种使用之中，应当首先满足城乡居民生活用水，并兼顾农业、工业、生态环境用水以及航运等需要；然而，在干旱和半干旱地区开发、利用水资源，应当充分考虑生态环境用水需要。页岩气开发项目所在的当地政府必须对项目分配适当数量的水资源，同时应当确保那些没有搬迁的居民和生态环境的水资源需求。如果没有足够的水资源用于分配，那么应该允许项目通过水权交易获得必要的水资源。页岩气开发项目必须改善其用水效率并且满足最低用水效率要求，2030 年降至 $40m^3$/ 万元工业增加值。页岩气项目履行用水效率要求的方式主要在于改善水力压裂过程中的水资源利用和循环利用技术。

5. 融洽企地关系

在当地社区和页岩气产业之间建立和保持良好的关系是一项重要挑战。当地社区及其居民是页岩气生产活动造成的环境风险或破坏所引起的风险和（或）损失的直接和间接承担者。例如，他们的水供应可能受到巨大的水资源消耗的不利影响，而一旦水受到废水的污染，居民的健康状况将处于危险之中。此外，温室气体排放和甲烷会污染空气；在井场准备过程中，钻井和车辆运输也会造成噪声污染。一旦当地社区及其居民认为他们的利益或福祉有可能受到页岩气开发者的侵犯，而他们却几乎得不到一点补偿，因而不能分享页岩气开发的收益，那么他们的抵制或抗议不仅影响政府决策，而且还会对开发者的活动造成影响。

融洽企地关系并得到当地合作是页岩气发展获得长期成功的一个关键因素。需要政府层面制定企地合作政策规范，以指导勘探开发工作部门和有关地方政府以及行业和特定项目的运作，从而在页岩气产业与当地社区之间构建互信互惠的关系。对于一个特定项目，企地关系融洽意味着其被社会特别是当地社区及其居民所接受。否则，与项目有关的风险将大大增加，开发者将不得不投入更多的金钱和时间处理其与当地社区及其居民之间的冲突。在极端情况下，项目可能会因来自公众的压力而终止。事实上，企地合作对开发者和当地社区而言都是有益的。一方面，对开发者来说，可以减少社会风险并增进其经营与当地社区的和谐程度；另一方面，对当地社区而言，意味着社区及其成员可以参与决策过程并得到公正合理的利益份额。为了营造良好的企地关系，确保当地社区充分参与有关岩气开发的决策过程并获得实实在在的经济效益是至关重要的。对于给环境造成重大不利影响的项目而言，充分、有效的公众参与对于政府和相关公众之间以及开发者和当地社区之间建立相互理解和信任不可或缺。政府和企业的决策者应该认真对待民意，适当地回应公众对于页岩气开发的担忧。与此同时，页岩气开发项目应该以当地的特定情况为基础，在条件允许时，企业要帮助当地社区改善重要的基础设施，如道路、饮用水供应、污水处理厂、学校、培训中心等。最后非常重要的是，在当地社区及其居民的合法权益和（或）利益受到侵犯时，公平且合理的补偿至关重要。

6. 加强基础设施建设

针对我国页岩气基础建设不完善的现状，我国应该加大基础设施建设，加大投入

资金新建输气管网，通过给予页岩气开发商修建管道一定的税收补贴或贷款优惠，增加我国的页岩气输气管道数量和分布范围。输气管网独立运行后，对第三方使用者适当开放，国家可以用颁布法律法规的形式保证输气管道对供气商和用户的开放性。

第三节　前景展望

保障国家能源安全、加大国内油气勘探开发力度是国家的重大战略，通过不断借鉴和实践探索，中国页岩气领域的技术人才、主体技术、组织能力已具备持续规模上产的基础。近年来，我国页岩气产业尽管发展速度很快，但总体上还处于起步阶段，3500m以深的页岩气仍有待进行大规模商业化开采，页岩气可采资源量仍会大幅增长，未来页岩气发展潜力非常大，前景十分广阔。

一、中国页岩气发展方向

从当前天然气勘探开发总体形势来看，页岩气具备产量快速增长的基本条件。在逐步形成中国页岩气地质与成藏理论基础上，钻井与压裂等配套工程技术将逐步形成；页岩气将成为中国天然气产量增长的重要组成、海相页岩气将支撑建成四川盆地“天然气大庆”。2025年中国页岩气产量300×10^8～$400\times10^8m^3$，2030年将达到400×10^8～$600\times10^8m^3$，展望2035年以后，页岩气产量规模有望达到800×10^8～$1000\times10^8m^3$。

1. 页岩气理论技术发展

围绕深层海相、海陆过渡相和陆相页岩气有效开发，以四川盆地深层海相和鄂尔多斯盆地陆相页岩气效益动用为目标，我国页岩气地质、赋存机理与成藏等理论研究基础将逐步增强，页岩气开采机理、水平井钻井、体积压裂改造等高效开发配套技术逐步形成，将支撑不同类型页岩气商业化规模开发。

1）页岩气地质理论与评价研究基础逐步增强

深入研究海相页岩气在纳米级孔隙中赋存状态与流动机制，复杂构造区页岩气富集规律等。深化四川盆地川南地区龙马溪组成藏理论与地质认识，攻关突破五峰组—龙马溪组低压带和薄储层带地质评价技术，落实有利区带和最优开发层段，为低压带和薄储层带效益开发奠定基础；深化平缓构造带和高陡构造带页岩气富集理论认识，加快建产有利区落实，为快速上产奠定基础；开展威远筇竹寺组沉积构造与储层特征、页岩气成藏模式和富集规律研究，优化海相页岩气有利区带优选标准体系，落实川南地区筇竹寺组有利区带。

持续攻关海陆过渡相、陆相页岩气成藏理论、富集规律及主控因素。研究不同热演化程度有机质油气生、排过程；探索多类型多尺度缝网中多相流体的滞流、富集机理，奠定非海相页岩气开发的理论基础。

2）开发技术政策与提高采收率技术优化

优化深层页岩气开发技术，开展深层页岩气赋存规律与流动规律研究、动态分析技术研究、开发技术政策研究等技术难题，建立深层页岩气高效开发优化技术，进一步提高深层页岩气水平井 EUR。同时，开展页岩气藏注二氧化碳采气机理研究、加热升温采气机理研究等，探索页岩气提高采收率新技术。

3）钻井、压裂等工程技术持续创新

近期以提速提效为目标，完善深层页岩气井钻井压裂技术，开展钻井压裂新技术现场试验，探索页岩气有效钻井压裂工艺技术。针对深层页岩气钻井技术难点，主要开展复杂井身结构设计优化、抗高温定向工具及仪器优选、精细三维地质导向技术、安全下套管技术等研究，形成深页岩气水平井优快钻井技术体系，推进 3500m 以深页岩气水平井系统提速，缩短平均钻井周期；继续完善国产旋转导向工具深化研究及推广应用，主要开展旋转导向工具提高造斜率技术、防卡结构优化、耐高温技术、抗高频振动技术、近钻头方位伽马技术等研究，提高工具性能满足中深层页岩气水平井施工要求，推进页岩气井旋转导向工具国产化，摆脱对国外工具的依赖；着力研发新型高性能环保钻井液体系，主要开展环保型基础液研选、关键处理剂研选及评价、体系配伍及性能评价和现场应用维护处理措施等研究，形成页岩气井高性能环保钻井液体系研发，逐渐替代现有的油基钻井液技术，减少环保压力。深层页岩气压裂在前期 3500m 以深工艺基础上，针对平台井开展 3500m 以深页岩气井压裂工艺及参数优化，以提高 NPV 为目标，优化 3500m 以深页岩气水平井组压裂的工艺及技术参数，实现 3500m 以深页岩气压裂技术优化；针对深层闭合压力高、温度高、井深等问题，进一步完善深层页岩气压裂液体、井下工具、泵送桥塞及分簇射孔、连续油管作业等配套技术，提高深层页岩气压裂作业效率；开展超临界二氧化碳、脉冲、高能气体等压裂新技术现场试验，探索提高压裂效果、减少水资源用量的新型压裂工艺；针对前期递减较快、改造不充分的井开展重复压裂攻关和试验，进一步提高储量的动用程度，提高重复压裂效果，力争重复压裂有效率达到 80% 以上。

中长期开展川南地区筇竹寺页岩钻井压裂、陆相页岩压裂攻关和试验，力争形成适合筇竹寺组页岩和陆相页岩的钻井压裂技术，实现筇竹寺组和陆相页岩气开采的商业突破。川南地区筇竹寺组页岩钻井压裂攻关与试验，主要依托前期龙马溪组钻井压裂认识，开展系统地层力学特性研究和储层改造室内评价，立足储层特点开展钻井压裂工艺研究和现场试验，形成筇竹寺组页岩钻井压裂主体工艺技术。调研陆相页岩气压裂技术，开展系统的储层改造室内评价，立足页岩气储层特征开展陆相页岩气压裂工艺现场试验，形成适合陆相页岩的主体压裂工艺。开展钻井压裂新技术、新工艺现

场试验，跟踪国内外页岩气水平井钻井压裂新工具、新工艺、新技术应用情况，评价钻井提速新工具；超临界二氧化碳压裂、脉冲压裂、高能气体压裂等压裂新技术适应性，推广应用适用工具和技术，实现降本增效。

2. 页岩气产业发展

1）页岩气是中国天然气产量增长的重要组成

按照中国天然气发展形势与页岩气勘探开发趋势，初步分析 2025 年中国天然气年产量将达到 $2300\times10^8m^3$，其中页岩气年产量将达到 300×10^8～$400\times10^8m^3$，与 2020 年页岩气年产量相比增长 100×10^8～$200\times10^8m^3$，占天然气产量增长的 24%～48%；2030 年中国天然气产量将有望达到 $2500\times10^8m^3$，其中页岩气年产量将达到 400×10^8～$600\times10^8m^3$，占天然气产量增长的 32%～65%；2035 年以后，页岩气年产量有望实现 800×10^8～$1000\times10^8m^3$，将成为我国天然气产量增长的重要组成部分。

2）海相深层是页岩气长期稳产接替的重要保障

海相深层页岩气产量具备再建设产能规模 $500\times10^8m^3$ 以上的条件，其他海相页岩气潜力 $100\times10^8m^3$。“十四五”期间，埋深 3500～4000m 的海相页岩气开发技术将基本配套，考虑 20 年稳产的要求可以上产 $100\times10^8m^3/a$，年均钻井 500～600 口，支撑 2025 年全国页岩气产量达到 300×10^8～$400\times10^8m^3$；埋深 4000～4500m 海相页岩气开发技术突破存在不确定性，2035 年全国海相页岩气产量低情景 $650\times10^8m^3$、高情景 $800\times10^8m^3$。

3）非海相页岩气有望成为页岩气产量增长的补充

鄂尔多斯盆地和四川盆地等发育海陆过渡相和陆相等非海相页岩气储层，多口勘探评价井已获得了一定的页岩气测试产量，具有良好的页岩气开发前景。但受资源勘探工作量较少、试采井生产时间较短、工程技术仍需攻关等制约因素的影响，非海相页岩气开发前景目前较难判断。参考中国海相页岩气发展历程，若 2030 年以后开发技术能够获得突破，则有望在 2035 年以后实现非海相页岩气产量 150×10^8～$200\times10^8m^3$，成为中国页岩气产量增长的重要补充。

3. 页岩气支撑四川盆地建成“天然气大庆”

四川盆地天然气资源丰富，以页岩气为代表的勘探开发取得多领域重大战略突破，管输系统等配套设施完善，通过创新勘探理论与认识，不断发展不同类型气藏开发新技术，支撑天然气产量持续攀升，具备建成千亿立方米国家战略大气区的条件，“天然气大庆”呼之欲出。

（1）四川盆地天然气资源丰富，具备规模发展基础。

盆地勘探面积 $18\times10^4km^2$，天然气总资源量 $38.11\times10^{12}m^3$，其中页岩气 $21.66\times10^{12}m^3$。资源量居全国之首，是当前增储上产潜力最大、最现实的盆地。

（2）以页岩气为代表的天然气勘探开发理论与技术取得多项突破，储产量持续增长。

海相页岩气超压富集理论，指导了页岩气战略发现；碳酸盐岩天然气成藏理论，引领和支撑了安岳大气田发现。2000 年以来，陆续发现了 16 个大型、特大型气田，新增探明储量超过 $3\times10^{12}m^3$，天然气新增储量进入高峰增长期。开发理论与技术不断创新发展，页岩气 3500m 以浅规模有效开发技术体系，推动了页岩气规模上产，深层页岩气取得战略性突破；高含硫气田和深层碳酸盐岩气藏开发技术系列成功开发了普光、罗家寨和元坝气田，高效建成磨溪龙王庙特大型气田，2020 年产量达到 $560\times10^8m^3$，产量增长步入快速发展通道。

（3）完善的管网、成熟的市场等配套设施，为天然气大发展提供了保障。

建成覆盖川渝环形骨干管网系统和蛛网式支线管网系统，管网长度超 $4\times10^4km^2$，管输能力约 $500\times10^8m^3$，并通过忠武线、中贵线和川气东输管线与国家管网连接，成为我国天然气供销西南枢纽。形成国内天然气市场最成熟的地区，气源和市场紧密结合，下游产业链完整，天然气利用方式多样。在川渝地区一次能源消费结构中，天然气占比超过 12%，远高于全国 5.9% 的平均水平，行业利用率达 80%。

（4）具有千亿立方米的规模开发潜力，能够建成四川盆地“天然气大庆”。

依据勘探目标领域、开发动态和开发指标，认为页岩气近期动用 3500m 以浅资源，中长期动用深层资源，可支撑 500×10^8～$600\times10^8m^3$ 的产量规模，常规气产量峰值 300×10^8～$350\times10^8m^3$，致密气具备 50×10^8～$100\times10^8m^3$ 的开发潜力。预计 2025 年天然气产量将超过 $700\times10^8m^3$（约合原油当量 6300×10^4t），其中页岩气占总产量近 50%，将成为我国最大的天然气产区，在川渝地区（四川盆地）将建成“天然气大庆”；2030—2035 年有望建成天然气产能规模千亿立方米的战略大气区。

二、面临的主要挑战

尽管中国页岩气产业的发展获得了前所未有的机遇，然而页岩气开发依然面临着技术与社会、发展与环境方面的重要挑战。离开先进技术的应用、生态环境的良好保护、水资源利用的有效平衡以及当地社区及其居民与页岩气产业之间的和谐关系，页岩气产业只能带来更加严重的环境问题、水资源的更加短缺以及开发区域中不稳定且不公平的社会环境。

1. 页岩气资源评价认识

迄今，中国页岩气勘探开发钻井仅 1000 余口，且主要集中于四川盆地及邻区的

五峰组—龙马溪组中，大区域钻井控制程度很低。资源评价和先导试验与持续上产衔接不够，前期评价井实施工作量，以及针对不同地质工程条件开展的先导试验工作，还不能完全满足快速持续的大规模上产需要。

海相页岩气资源评价存在于4个方面风险：一是有利区落实程度低、评价精度不高；二是经济资源埋藏深度不明确，目前仅实现了3500m以浅资源规模效益开发，更深资源的经济性尚待进一步评价；三是四川盆地以外的构造改造区页岩气资源前景不明确；四是南方大面积低压、低产区的页岩气资源经济性尚不确定，海陆过渡相和陆相，认识程度都较浅，页岩气资源具明显的不确定性。

2. 地质工程条件和人居环境

中国页岩气的地质、工程、地面条件与北美对比均存在差异。地质条件：经历多期构造运动、断层发育、保存条件复杂、有机质演化程度高。工程条件：埋藏深、构造复杂、纵向压力系统多、地应力复杂、钻井和压裂难度大。地面条件：山高坡陡、人口稠密、环境容量有限。

3. 工程技术水平

我国页岩气地质条件与美国相比差异较大，提高工程技术水平仍面临诸多难题：一是地质条件的特殊性决定了国外成熟技术难以照搬应用。与美国以海相页岩气为主不同，我国陆相、海相都有，而且海相页岩主体呈现时代老、热演化程度高、改造强、埋藏深，陆相页岩主体处于生油阶段，国外陆相页岩气也没有真正实现大规模开发。二是地表条件复杂，不适应大型设备动迁与照搬美国开采模式。美国海相页岩气主要分布于平原区，地表相对平坦，可以采用大规模平台式“工厂化”模式开采，不仅能大幅提高资源动用程度，还能大幅降低生产成本。我国页岩气主要分布于山地、丘陵等复杂地区，大型工程设备动迁难度大，需要建立我国平台式“工厂化”开采模式的布井要求，创新发展适合我国地面条件的工程技术。三是水资源总体短缺，大型水力压裂面临挑战。美国页岩气开发主要采用低成本大型滑溜水压裂改造技术，需要大量的水资源。如果我国页岩气开发采用这项主体技术，则面临水资源不足的严重约束，需要发展新型的少用水甚至无水压裂技术。四是成本压力大，大规模经济开发面临挑战。由于我国页岩气地质地表条件复杂，加上许多关键技术与装备仍需进口，导致相同深度页岩气水平井建井成本是美国的2～3倍，需要国家给予政策扶持实现规模开发。

如在压裂改造技术上，页岩气藏主体压裂参数在加砂强度、簇间距、段间距等方面与北美当前的主体技术还存在较大差距，压裂理念和技术还有较大提升空间；深层高应力及高应力差地层压力难以形成复杂缝网，深层压裂技术尚未成型，页岩气提高单井产量面临挑战。

4. 装备国产化水平

国产关键装备的性能和关键单项技术创新能力还存在较大差距（表 6–1）。长距离水平钻井、多段体积压裂等诸多技术工艺和装备上不能国产化、本地化，同时储层比北美更深、更复杂，井工程复杂故障偏多；部分钻机设备陈旧，无法达到强化参数的要求，且钻机设备故障频发，非生产时效高；钻头、钻具、井下仪器等工具的失效导致无效起下钻次数多；泥浆泵、地面管线、顶驱及井下工具等装备的限制，使得钻井参数无法获得解放；井工程管理过程中油公司主导作用发挥不足，工程技术服务公司单项技术优势不突出。

表 6–1　国内钻井设备参数与北美的对比

主要做法及参数	北美	川南页岩气
钻机	电动步进钻机	电动、半电动滑动钻机
钻井泵、高压管汇，MPa	52	35（部分升级至 52MPa）
钻井液	油基为主	油基、水基
钻井液密度，g/cm^3	1.4～1.6 少数＞2.0	1.9～2.2
造斜率，(°)/30m	10～15	5～8
水平段钻井方式	控压、欠平衡	常规钻井
钻压，tf	10～20	10～12
转速，r/min	80～110	80
钻头转速，r/min	250	200
排量，L/s	37	30
泵压，MPa	30～40	30
顶驱扭矩，kN·m	15～25	8～10

5. 清洁开发问题

党的十八大报告强调了生态文明的重要性，并认为生态健康对于中国人民的福祉和中国的未来至关重要，提出了“美丽中国”的概念。说明中国已经意识到环境保护的重要性，决定不去追求一个以破坏环境为代价的经济发展。然而，由于页岩气开发伴随着潜在的且严重的环境破坏和（或）风险，因而能源安全和环境保护之间存在相当大的冲突。页岩气的勘探和开发对水、空气质量、土地利用带来许多不利影

响，甚至能够引发地震（Lipschultz，2012），其中，水污染和甲烷泄漏是主要的环境风险。

我国在页岩气开采环境及环保技术方面，存在诸多问题。主要是国内人口稠密、土地资源紧张；水资源分布不均，水量受季节和地形影响明显，生态敏感度高；页岩气工程技术服务承包商较多、施工作业点多面广，承包商水平参差不齐，整体应急能力有待提高；行业相关安全环保标准规范还不健全，目前具备含油岩屑处置资质单位的处理能力及其有限，申请废水排污许可难度较大；系统性环境风险监管及防范措施仍未成熟。

在页岩气开发相关法规政策及出台管理办法上，北美页岩气开发通过多年沉淀，形成了相对成熟的环保法规及相关政策标准，北美《能源政策法案》使水力压裂技术免受许多联邦环境保护法的制约，《安全水饮用法》《清洁水法》为返排液提供灌注和排放标准要求，《资源和保护回收法》提供有害废物、储存、处置管理要求。而我国尽管已发布了新《中华人民共和国环境保护法》《中华人民共和国水法》《中华人民共和国土地管理法》《中华人民共和国固体废物污染防治法》等相关法规，但缺乏针对页岩气开采的环保法规、政策及相关标准。中国石油目前采取与北美基本同步的QHSE措施，中国石化也出台了页岩气开发区域环境保护白皮书，总体而言，页岩气专项环保政策需要进一步完善。

6. 管理精细化

我国页岩气相关管理与北美存在差距，导致中国页岩气勘探开发综合成本高于北美。北美页岩气精细化管理模式相对成熟，通过优化作业程序、制定施工模板、定期晾晒井队操作性技术指标，从而达到提升作业效率的目的。通常实施“日费制+精准激励政策”：甲方主导，整合技术优势，系统提速；同时建立严格的考核标准和奖惩办法，促使井队高效完成施工任务。目前，国内页岩气开发工程建设阶段存在着甲方（油公司）主导作用发挥不够，工程技术服务公司单项技术优势不突出，精细化管理水平有待提升等问题。

三、页岩气高质量发展对策

1. 保持稳定的上产节奏

没有一定规模的发展谈不上高质量发展，页岩气保持持续稳定上产，是解决现实困难和实现更大发展的前提，如何保证其稳定持续性开采是重点也是难点。在国家迫切需要的时候，页岩气企业义不容辞要以保障国家能源安全为己任，主动融入国家重大战略和经济社会发展全局，全面履行经济责任、政治责任、社会责任，加大页岩气勘探开发力度。同时这并非一时之策，增储上产需上得去，稳得住，行得远，推动产量的长期稳定增长既要积极进取，也要理性务实，在量、效、可持续之间寻找最佳平衡值。一方面，要进一步增强加大工作力度的责任感和紧迫感，坚决打好打赢勘探开发进攻战；另一方面，要立足长远，合理把握工作节奏，要坚持一切从实际出发，尊重页岩气开发规律，有序统筹资源评价、开发方案、区域管网、平台建设、资金保障、装备保障等方方面面的工作，持续稳定做好川南页岩气生产基地建设。

2. 提升风险控制能力

平衡快发展和控风险之间的关系，按照坚定、可控、有序、适度要求，在发展中逐步化解积累的风险隐患，坚决避免发生颠覆性、系统性风险。一方面，确保安全环保万无一失。严抓以承包商为核心的安全监管，在承包商队伍富余的形势下，实行优胜劣汰，有效控制层层转包和分包，提高队伍整体素质，加快解决含油岩屑和压裂返排液处理问题，加强废物存储、转运的监管，确保整体受控；利用往后几年建设节奏略微放缓的时机，腾出精力和时间，努力打造高质量工程；完善突发事件应急响应程序，加强第一现场的应急资源保障，确保第一时间控制险情，提高应急处置水平。另一方面，确保合规经营管理。加强资金管理，提高融资工作前瞻性、统筹性，保证建设资金到位，做好资金的使用，确保资金有序运转；强化法律政策咨询研究，为环保、用地等工作提供政策支持；建立并严格执行技术支撑服务项目管理办法，重点规范过程管理，高效合规使用各类人力资源，严控合规风险。

3. 加快深化资源评价

资源是发展的家底，为了持续稳定的增储上产，在一边抓紧产能建设的同时，一边要始终坚持资源发展战略，狠抓“优质区块增资源不动摇、优质资源转储量不动摇、优质储量变产量不动摇”，实现资源储备和持续上产有序衔接。以长宁页岩气为例，将在2022—2025年新增探明储量$5600 \times 10^8 m^3$，“十四五”末长宁页岩气田累计探明储量达万亿立方米以上，形成万亿立方米储量页岩气战略大气区。为持续上产做好准备，按照建设一块、准备一块原则，远近结合，加快前期评价和开发方案准备，在现有主体区保持$50 \times 10^8 m^3$长期稳产的同时，分轮落实后续建产区，加快新建$50 \times 10^8 m^3$上产准备，做好区块接替，确保20年以上稳产。

4. 加快突破工程技术瓶颈

“十四五”期间，要保持页岩气长远发展，解决关键技术掣肘是当务之急。一方面由于我们的技术、经济指标与美国还有不小差距，因此未来需要地质、工程、市场一体化的解决方案，加快建设大型丛式水平井高效开发模式及其工程技术支撑体系，

以满足资源难开采时代技术不断更新的需求。另一方面，未来页岩气勘探领域的主体是更加复杂、勘探成本更高的领域，必须突破技术，有效动用这些资源。针对页岩气的基本地质和勘探开发的技术难点，要自主研发和引进创新相结合，应加强地质工程一体化技术攻关，大力推进长水平段井的部署和实施、精准打造“铂金”靶体、完善升级压裂工艺，不断形成、完善高产井培育新模式，持续提升单井测试产量和EUR。深层页岩气和低成本关键技术与装备攻关需要大型央企国企和专业的服务公司，应整合现有技术力量，将制度优势、人才优势转化为技术优势，让更多的资金和力量投入页岩气的开发中；同时应充分发挥市场作用，鼓励调动术业有专攻、富有探索创新精神的各类社会主体进入市场，同时降低新技术推广应用的准入门槛，为真正有技术有能力的企业提供有利的创新环境。

工程技术进步是效益开发的关键。中美页岩气压裂存在巨大差异，我国页岩气埋藏深，裂缝更难压开；脆性弱塑性强，裂缝更难延伸；应力差值大，裂缝更难转向；闭合压力大，裂缝更难支撑。对此，业界学界联合攻关，形成第一代缝网压裂技术，只能形成局部缝网；形成第二代缝网压裂技术，完善了缝网体系；加快深层页岩气勘探开发，必须尽快形成第三代缝网压裂技术。我国页岩气藏随埋深增加，气井产能呈降低趋势，气田钻完井费用快速上升，虽然随着技术和装备不断进步，建井成本快速缩减，但仍高出国外30%左右，气田开发普遍处于经济边界，同时，我国页岩气采收率普遍较低。因此，做好增产降本加减法、提高气藏采收率才能实现页岩气整体高效开发。

5. 完善高效共赢运作机制

页岩气开发企业要根据页岩气勘探开发特点，以“油公司”改革为方向，关注利益相关方，完善共建共享模式，不断推进公司治理体系和治理能力建设，把制度优势更好地转化为治理效能。要完善统一开放、竞争有序的市场体系，使市场在资源配置中真正发挥决定性作用，大力引进项目支撑团队，灵活运用总包、分包方式，真正建立起激励机制，调动乙方升级装备、技术、服务的积极性；优选一批施工和装备队伍，签订长期合作框架协议，保证相对稳定、饱满、能盈利的业务量，建立稳定的战略合作关系；要提升内部单位的协同关系，在相互理解、相互尊重、相互支持的基础上，进一步明确工作界面，完善高效联动机制，真正形成风险共担、利益共享。要根本改善地企关系，持续改进对资源当地零散的、被动的支持政策，在战略合作框架下，积极开展企地共建，真正让地方得到看得见、摸得着的实惠，让地方真心实意地支持页岩气。要调动投资积极性，合资公司要特别关注各股东方的利益诉求，确保生产经营效益，通过优异的股东分红和良好发展前景，调动大家投资积极性。

6. 实施低成本发展战略

开发成本关系页岩气的现实生存和长远发展。在页岩气勘探开发中，要更加树立效益意识、成本意识、经营意识，科学统筹好规模、效益、成本之间的关系，坚决走低成本发展的路子，切实把有限资金用在刀刃上。最现实的途径有两条：第一条，是多打高产井，多培育高产井，在有限投资下实现少打井；第二条，直接降低单井投资成本，通过对前期已实施井的系统分析，科学确定控减成本的重点。要通过优化设计、加强对标，在一个平台尽可能多布井，优化简化地面工程，控减钻前和地面工程成本；精细管理、引进提速提效技术，采用灵活的工程承包方式，复杂井、评价井大力推广“日费制”试验，建产井采取总包方式，提升钻井效率；强化地质工程一体化方案实施，优选增产降本试油压裂工艺，减少压裂工艺和材料费用；持续优化供应链配置，充分依托集采优势，减少物资采购成本；牢固树立“安全环保是最大的效益，事故是最大的浪费”理念，提高工程建设质量，提高应急处置能力，严守井控安全，减少应急处置和隐患治理费用。

7. 持续深化页岩气领域改革

建立健全环境监管法律法规标准体系，强化监管。页岩气勘探开发涉及地震勘探、钻井、水力压裂、采气、集输等多个环节，这些环节均存在对水资源、大气和土壤等方面的污染及对当地社区的影响，为此须加强对页岩气勘探开发事前、事中、事后全过程的严格监管。事前监管主要针对页岩气勘探开发前的规划和准备工作，从源头上杜绝环境风险。事中监管应着重对土地利用、水资源取用、地表水及地下水污染、废气排放、废弃物处置等进行监管。事后监管应对页岩气开发引发的长期风险进行评估，并严格执法，对达不到标准的企业给予重罚。因此，需要尽快制定、完善相关环境监管法律法规和标准，培养充足的许可审批与监管人员，研发现场监测设备和构建系统化检测方法，推动环境监管的信息公开和公共参与，规范信息披露行为。

同时，创新组织模式，强化基础理论研究和关键技术攻关。加大投入力度，统一组织强化理论研究和技术攻关，尽快形成一支国家层面的科技攻关力量和一批可供全社会共享的高新技术专利。优化整合页岩气重大专项，紧紧围绕基础理论、工程技术等重点方向，集中科研机构和中国石油等单位的优势力量，创新组织模式、强化协同攻关，尽快形成与我国地质条件相适应的地质理论、工程技术和装备体系。此外，重点研发环境友好型压裂液与新型压裂技术。当前页岩气开发主要采用大规模水力压裂技术，单井平均用水量达 2×10^4～$4\times10^4m^3$，且压裂液中含有 10 余种化合物，存在水资源短缺和环境污染等隐患。因此，建议加大投入力度，加快研发环境友好型、无水或少水压裂技术。

中国页岩气勘探开发机遇与挑战并存，需要按照习近平总书记提出的提高国内油气产量、保障能源供应的要求，充分认识加快发展页岩气勘探开发是国家能源安全战略和高质量发展的必然，增强加快页岩气业务发展的责任感和紧迫感，抓住机遇，直面挑战，解放思想、迎难而上，奋力拼搏、大胆创新，持续加大页岩气勘探开发力度，努力提高油气保障能力，为国民经济高质量发展，保障国家能源安全再做新贡献。

参考文献

［1］陆家亮，赵素平．中国能源消费结构调整与天然气产业发展前景［J］．天然气工业，2013，33（11）：9–15.

［2］邹才能，赵群，陈建军，等．中国天然气发展态势及战略预判［J］．天然气工业，2018，38（4）: 1–9.

［3］马新华．天然气与能源革命［J］．天然气工业，2017，37（1）：1–8.

［4］马新华，谢军．川南地区页岩气勘探开发进展及发展前景［J］．石油勘探与开发，2018，45（1）：161–169.

［5］马新华．四川盆地天然气发展进入黄金时代［J］．天然气工业，2017，37（2）：1–10.

［6］邹才能，赵群，丛连铸，等．中国页岩气开发进展、潜力及前景［J］. 天然气工业,2021,41(1): 1–14.